U0176253

航天科工出版基金资助出版

面空导弹飞行动力学

高庆丰　编著

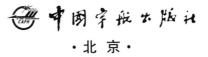

中国宇航出版社
·北京·

图书在版编目（ＣＩＰ）数据

面空导弹飞行动力学 / 高庆丰编著 . -- 北京：中国宇航出版社，2021.10
ISBN 978 - 7 - 5159 - 1981 - 2

Ⅰ.①面… Ⅱ.①高… Ⅲ.①面对空导弹－飞行力学 Ⅳ.①TJ762.1

中国版本图书馆 CIP 数据核字(2021)第 208249 号

责任编辑　王杰琼　朱琳琳　　　　**封面设计**　宇星文化

出　版 发　行	中国宇航出版社
社　址	北京市阜成路 8 号　　　　　　邮　编　100830
	(010)60286808　　　　　　　(010)68768548
网　址	www. caphbook. com
经　销	新华书店
发行部	(010)60286888　　　　　　　(010)68371900
	(010)60286887　　　　　　　(010)60286804(传真)
零售店	读者服务部
	(010)68371105
承　印	天津画中画印刷有限公司
版　次	2021 年 10 月第 1 版　　　2021 年 10 月第 1 次印刷
规　格	880×1230　　　　　　　　　开　本　1/32
印　张	9.75　　彩　插　2 面　　　字　数　280 千字
书　号	ISBN 978 - 7 - 5159 - 1981 - 2
定　价	98.00 元

本书如有印装质量问题，可与发行部联系调换

前　言

　　导弹飞行动力学是研究导弹在飞行过程中，在各种力作用下运动规律的学科。它是一门交叉学科，同理论力学、自动控制理论、结构动力学、空气动力学、工程数学、仿真技术等有着密切的联系。

　　面空导弹在世界上已经有 70 多年的发展历史，在我国也有 60 多年的历史。70 多年来，面空导弹技术有了重大发展，作为与面空导弹总体设计和控制系统设计密切相关的飞行动力学专业，其理论和方法也得到了相应的发展。

　　本书的研究对象为轴对称气动外形、侧滑转弯控制（Skid To Turn，STT）面空导弹，这也是世界上大多数面空导弹采用的设计形式。

　　与近程面空导弹相比，中远程面空导弹的速度和射程都得到了提高，需要考虑复杂的地球形状和地球的旋转，本书建立了考虑复杂地球模型的面空导弹飞行动力学模型。从面空导弹刚性弹体质心运动和绕质心转动的动力学方程出发，完整推导了基于气动固联坐标系的面空导弹刚性弹体状态方程和传递函数。在 Lagrange 方程的基础上，完整推导了基于气动固联坐标系的面空导弹弹性弹体状态方程和传递函数。建立了遥控指令制导回路结构及数学模型，并对制导回路进行了分析。建立了寻的制导回路结构及数学模型，给出了比例导引、增强比例导引以及最优制导律的实现方法。提出了基于气动固联坐标系的面空导弹三自由度弹道模型，直接在气动固联坐标下计算平衡攻角和平衡舵偏角，能够避免气动数据在气动固联坐标系和弹体坐标系之间的转换。不同于传统基于典型弹道特征点的面空导弹性能分析方法，提出了基于飞行包线的面空导弹性能分析方法。本书也包含了与飞行动力学密切相关的气动力基础、载荷基础和气动热环境基础三部分内容。

全书共分 10 章。第 1 章为考虑复杂地球模型的面空导弹飞行动力学模型，第 2 章为基于气动固联坐标系的面空导弹刚性弹体状态方程和传递函数，第 3 章为基于气动固联坐标系的面空导弹弹性弹体状态方程和传递函数，第 4 章为遥控指令制导面空导弹制导律，第 5 章为寻的制导面空导弹制导律，第 6 章为面空导弹三自由度弹道模型，第 7 章为基于飞行包线的面空导弹性能分析，第 8 章为面空导弹气动力基础，第 9 章为面空导弹载荷基础，第 10 章为面空导弹气动热环境基础，附录为线性时变微分方程的求解过程。

本书第 1 章由高庆丰、周伟撰写，第 2 章由高庆丰、李嘉玮、魏宏夔撰写，第 3 章由高庆丰、王超伦、谢金松撰写，第 4 章由陈罗婧、高庆丰撰写，第 5 章由刘德忠、袁耀、高庆丰、谢金松撰写，第 6 章由袁耀、高庆丰、马鸣宇撰写，第 7 章由谷逸宇、高庆丰撰写，第 8 章由陈刚撰写，第 9 章由刘珊撰写，第 10 章由逯雪铃撰写，附录由袁耀、高庆丰撰写。全书由高庆丰统稿，马鸣宇校对。袁耀、谷逸宇、高庆丰、潘浩、周伟绘制了书中的插图。

在本书撰写过程中，阅读和参考了大量的文献资料，在此对所有参考文献的作者表示诚挚的谢意。

感谢姚来辉研究员对本书第 8 章的审阅。感谢刘永利研究员对本书第 9 章的审阅。

感谢李旭、赵明霞、陈阳阳、刘吉成、彭振、魏宏夔、黄玲雅、徐杰、戴磊、丁海河、孟希慧、王晓东、苗静、宗睿、薛清宇、姜虹、王锋、陈晓岚和王胜在本书完成过程中提供的帮助。

感谢航天科工出版基金资助本书出版。

由于作者水平所限，书中难免存在错误和不妥之处，恳请广大读者批评指正。

高庆丰
2021 年 7 月 16 日于北京

目 录

第1章 考虑复杂地球模型的面空导弹飞行动力学模型

1.1 引言

在近程面空导弹的运动方程中，可不考虑地球的曲率和地球的旋转，认为大地是惯性参考系。对于马赫数超过 5 的飞行器，在建立运动方程时不能再将大地当作平坦的、不旋转的[1]。与近程面空导弹相比，中远程面空导弹的速度和射程都得到了提高。在中远程面空导弹的飞行动力学模型中需要考虑复杂的地球形状和地球的旋转。

本章建立了地球参考模型，分别在发射坐标系、弹体坐标系和气动固联坐标系下建立了导弹质心运动的动力学方程，分别在弹体坐标系和气动固联坐标系下建立了导弹绕质心转动的动力学方程，形成了"发射-弹体"体系、"弹体-弹体"体系和"气动固联-气动固联"体系三类模型。

1.2 地球参考模型

1.2.1 坐标系定义

（1）春分点地心惯性坐标系

春分点地心惯性坐标系 $O_e x_i y_i z_i$（标记为 S_i），O_e 取在地球中心。$O_e x_i$ 轴与地球赤道平面与黄道面（地球绕太阳运动所在的平面）的相交线重合，指向春分点方向为正，该方向是在春分时刻（大约在 3 月 21 日）地球与太阳连线的方向。$O_e z_i$ 轴垂直于赤道平面，指向北极方向为正。$O_e y_i$ 轴垂直于 $O_e x_i z_i$ 平面，其正向按右手法则定义。

地球绕太阳公转的向心加速度为 5.948×10^{-3} m/s^2，因此地球绕太阳运动而引起的惯性力极其微小。在研究面空导弹的运动时，这个坐标系可作为惯性基准。

（2）地心赤道旋转坐标系

地心赤道旋转坐标系 $O_e x_e y_e z_e$（标记为 S_e）与地球固联，O_e 取在地球中心。$O_e x_e$ 轴与地球赤道平面与格林尼治子午面的相交线重合，指向本初子午线方向为正。$O_e z_e$ 轴垂直于赤道平面，指向北极方向为正，因而与 $O_e z_i$ 轴重合。$O_e y_e$ 轴垂直于 $O_e x_e z_e$ 平面，其正向按右手法则定义。

1.2.2　两类地球参考模型

1784—1785 年，法国科学院院士，法国数学家、物理学家，天体力学的主要奠基人 Pierre - Simon Laplace（1749—1827）研究椭球状天体对外面一质点的引力时，发现了引力分量可用一个被称为位函数的偏导数表示，该位函数满足一个二阶线性齐次偏微分方程，这个方程后来被称为 Laplace 方程。

Laplace 方程在球坐标系下的解即为目前航天技术中普遍采用的地球引力位表达式

$$U = \frac{GM}{r} \left[1 + \sum_{n=2}^{\infty} \sum_{m=0}^{n} \left(\frac{a_e}{r} \right)^n P_{n,m} (\sin\phi) (C_{n,m} \cos m\lambda + S_{n,m} \sin m\lambda) \right]$$

$$(1-1)$$

式中　G ——万有引力常数；

　　　M ——地球质量（含大气层）；

　　　a_e ——地球赤道半径；

　　　r、ϕ 和 λ ——地心赤道旋转坐标系中的球坐标，即地心距、地心纬度和经度；

　　　$P_{n,m}(x)$ —— n 阶 m 次缔合 Legendre 多项式；

　　　$C_{n,m}$、$S_{n,m}$ ——与地球形状及密度有关，是级数的 n 阶 m 次系数，称为球谐系数。

在 G、M 和 a_e 已知的情况下，只要知道球谐系数 $C_{n,m}$、$S_{n,m}$，即可求得任意点的引力位。早期球谐系数的测定由大地测量完成，精度较低。现在球谐系数的测定由重力场测量卫星完成，可达到很高的精度。

式（1-1）中，当 $m=0$ 时，$\sin m\lambda = 0$，$\cos m\lambda = 1$，这些项与经度无关，称为带谐项，相应的系数称为带谐系数，记为 $J_n = -C_{n,0}$。当 $m \geqslant 1$ 时，球谐项与经度有关，称为田谐项，相应的系数称为田谐系数[2]。

式（1-1）中的带谐项和田谐项分开书写，式（1-1）可写为

$$U = \frac{GM}{r}\left\{ 1 - \sum_{n=2}^{\infty} J_n \left(\frac{a_e}{r}\right)^n P_n(\sin\phi) + \right.$$
$$\left. \sum_{n=2}^{\infty}\sum_{m=1}^{n} \left(\frac{a_e}{r}\right)^n P_{n,m}(\sin\phi)(C_{n,m}\cos m\lambda + S_{n,m}\sin m\lambda) \right\}$$

$$(1-2)$$

（1）圆球形模型

式（1-1）中，令 $C_{n,m} = S_{n,m} = 0$，即将引力位的各阶小量均忽略，视地球为圆形等密度球体。引力位为

$$U_0 = \frac{GM}{r}$$

对应的地表模型方程为

$$r_0 = R = \mathrm{const}$$

此时地心纬度 ϕ 与大地纬度 B 相等。

（2）旋转对称体模型

式（1-2）中，令与经度有关的项均为零，即

$$C_{n,m} = S_{n,m} = 0$$

相应的引力位模型为

$$U = \frac{GM}{r}\left[1 - \sum_{n=2}^{\infty} J_n \left(\frac{a_e}{r}\right)^n P_n(\sin\phi) \right]$$

在引力位模型的所有系数中只有 J_2 最大，其他系数均为比 J_2 高一阶的小量，所以只取 J_2 项时，引力位对应的地球模型称为

Clairaut 椭球模型。其对应的引力位表达式为

$$U_1 = \frac{GM}{r}\left[1 - J_2\left(\frac{a_e}{r}\right)^2 P_2(\sin\phi)\right] = \frac{GM}{r}\left[1 - \frac{J_2}{2}\left(\frac{a_e}{r}\right)^2(3\sin^2\phi - 1)\right]$$

1.2.3 地球引力加速度模型

我国采用国际大地测量学和地球物理学联合会（IUGG）推荐的国际椭球体（IAG-75 椭球），其基本常数取国际大地测量学和地球物理学联合会第 16 届大会（1975 年）的推荐值[3]：

地球的地心引力常数 $GM = 3.986\,005 \times 10^{14}\,\mathrm{m^3/s^2}$；

地球赤道半径 $a_e = 6\,378\,140\,\mathrm{m}$；

地球扁率 $\alpha_e = 1/298.257$；

二阶带谐系数 $J_2 = 1.082\,63 \times 10^{-3}$；

三阶带谐系数 $J_3 = -254 \times 10^{-8}$；

四阶带谐系数 $J_4 = -161 \times 10^{-8}$；

地球旋转角速度 $\omega_e = 7.292\,115 \times 10^{-5}\,\mathrm{rad/s}$。

以 Clairaut 椭球模型为例，推导地球引力加速度的模型，对于其他地球模型，推导过程相同。

在子午面内，引力加速度可沿 r 方向和子午线方向分解，如图 1-1 所示，即有[3]

$$\begin{cases} g_{Tr} = \dfrac{\partial U}{\partial r} = -\dfrac{GM}{r^2}\left[1 + \dfrac{3}{2}J_2\left(\dfrac{a_e}{r}\right)^2(1 - 3\sin^2\phi)\right] \\ g_{T\phi} = \dfrac{1}{r}\dfrac{\partial U}{\partial \phi} = -\dfrac{GM}{r^2}\dfrac{3}{2}J_2\left(\dfrac{a_e}{r}\right)^2\sin 2\phi \end{cases} \qquad (1-3)$$

为了计算方便，通常又将引力加速度 $g_{T\phi}$ 沿 r 方向和地球旋转角速度方向分解。这样，在 r 方向又增加了与 $\boldsymbol{g}_{Tr}$ 相反的分量，如图 1-1 所示。

$$g'_{Tr} = \frac{3GM}{r^2}J_2\sin^2\phi\left(\frac{a_e}{r}\right)^2$$

故总的引力加速度在 r 方向的分量为

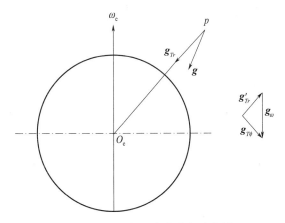

图 1-1　引力加速度的分解示意图

$$g_r = g_{Tr} + g'_{Tr} = -\frac{GM}{r^2}\left[1 + \frac{3}{2}J_2\left(\frac{a_e}{r}\right)^2(1 - 5\sin^2\phi)\right]$$

在地球旋转轴方向的分量为

$$g_\omega = -\frac{3GM}{r^2}J_2\left(\frac{a_e}{r}\right)^2\sin\phi$$

导弹发射点的垂线偏差小于 $2''$，为了简化模型，可认为发射点的重力方向与当地参考椭球面的法线方向重合，即发射坐标系 Ay_g 轴与参考椭球面的法线方向重合。发射坐标系的定义见本章 1.3 节。

地球引力的投影为

$$m\boldsymbol{g} = -mg_r\boldsymbol{r}_0 - mg_\omega\boldsymbol{\omega}_{e0}$$

地心矢量的单位矢量为

$$\boldsymbol{r}_0 = \frac{\boldsymbol{r}}{r} = \frac{x + R_{ox}}{r}\boldsymbol{x}_0 + \frac{y + R_{oy}}{r}\boldsymbol{y}_0 + \frac{z + R_{oz}}{r}\boldsymbol{z}_0 \qquad (1-4)$$

其中，x、y 和 z 为发射点至导弹质心的矢径在发射坐标系各轴上的投影分量，R_{ox}、R_{oy} 和 R_{oz} 为地心至发射点的矢径在发射坐标系各轴上的投影分量。

$$R_{ox} = -R_0 \sin\mu_0 \cos A_0$$

$$R_{oy} = R_0 \cos\mu_0$$

$$R_{oz} = R_0 \sin\mu_0 \sin A_0$$

$$\mu_0 = B_0 - \phi_0 = \alpha_e \sin 2B_0 \left[1 - \alpha_e (1 - 4\sin^2 B_0)/2\right]$$

$$R_0 = a_e (1 - \alpha_e) \sqrt{1/(\sin^2\phi_0 + (1 - \alpha_e)^2 \cos^2\phi_0)} + H_0$$

式中　R_0——地心到发射点的距离；

　　　H_0——发射点高程；

　　　B_0——发射点大地纬度；

　　　ϕ_0——发射点地心纬度；

　　　A_0——发射瞄准方向的大地方位角。

地球旋转角速度的单位矢量为

$$\boldsymbol{\omega}_{e0} = \frac{\boldsymbol{\omega}_e}{\omega_e} = \frac{\omega_{ex}}{\omega_e}\boldsymbol{x}_0 + \frac{\omega_{ey}}{\omega_e}\boldsymbol{y}_0 + \frac{\omega_{ez}}{\omega_e}\boldsymbol{z}_0 \qquad (1-5)$$

其中

$$\omega_{ex} = \omega_e \cos B_0 \cos A_0$$

$$\omega_{ey} = \omega_e \sin B_0$$

$$\omega_{ez} = -\omega_e \cos B_0 \sin A_0$$

地球引力加速度在发射坐标系各轴上的投影分量为

$$\begin{cases} g_x = -g_r \dfrac{x+R_{ox}}{r} - g_\omega \dfrac{\omega_{ex}}{\omega_e} \\[2mm] g_y = -g_r \dfrac{y+R_{oy}}{r} - g_\omega \dfrac{\omega_{ey}}{\omega_e} \\[2mm] g_z = -g_r \dfrac{z+R_{oz}}{r} - g_\omega \dfrac{\omega_{ez}}{\omega_e} \end{cases}$$

1.2.4　地球参考模型选用

近程面空导弹选用平面模型，认为地球是惯性系，地球不旋转。

中远程面空导弹选用 Clairaut 椭球模型，认为地球是非惯性系，地球旋转。

1.3　坐标系和角度的定义

1.3.1　坐标系定义

导弹飞行动力学模型的建立离不开坐标系的定义。将导弹看作刚体时，导弹在空间的位置由三个线坐标和三个角坐标所确定，通常的微分方程组可表示在右手坐标系上[4]。对于在地球引力场内飞行的导弹，为了便于理论研究，通常采用仅原点不同的两大类坐标系。第一类坐标系与地球固联，第二类坐标系与导弹本身固联。

（1）发射坐标系 $Ax_g y_g z_g$

发射坐标系（标记为 S_g）与地球表面固联。A 点取在导弹的发射点。Ay_g 轴沿发射点重力反方向指向地表外，Ax_g 轴与 Ay_g 轴垂直，指向发射方向为正。Az_g 轴垂直于 $Ax_g y_g$ 平面，其正向按右手法则定义。显然，$Ax_g y_g$ 面为铅垂面，$Ax_g z_g$ 面为水平面。

（2）弹体坐标系 $Ox_b y_b z_b$

弹体坐标系（标记为 S_b）与导弹弹体固联。O 点取在导弹质心。Ox_b 轴与弹体纵轴重合，指向头部为正。Oy_b 轴在弹体纵向对称面内，垂直于 Ox_b 轴，指向上方为正。Oz_b 轴垂直于 $Ox_b y_b$ 平面，其正向按右手法则定义。显然，$Ox_b y_b$ 平面为导弹弹体的纵向对称面。

（3）弹道坐标系 $Ox_t y_t z_t$

弹道坐标系（标记为 S_t）与导弹地速矢量 $\mathbf{V}$ 固联。O 点取在导弹质心。Ox_t 轴与导弹地速矢量 $\mathbf{V}$ 重合，指向导弹运动方向为正。Oy_t 轴在包含导弹地速矢量 $\mathbf{V}$ 的铅垂面内，垂直于 Ox_t 轴，指向上方为正。Oz_t 轴垂直于 $Ox_t y_t$ 平面，其正向按右手法则定义。显然，$Ox_t y_t$ 面为铅垂面。

（4）速度坐标系 $Ox_v y_v z_v$

速度坐标系（标记为 S_v）亦与导弹地速矢量 $\mathbf{V}$ 固联。O 点取在导弹质心。Ox_v 轴与导弹地速矢量 $\mathbf{V}$ 重合，指向导弹运动方向为正。

Oy_v 轴在弹体纵向对称面内，垂直于 Ox_v 轴，指向上方为正。Oz_v 轴垂直于 Ox_vy_v 平面，其正向按右手法则定义。

（5）空速弹道坐标系 $Ox_t^* y_t^* z_t^*$

空速弹道坐标系（标记为 S_t^*）与弹道坐标系的区别是，Ox_t^* 轴与导弹空速矢量 $\boldsymbol{V}_w$ 重合。

（6）空速坐标系 $Ox_v^* y_v^* z_v^*$

空速坐标系（标记为 S_v^*）与速度坐标系的区别是，Ox_v^* 轴与导弹空速矢量 $\boldsymbol{V}_w$ 重合。

（7）全攻角速度坐标系 $Ox_v^{**} y_v^{**} z_v^{**}$

全攻角 α_T 所在平面为全攻角面。全攻角速度坐标系（标记为 S_v^{**}）亦与导弹地速矢量 $\boldsymbol{V}$ 固联。O 点取在导弹质心。Ox_v^{**} 轴与导弹地速矢量 $\boldsymbol{V}$ 重合。Oy_v^{**} 轴在全攻角面内，垂直于 Ox_v^{**} 轴，指向上方为正。Oz_v^{**} 轴垂直于 $Ox_v^{**} y_v^{**}$ 平面，其正向按右手法则定义。

（8）全攻角弹体坐标系 $Ox_b^* y_b^* z_b^*$

将全攻角速度坐标系 $Ox_v^{**} y_v^{**} z_v^{**}$ 绕 Oz_v^{**} 轴旋转全攻角 α_T，即得到全攻角弹体坐标系 $Ox_b^* y_b^* z_b^*$（标记为 S_b^*）。这时，Ox_b^* 轴与弹体纵轴重合，$Ox_b^* y_b^*$ 平面为全攻角面。

（9）气动固联坐标系 $Ox_a y_a z_a$

气动固联坐标系（标记为 S_a）与导弹弹体固联。O 点取在导弹质心。Ox_a 轴与弹体纵轴重合，指向头部为正。Oy_a 轴平行于 2 舵和 4 舵转轴，垂直于 Ox_a 轴，方向由 4 舵指向 2 舵。Oz_a 轴垂直于 $Ox_a y_a$ 平面，其正向按右手法则定义，如图 1-2 所示。

（10）执行坐标系 $Ox_c y_c z_c$

执行坐标系（标记为 S_c）与导弹弹体固联。O 点取在导弹质心。Ox_c 轴与弹体纵轴重合，指向头部为正。Oy_c 轴平行于 1 舵和 3 舵转轴，垂直于 Ox_c 轴，方向由 3 舵指向 1 舵。Oz_c 轴垂直于 $Ox_c y_c$ 平面，其正向按右手法则定义。

1.3.2　角度定义

为了确定上述各个坐标系之间的关系，在飞行动力学模型中需

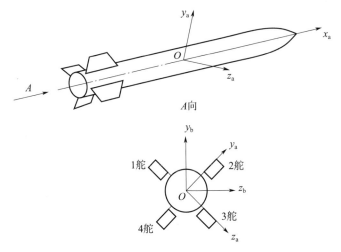

图 1-2 气动固联坐标系和弹体坐标系

要用到的角度定义如下[5]

(1) 俯仰角 ϑ

弹体纵轴 Ox_b 与水平面 Ax_gz_g 之间的夹角。

(2) 偏航角 ψ

弹体纵轴 Ox_b 在水平面 Ax_gz_g 上的投影与发射坐标系 Ax_g 轴之间的夹角。

(3) 倾斜角 γ

弹体 Oy_b 轴与通过弹体纵轴 Ox_b 的铅垂面之间的夹角。

(4) 弹道倾角 θ

导弹地速矢量 $\boldsymbol{V}$ 与水平面 Ax_gz_g 之间的夹角。

(5) 弹道偏角 ψ_V

导弹地速矢量 $\boldsymbol{V}$ 在水平面 Ax_gz_g 上的投影与 Ax_g 轴之间的夹角。

(6) 空速弹道倾角 θ_w

导弹空速矢量 $\boldsymbol{V}_w$ 与水平面 Ax_gz_g 之间的夹角。

(7) 空速弹道偏角 ψ_{Vw}

导弹空速矢量 $\boldsymbol{V}_w$ 在水平面 Ax_gz_g 上的投影与 Ax_g 轴之间的

夹角。

（8）全攻角 α_T

弹体纵轴 Ox_b 与导弹地速矢量 V 之间的夹角。

（9）速度倾斜角 γ_V

速度坐标系 Oy_v 轴与包含地速矢量 V 的铅垂面 $Ox_t y_t$ 之间的夹角。

（10）空速倾斜角 γ_{Vw}

空速坐标系 Oy_v^* 轴与包含空速矢量 V_w 的铅垂面 $Ox_t^* y_t^*$ 之间的夹角。

（11）攻角 α

导弹地速矢量 V 在弹体纵向对称面 $Ox_b y_b$ 上的投影与弹体纵轴 Ox_b 之间的夹角。

（12）侧滑角 β

导弹地速矢量 V 与弹体纵向对称面 $Ox_b y_b$ 之间的夹角。

（13）有风攻角 α_w

导弹空速矢量 V_w 在弹体纵向对称面 $Ox_b y_b$ 上的投影与弹体纵轴 Ox_b 之间的夹角。

（14）有风侧滑角 β_w

导弹空速矢量 V_w 与弹体纵向对称面 $Ox_b y_b$ 之间的夹角。

（15）Ⅰ通道攻角 α_I

导弹地速矢量 V 在 1 舵和 3 舵所在平面 $Ox_a z_a$ 上的投影与弹体纵轴 Ox_b 之间的夹角。

（16）Ⅱ通道攻角 α_{II}

导弹地速矢量 V 在 2 舵和 4 舵所在平面 $Ox_a y_a$ 上的投影与弹体纵轴 Ox_b 之间的夹角。

（17）气动滚转角 γ_a

由全攻角弹体坐标系 $Ox_b^* y_b^* z_b^*$，绕 Ox_b^* 轴旋转 γ_a 角，即可得到气动固联坐标系。

1.3.3　关于姿态角定义的说明

形成姿态角存在两种常用的转动顺序，第一种是俯仰-偏航-滚转，第二种是偏航-俯仰-滚转。运载火箭和弹道式导弹通常采用第一种转动顺序，面空导弹、飞航导弹和反坦克导弹通常采取第二种转动顺序，在垂直发射飞行段也可采用第一种转动顺序。

运载火箭和弹道式导弹姿态角转序不同的原因：

1）存在垂直发射飞行段，采用第一种转序不产生奇异；

2）俯仰角的定义与早期弹道式导弹水平陀螺仪测量的角度一致，偏航角的定义与早期弹道式导弹垂直陀螺仪测量的角度一致。

1.3.4　舵偏角极性定义

通常面空导弹的 4 个舵面成 "×" 字布局。

导弹气动专业和导弹控制专业对舵偏角极性的定义不同，分别如图 1-3 和图 1-4 所示。

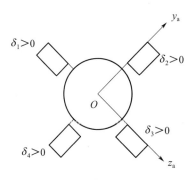

图 1-3　导弹气动专业对舵偏角极性的定义（由弹尾向前看）

导弹气动专业对舵偏角极性的定义：产生气动固联坐标系 y 轴正方向或 z 轴负方向法向力的舵面偏转方向为正。

滚转舵偏角：$\delta_x = \dfrac{1}{4}(-\delta_1 + \delta_2 + \delta_3 - \delta_4)$；

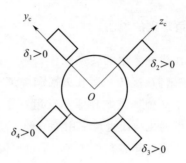

图 1-4 导弹控制专业对舵偏角极性的定义（由弹尾向前看）

俯仰舵偏角：$\delta_z = \dfrac{1}{2}(\delta_1 + \delta_3)$（相对气动固联坐标系）；

偏航舵偏角：$\delta_y = \dfrac{1}{2}(\delta_2 + \delta_4)$（相对气动固联坐标系）。

导弹控制专业对舵偏角极性的定义：沿各个舵轴输出端往里看，舵面逆时针方向偏转为正。

滚转舵偏角：$\delta_x = \dfrac{1}{4}(\delta_1 + \delta_2 + \delta_3 + \delta_4)$；

俯仰舵偏角：$\delta_z = \dfrac{1}{2}(\delta_3 - \delta_1)$（相对气动固联坐标系）；

偏航舵偏角：$\delta_y = \dfrac{1}{2}(\delta_2 - \delta_4)$（相对气动固联坐标系）。

1.4 坐标系之间的旋转变换及矢量导数关系

1.4.1 坐标系之间的旋转变换

在建立导弹的运动方程时，必须在一个确定的坐标系中将所有力的坐标向量相加，在飞行力学中应用各种不同的坐标系，利用这些坐标系，可用最简单的形式写出每一个力的投影[6]。所以，在建立运动方程时有必要变换所给向量的坐标，这样需要引入不同坐标系之间的变换。

任何两个坐标系之间的关系可通过若干次旋转变换实现，每次转过的角度为 Euler 角。两个空间坐标系，若其三个坐标轴无一轴重合且无一轴共面，从一个坐标系变换到另一个坐标系需要三次基本旋转变换，第一次转动是绕旧坐标系的某一轴转动，最后一次转动是绕新坐标系的某一轴转动，中间一次是绕过渡坐标系的某一轴转动。若只要求旋转到两坐标系有一轴重合或有一轴共面，则只要通过两次基本旋转变换即可实现。空间坐标系绕三个坐标轴旋转的基本旋转变换矩阵如下[7]

$$\boldsymbol{L}_x(\varphi) = \begin{bmatrix} 1 & 0 & 0 \\ 0 & \cos\varphi & \sin\varphi \\ 0 & -\sin\varphi & \cos\varphi \end{bmatrix}$$

$$\boldsymbol{L}_y(\varphi) = \begin{bmatrix} \cos\varphi & 0 & -\sin\varphi \\ 0 & 1 & 0 \\ \sin\varphi & 0 & \cos\varphi \end{bmatrix}$$

$$\boldsymbol{L}_z(\varphi) = \begin{bmatrix} \cos\varphi & \sin\varphi & 0 \\ -\sin\varphi & \cos\varphi & 0 \\ 0 & 0 & 1 \end{bmatrix}$$

由于基本旋转变换矩阵是正交矩阵，所以有 $\boldsymbol{L}(\varphi) = \boldsymbol{L}^{\mathrm{T}}(-\varphi)$，任何两个坐标系之间的变换矩阵是唯一的，但它们之间的 Euler 角不只有一组，而是有六组，在实际中，两个坐标系的相互方位，往往只采用确定的一组 Euler 角定义，这样的选择通常是由传统习惯决定的，或者由物理意义决定的，或者由测量方式决定的[1]。

两个坐标系可通过旋转变换重合在一起，旋转方式不是唯一的，但不同旋转方式对应的转移矩阵是相同的。若转移矩阵 $\boldsymbol{L}_1 = \boldsymbol{L}_2$，那么两个转移矩阵中的九个元素分别对应相等，由此可得出九个等式，其中有三个是独立的。若一个坐标系经过旋转与另外一个坐标系的一个轴重合，则转移矩阵 $\boldsymbol{L}_1$ 和 $\boldsymbol{L}_2$ 中有一行元素对应相等，由此可得出三个等式，其中两个是独立的[8]。

1.4.2　坐标系之间的矢量导数关系

设有原点重合的两个右手坐标系 $Ox_py_pz_p$ 和 $Ox_qy_qz_q$。坐标系 $Ox_py_pz_p$ 相对坐标系 $Ox_qy_qz_q$ 的转动角速度为 $\boldsymbol{\omega}$。任意矢量 $\boldsymbol{A}$ 在坐标系 $Ox_py_pz_p$ 中可表示为[9]

$$\boldsymbol{A} = a_x\boldsymbol{i} + a_y\boldsymbol{j} + a_z\boldsymbol{k} \tag{1-6}$$

式（1-6）对时间 t 求导，可得矢量的绝对导数

$$\frac{\mathrm{d}\boldsymbol{A}}{\mathrm{d}t} = \frac{\mathrm{d}a_x}{\mathrm{d}t}\boldsymbol{i} + \frac{\mathrm{d}a_y}{\mathrm{d}t}\boldsymbol{j} + \frac{\mathrm{d}a_z}{\mathrm{d}t}\boldsymbol{k} + a_x\frac{\mathrm{d}\boldsymbol{i}}{\mathrm{d}t} + a_y\frac{\mathrm{d}\boldsymbol{j}}{\mathrm{d}t} + a_z\frac{\mathrm{d}\boldsymbol{k}}{\mathrm{d}t} \tag{1-7}$$

定义矢量的相对导数

$$\frac{\delta\boldsymbol{A}}{\delta t} = \frac{\mathrm{d}a_x}{\mathrm{d}t}\boldsymbol{i} + \frac{\mathrm{d}a_y}{\mathrm{d}t}\boldsymbol{j} + \frac{\mathrm{d}a_z}{\mathrm{d}t}\boldsymbol{k} \tag{1-8}$$

在坐标系 $Ox_py_pz_p$ 中，$\frac{\mathrm{d}\boldsymbol{i}}{\mathrm{d}t}$、$\frac{\mathrm{d}\boldsymbol{j}}{\mathrm{d}t}$、$\frac{\mathrm{d}\boldsymbol{k}}{\mathrm{d}t}$ 分别为矢量 $\boldsymbol{i}$、$\boldsymbol{j}$、$\boldsymbol{k}$ 由于转动而产生的速度，由刚体运动学可得

$$\begin{cases} \dfrac{\mathrm{d}\boldsymbol{i}}{\mathrm{d}t} = \boldsymbol{\omega}\times\boldsymbol{i} \\[2mm] \dfrac{\mathrm{d}\boldsymbol{j}}{\mathrm{d}t} = \boldsymbol{\omega}\times\boldsymbol{j} \\[2mm] \dfrac{\mathrm{d}\boldsymbol{k}}{\mathrm{d}t} = \boldsymbol{\omega}\times\boldsymbol{k} \end{cases} \tag{1-9}$$

式（1-8）和式（1-9）代入式（1-7），可得矢量绝对导数和相对导数的关系

$$\frac{\mathrm{d}\boldsymbol{A}}{\mathrm{d}t} = \frac{\delta\boldsymbol{A}}{\delta t} + \boldsymbol{\omega}\times\boldsymbol{A}$$

1.5　坐标系之间的关系

（1）发射坐标系与弹体坐标系

发射坐标系与弹体坐标系通过 3 个 Euler 角相联系：

$$S_g \xrightarrow{\boldsymbol{L}_y(\psi)} \xrightarrow{\boldsymbol{L}_z(\vartheta)} \xrightarrow{\boldsymbol{L}_x(\gamma)} S_b$$

（2）发射坐标系与弹道坐标系

发射坐标系与弹道坐标系通过 2 个 Euler 角相联系：

$$S_g \xrightarrow{\ L_y(\psi_V)\ } \xrightarrow{\ L_z(\theta)\ } S_t$$

（3）发射坐标系与空速弹道坐标系

发射坐标系与空速弹道坐标系通过 2 个 Euler 角相联系：

$$S_g \xrightarrow{\ L_y(\psi_{Vw})\ } \xrightarrow{\ L_z(\theta_w)\ } S_t^*$$

（4）速度坐标系与弹体坐标系

速度坐标系与弹体坐标系通过 2 个 Euler 角相联系：

$$S_v \xrightarrow{\ L_y(\beta)\ } \xrightarrow{\ L_z(\alpha)\ } S_b$$

（5）空速坐标系与弹体坐标系

空速坐标系与弹体坐标系通过 2 个 Euler 角相联系：

$$S_v^* \xrightarrow{\ L_y(\beta_w)\ } \xrightarrow{\ L_z(\alpha_w)\ } S_b$$

（6）弹道坐标系与速度坐标系

弹道坐标系与速度坐标系通过 1 个 Euler 角相联系：

$$S_t \xrightarrow{\ L_x(\gamma_V)\ } S_v$$

（7）空速弹道坐标系与空速坐标系

空速弹道坐标系与空速坐标系通过 1 个 Euler 角相联系：

$$S_t^* \xrightarrow{\ L_x(\gamma_{Vw})\ } S_v^*$$

（8）全攻角速度坐标系与全攻角弹体坐标系

全攻角速度坐标系与全攻角弹体坐标系通过 1 个 Euler 角相联系：

$$S_v^{**} \xrightarrow{\ L_z(\alpha_T)\ } S_b^*$$

（9）弹体坐标系与执行坐标系

弹体坐标系与执行坐标系通过 1 个 Euler 角相联系：

$$S_b \xrightarrow{\ L_x(45°)\ } S_c$$

（10）弹体坐标系与气动固联坐标系

弹体坐标系与气动固联坐标系通过 1 个 Euler 角相联系：

$$S_a \xrightarrow{\ \boldsymbol{L}_x(45°)\ } S_b$$

（11）全攻角弹体坐标系与气动固联坐标系

全攻角弹体坐标系与气动固联坐标系通过 1 个 Euler 角相联系：

$$S_b^* \xrightarrow{\ \boldsymbol{L}_x(\gamma_a)\ } S_a$$

（12）各坐标系之间的综合关系

图 1-5 给出了模型中各坐标系之间的综合关系。

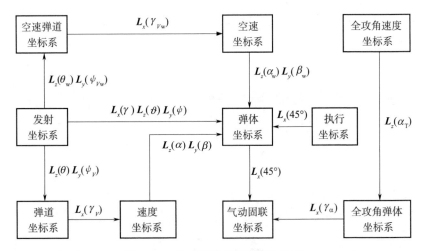

图 1-5　各坐标系之间的综合关系

1.6　导弹运动方程

由力学中的 Chasles 定理［由 Michel Chasles（1793—1880，法国数学家）于 1830 年提出］，刚体在空间的运动可等效为刚体质心平移运动和刚体绕质心转动运动的合成运动，故导弹的运动方程包括导弹质心运动的微分方程和导弹绕质心转动的微分方程。

1.6.1　质心运动微分方程

导弹质心运动的微分方程由动力学方程和运动学方程组成。

（1）导弹质心运动的动力学方程

①动力学方程的一般形式

1687 年，英国皇家学会会长，英国物理学家、数学家牛顿（1642—1727）在他的物理学哲学著作《自然哲学的数学原理》中，提出了关于物体运动的三大定律：惯性定律、力和运动关系的定律、作用和反作用的定律。

牛顿第二定律是在惯性坐标系下建立的，选择春分点地心惯性坐标系作为惯性坐标系。

根据牛顿第二定律，导弹质心在惯性空间运动的矢量方程为

$$m\boldsymbol{a}_i = \boldsymbol{P} + \boldsymbol{R} + m\boldsymbol{g} \tag{1-10}$$

式中　m——导弹的质量；

　　　$\boldsymbol{a}_i$——导弹的绝对加速度；

　　　$\boldsymbol{P}$——发动机的推力；

　　　$\boldsymbol{R}$——气动力。

选择地心赤道旋转坐标系作为参考坐标系。导弹质心相对地心赤道旋转坐标系的速度，即相对速度，用 $\boldsymbol{V}$ 表示。而相对加速度则是 $\mathrm{d}\boldsymbol{V}/\mathrm{d}t$。

由于地球有旋转角速度，地心赤道旋转坐标系不是惯性坐标系，因而在相对运动方程中出现由地球旋转角速度 $\boldsymbol{\omega}_e$ 引起的惯性力。

地心赤道旋转坐标系相对春分点地心惯性坐标系仅有旋转运动而无平移运动。由理论力学中的加速度合成定理，导弹的绝对加速度 $\boldsymbol{a}_i$ 等于相对加速度 $\mathrm{d}\boldsymbol{V}/\mathrm{d}t$、牵连加速度 $\boldsymbol{a}_e$ 和 Coriolis 加速度 $\boldsymbol{a}_c$ 之和，即

$$\boldsymbol{a}_i = \mathrm{d}\boldsymbol{V}/\mathrm{d}t + \boldsymbol{a}_e + \boldsymbol{a}_c$$

牵连加速度为

$$\boldsymbol{a}_e = \frac{\mathrm{d}\boldsymbol{\omega}_e}{\mathrm{d}t} \times \boldsymbol{r} + \boldsymbol{\omega}_e \times (\boldsymbol{\omega}_e \times \boldsymbol{r})$$

由于地心赤道旋转坐标系为常角速度定轴转动坐标系，有
$\dfrac{\mathrm{d}\boldsymbol{\omega}_e}{\mathrm{d}t}=\boldsymbol{0}$，牵连加速度仅包含离心加速度，故有

$$\boldsymbol{a}_e=\boldsymbol{\omega}_e\times(\boldsymbol{\omega}_e\times\boldsymbol{r})$$

Coriolis 加速度为

$$\boldsymbol{a}_c=2\boldsymbol{\omega}_e\times\boldsymbol{V}$$

1835 年，法国科学院院士，法国物理学家、数学家 Coriolis（1792—1843）在他的论文《物体系统相对运动方程》中，提出了若物体在匀速转动的参考系中做相对运动，就有一种不同于通常离心力的惯性力作用于物体，并称这种力为复合离心力，后人以他的名字将该复合离心力命名为 "Coriolis 力"。

导弹质心相对地心赤道旋转坐标系运动动力学方程的矢量形式为

$$\frac{\mathrm{d}\boldsymbol{V}}{\mathrm{d}t}=\boldsymbol{g}+\frac{\boldsymbol{P}+\boldsymbol{R}}{m}-\boldsymbol{\omega}_e\times(\boldsymbol{\omega}_e\times\boldsymbol{r})-2\boldsymbol{\omega}_e\times\boldsymbol{V}$$

②在发射坐标系下的动力学方程

经矢量运算后，可得牵连加速度在发射坐标系各轴上的投影分量

$$\begin{bmatrix}a_{ex_g}\\a_{ey_g}\\a_{ez_g}\end{bmatrix}=\boldsymbol{A}_g\begin{bmatrix}r_x\\r_y\\r_z\end{bmatrix}=\begin{bmatrix}\omega_{ex}^2-\omega_e^2 & \omega_{ex}\omega_{ey} & \omega_{ex}\omega_{ez}\\\omega_{ex}\omega_{ey} & \omega_{ey}^2-\omega_e^2 & \omega_{ez}\omega_{ey}\\\omega_{ex}\omega_{ez} & \omega_{ez}\omega_{ey} & \omega_{ez}^2-\omega_e^2\end{bmatrix}\begin{bmatrix}x+R_{0x}\\y+R_{0y}\\z+R_{0z}\end{bmatrix}$$

经矢量运算后，可得 Coriolis 加速度在发射坐标系各轴上的投影分量

$$\begin{bmatrix}a_{cx_g}\\a_{cy_g}\\a_{cz_g}\end{bmatrix}=\boldsymbol{A}_f\begin{bmatrix}V_{x_g}\\V_{y_g}\\V_{z_g}\end{bmatrix}=\begin{bmatrix}0 & -2\omega_{ez} & 2\omega_{ey}\\2\omega_{ez} & 0 & -2\omega_{ex}\\-2\omega_{ey} & 2\omega_{ex} & 0\end{bmatrix}\begin{bmatrix}V_{x_g}\\V_{y_g}\\V_{z_g}\end{bmatrix}$$

发射坐标系是与地球固联的，发射坐标系相对地心赤道旋转坐标系无转动运动，发射坐标系下和地心赤道旋转坐标系下的质心运动动力学方程是相同的。故在发射坐标系下动力学方程的矢量形式为

$$\frac{\mathrm{d}(\textbf{\textit{V}})_{\mathrm{g}}}{\mathrm{d}t} = (\textbf{\textit{g}})_{\mathrm{g}} + \frac{1}{m}\textbf{\textit{L}}_{\mathrm{gb}}[(\textbf{\textit{P}})_{\mathrm{b}} + (\textbf{\textit{R}})_{\mathrm{b}}] - (\boldsymbol{\omega}_{\mathrm{e}} \times (\boldsymbol{\omega}_{\mathrm{e}} \times \textbf{\textit{r}}))_{\mathrm{g}} - (2\boldsymbol{\omega}_{\mathrm{e}} \times \textbf{\textit{V}})_{\mathrm{g}}$$

在发射坐标系下质心运动的动力学方程为

$$
\begin{bmatrix} \dot{V}_{x_{\mathrm{g}}} \\ \dot{V}_{y_{\mathrm{g}}} \\ \dot{V}_{z_{\mathrm{g}}} \end{bmatrix} = \begin{bmatrix} g_x \\ g_y \\ g_z \end{bmatrix} + \frac{1}{m}\textbf{\textit{L}}_{\mathrm{gb}}\begin{bmatrix} P_{x_{\mathrm{b}}} + R_{x_{\mathrm{b}}} \\ P_{y_{\mathrm{b}}} + R_{y_{\mathrm{b}}} \\ P_{z_{\mathrm{b}}} + R_{z_{\mathrm{b}}} \end{bmatrix} +
$$

$$
\begin{bmatrix} \omega_{\mathrm{ex}}^2 - \omega_{\mathrm{e}}^2 & \omega_{\mathrm{ex}}\omega_{\mathrm{ey}} & \omega_{\mathrm{ex}}\omega_{\mathrm{ez}} \\ \omega_{\mathrm{ex}}\omega_{\mathrm{ey}} & \omega_{\mathrm{ey}}^2 - \omega_{\mathrm{e}}^2 & \omega_{\mathrm{ez}}\omega_{\mathrm{ey}} \\ \omega_{\mathrm{ex}}\omega_{\mathrm{ez}} & \omega_{\mathrm{ez}}\omega_{\mathrm{ey}} & \omega_{\mathrm{ez}}^2 - \omega_{\mathrm{e}}^2 \end{bmatrix}\begin{bmatrix} x + R_{0x} \\ y + R_{0y} \\ z + R_{0z} \end{bmatrix} +
$$

$$
\begin{bmatrix} 0 & -2\omega_{\mathrm{ez}} & 2\omega_{\mathrm{ey}} \\ 2\omega_{\mathrm{ez}} & 0 & -2\omega_{\mathrm{ex}} \\ -2\omega_{\mathrm{ey}} & 2\omega_{\mathrm{ex}} & 0 \end{bmatrix}\begin{bmatrix} V_{x_{\mathrm{g}}} \\ V_{y_{\mathrm{g}}} \\ V_{z_{\mathrm{g}}} \end{bmatrix}
$$

$$(1-11)$$

式中　$R_{x_{\mathrm{b}}}$、$R_{y_{\mathrm{b}}}$ 和 $R_{z_{\mathrm{b}}}$——气动力 $\textbf{\textit{R}}$ 在弹体坐标系各轴上的投影
　　　　　　　　　　　　分量；

　　　$P_{x_{\mathrm{b}}}$、$P_{y_{\mathrm{b}}}$ 和 $P_{z_{\mathrm{b}}}$——发动机推力 $\textbf{\textit{P}}$ 在弹体坐标系各轴上的投
　　　　　　　　　　　　影分量。

对于近程面空导弹，可将发射坐标系视为惯性坐标系，地球参考模型视为平面模型，在发射坐标系下质心运动的动力学方程为

$$
\begin{bmatrix} \dot{V}_{x_{\mathrm{g}}} \\ \dot{V}_{y_{\mathrm{g}}} \\ \dot{V}_{z_{\mathrm{g}}} \end{bmatrix} = \begin{bmatrix} 0 \\ -g_0 \\ 0 \end{bmatrix} + \frac{1}{m}\textbf{\textit{L}}_{\mathrm{gb}}\begin{bmatrix} P_{x_{\mathrm{b}}} + R_{x_{\mathrm{b}}} \\ P_{y_{\mathrm{b}}} + R_{y_{\mathrm{b}}} \\ P_{z_{\mathrm{b}}} + R_{z_{\mathrm{b}}} \end{bmatrix}
$$

式中，g_0 为地球表面的重力加速度，取 $g_0 = 9.806 \text{ m/s}^2$。

③在弹体坐标系下的动力学方程

经矢量运算后，可得牵连加速度在弹体坐标系各轴上的投影分量

$$\begin{bmatrix} a_{ex_b} \\ a_{ey_b} \\ a_{ez_b} \end{bmatrix} = \boldsymbol{L}_{bg}\boldsymbol{A}_g \begin{bmatrix} r_x \\ r_y \\ r_z \end{bmatrix}$$

$$= \boldsymbol{L}_{bg} \begin{bmatrix} \omega_{ex}^2 - \omega_e^2 & \omega_{ex}\omega_{ey} & \omega_{ex}\omega_{ez} \\ \omega_{ex}\omega_{ey} & \omega_{ey}^2 - \omega_e^2 & \omega_{ez}\omega_{ey} \\ \omega_{ex}\omega_{ez} & \omega_{ez}\omega_{ey} & \omega_{ez}^2 - \omega_e^2 \end{bmatrix} \begin{bmatrix} x + R_{0x} \\ y + R_{0y} \\ z + R_{0z} \end{bmatrix}$$

经矢量运算后，可得 Coriolis 加速度在弹体坐标系各轴上的投影分量

$$\begin{bmatrix} a_{cx_b} \\ a_{cy_b} \\ a_{cz_b} \end{bmatrix} = \boldsymbol{L}_{bg}\boldsymbol{A}_f \begin{bmatrix} V_{x_g} \\ V_{y_g} \\ V_{z_g} \end{bmatrix} = \boldsymbol{L}_{bg}\boldsymbol{A}_f\boldsymbol{L}_{gb} \begin{bmatrix} V_{x_b} \\ V_{y_b} \\ V_{z_b} \end{bmatrix}$$

$$= \boldsymbol{L}_{bg} \begin{bmatrix} 0 & -2\omega_{ez} & 2\omega_{ey} \\ 2\omega_{ez} & 0 & -2\omega_{ex} \\ -2\omega_{ey} & 2\omega_{ex} & 0 \end{bmatrix} \boldsymbol{L}_{gb} \begin{bmatrix} V_{x_b} \\ V_{y_b} \\ V_{z_b} \end{bmatrix}$$

$$(1-12)$$

式中　V_{x_b}、V_{y_b} 和 V_{z_b}——地速矢量 $\boldsymbol{V}$ 在弹体坐标系各轴上的投影
　　　　　　　分量。

　　在弹体坐标系下建立质心运动的动力学方程。弹体坐标系不是与地球固联的，相对地心赤道旋转坐标系（地球）有转动角速度 $\boldsymbol{\omega}_r$。

　　由矢量绝对导数和相对导数的关系，可得

$$\frac{\mathrm{d}\boldsymbol{V}}{\mathrm{d}t} = \frac{\delta\boldsymbol{V}}{\delta t} + \boldsymbol{\omega}_r \times \boldsymbol{V} \qquad (1-13)$$

式中　$\mathrm{d}\boldsymbol{V}/\mathrm{d}t$——地心赤道旋转坐标系下地速矢量 $\boldsymbol{V}$ 的绝对导数；

　　　　$\delta\boldsymbol{V}/\delta t$——弹体坐标系下地速矢量 $\boldsymbol{V}$ 的相对导数；

　　　　$\boldsymbol{\omega}_r$——弹体坐标系相对地心赤道旋转坐标系（地球）的转动
　　　　　　　角速度。

　　由牛顿第二定律可得

$$m \frac{\mathrm{d}\boldsymbol{V}}{\mathrm{d}t} = m \left(\frac{\delta \boldsymbol{V}}{\delta t} + \boldsymbol{\omega}_{\mathrm{r}} \times \boldsymbol{V} \right)$$

$$= (\boldsymbol{g})_{\mathrm{b}} + \frac{(\boldsymbol{P})_{\mathrm{b}} + (\boldsymbol{R})_{\mathrm{b}}}{m} - (\boldsymbol{\omega}_{\mathrm{e}} \times (\boldsymbol{\omega}_{\mathrm{e}} \times \boldsymbol{r}))_{\mathrm{b}} - (2\boldsymbol{\omega}_{\mathrm{e}} \times \boldsymbol{V})_{\mathrm{b}}$$

$$(1-14)$$

设 $\boldsymbol{i}_{\mathrm{b}}$、$\boldsymbol{j}_{\mathrm{b}}$ 和 $\boldsymbol{k}_{\mathrm{b}}$ 为沿弹体坐标系各轴的单位矢量，从而有

$$\frac{\delta \boldsymbol{V}}{\delta t} = \dot{V}_{x_{\mathrm{b}}} \boldsymbol{i}_{\mathrm{b}} + \dot{V}_{y_{\mathrm{b}}} \boldsymbol{j}_{\mathrm{b}} + \dot{V}_{z_{\mathrm{b}}} \boldsymbol{k}_{\mathrm{b}} \qquad (1-15)$$

$$\boldsymbol{\omega}_{\mathrm{r}} \times \boldsymbol{V} = \begin{vmatrix} \boldsymbol{i}_{\mathrm{b}} & \boldsymbol{j}_{\mathrm{b}} & \boldsymbol{k}_{\mathrm{b}} \\ \omega_{\mathrm{r}x_{\mathrm{b}}} & \omega_{\mathrm{r}y_{\mathrm{b}}} & \omega_{\mathrm{r}z_{\mathrm{b}}} \\ V_{x_{\mathrm{b}}} & V_{y_{\mathrm{b}}} & V_{z_{\mathrm{b}}} \end{vmatrix}$$

$$= (V_{z_{\mathrm{b}}} \omega_{\mathrm{r}y_{\mathrm{b}}} - V_{y_{\mathrm{b}}} \omega_{\mathrm{r}z_{\mathrm{b}}}) \boldsymbol{i}_{\mathrm{b}} + (V_{x_{\mathrm{b}}} \omega_{\mathrm{r}z_{\mathrm{b}}} - V_{z_{\mathrm{b}}} \omega_{\mathrm{r}x_{\mathrm{b}}}) \boldsymbol{j}_{\mathrm{b}} +$$

$$(V_{y_{\mathrm{b}}} \omega_{\mathrm{r}x_{\mathrm{b}}} - V_{x_{\mathrm{b}}} \omega_{\mathrm{r}y_{\mathrm{b}}}) \boldsymbol{k}_{\mathrm{b}} \qquad (1-16)$$

式中　$\omega_{\mathrm{r}x_{\mathrm{b}}}$、$\omega_{\mathrm{r}y_{\mathrm{b}}}$ 和 $\omega_{\mathrm{r}z_{\mathrm{b}}}$ ——弹体坐标系相对地心赤道旋转坐标系转动角速度 $\boldsymbol{\omega}_{\mathrm{r}}$ 在弹体坐标系各轴上的投影分量。

式 (1-15) 和式 (1-16) 代入式 (1-14) 可得

$$\begin{bmatrix} \dot{V}_{x_{\mathrm{b}}} \\ \dot{V}_{y_{\mathrm{b}}} \\ \dot{V}_{z_{\mathrm{b}}} \end{bmatrix} = \begin{bmatrix} V_{y_{\mathrm{b}}} \omega_{\mathrm{r}z_{\mathrm{b}}} - V_{z_{\mathrm{b}}} \omega_{\mathrm{r}y_{\mathrm{b}}} \\ V_{z_{\mathrm{b}}} \omega_{\mathrm{r}x_{\mathrm{b}}} - V_{x_{\mathrm{b}}} \omega_{\mathrm{r}z_{\mathrm{b}}} \\ V_{x_{\mathrm{b}}} \omega_{\mathrm{r}y_{\mathrm{b}}} - V_{y_{\mathrm{b}}} \omega_{\mathrm{r}x_{\mathrm{b}}} \end{bmatrix} + \boldsymbol{L}_{\mathrm{bg}} \begin{bmatrix} g_x \\ g_y \\ g_z \end{bmatrix} + \frac{1}{m} \begin{bmatrix} P_{x_{\mathrm{b}}} + R_{x_{\mathrm{b}}} \\ P_{y_{\mathrm{b}}} + R_{y_{\mathrm{b}}} \\ P_{z_{\mathrm{b}}} + R_{z_{\mathrm{b}}} \end{bmatrix} +$$

$$\boldsymbol{L}_{\mathrm{bg}} \begin{bmatrix} \omega_{\mathrm{e}x}^2 - \omega_{\mathrm{e}}^2 & \omega_{\mathrm{e}x}\omega_{\mathrm{e}y} & \omega_{\mathrm{e}x}\omega_{\mathrm{e}z} \\ \omega_{\mathrm{e}x}\omega_{\mathrm{e}y} & \omega_{\mathrm{e}y}^2 - \omega_{\mathrm{e}}^2 & \omega_{\mathrm{e}z}\omega_{\mathrm{e}y} \\ \omega_{\mathrm{e}x}\omega_{\mathrm{e}z} & \omega_{\mathrm{e}z}\omega_{\mathrm{e}y} & \omega_{\mathrm{e}}^2 - \omega_{\mathrm{e}}^2 \end{bmatrix} \begin{bmatrix} x + R_{0x} \\ y + R_{0y} \\ z + R_{0z} \end{bmatrix} +$$

$$\boldsymbol{L}_{\mathrm{bg}} \begin{bmatrix} 0 & -2\omega_{\mathrm{e}z} & 2\omega_{\mathrm{e}y} \\ 2\omega_{\mathrm{e}z} & 0 & -2\omega_{\mathrm{e}x} \\ -2\omega_{\mathrm{e}y} & 2\omega_{\mathrm{e}x} & 0 \end{bmatrix} \boldsymbol{L}_{\mathrm{gb}} \begin{bmatrix} V_{x_{\mathrm{b}}} \\ V_{y_{\mathrm{b}}} \\ V_{z_{\mathrm{b}}} \end{bmatrix}$$

$$(1-17)$$

对于近程面空导弹，可将发射坐标系视为惯性坐标系，地球参考模型视为平面模型，在弹体坐标系下质心运动的动力学方程为

$$
\begin{bmatrix} \dot{V}_{x_b} \\ \dot{V}_{y_b} \\ \dot{V}_{z_b} \end{bmatrix} = \begin{bmatrix} V_{y_b}\omega_{z_b} - V_{z_b}\omega_{y_b} \\ V_{z_b}\omega_{x_b} - V_{x_b}\omega_{z_b} \\ V_{x_b}\omega_{y_b} - V_{y_b}\omega_{x_b} \end{bmatrix} + \boldsymbol{L}_{bg}\begin{bmatrix} 0 \\ -g_0 \\ 0 \end{bmatrix} + \frac{1}{m}\begin{bmatrix} P_{x_b} + R_{x_b} \\ P_{y_b} + R_{y_b} \\ P_{z_b} + R_{z_b} \end{bmatrix}
$$

④在气动固联坐标系下的动力学方程

经矢量运算后，可得牵连加速度在气动固联坐标系各轴上的投影分量

$$
\begin{bmatrix} a_{ex_a} \\ a_{ey_a} \\ a_{ez_a} \end{bmatrix} = \boldsymbol{L}_{ag}\boldsymbol{A}_g\begin{bmatrix} r_x \\ r_y \\ r_z \end{bmatrix}
$$

$$
= \boldsymbol{L}_{ag}\begin{bmatrix} \omega_{ex}^2 - \omega_e^2 & \omega_{ex}\omega_{ey} & \omega_{ex}\omega_{ez} \\ \omega_{ex}\omega_{ey} & \omega_{ey}^2 - \omega_e^2 & \omega_{ez}\omega_{ey} \\ \omega_{ex}\omega_{ez} & \omega_{ez}\omega_{ey} & \omega_{ez}^2 - \omega_e^2 \end{bmatrix}\begin{bmatrix} x + R_{0x} \\ y + R_{0y} \\ z + R_{0z} \end{bmatrix}
$$

经矢量运算后，可得 Coriolis 加速度在气动固联坐标系各轴上的投影分量

$$
\begin{bmatrix} a_{cx_a} \\ a_{cy_a} \\ a_{cz_a} \end{bmatrix} = \boldsymbol{L}_{ag}\boldsymbol{A}_f\begin{bmatrix} V_{x_g} \\ V_{y_g} \\ V_{z_g} \end{bmatrix} = \boldsymbol{L}_{ag}\boldsymbol{A}_f\boldsymbol{L}_{ga}\begin{bmatrix} V_{x_a} \\ V_{y_a} \\ V_{z_a} \end{bmatrix}
$$

$$
= \boldsymbol{L}_{ag}\begin{bmatrix} 0 & -2\omega_{ez} & 2\omega_{ey} \\ 2\omega_{ez} & 0 & -2\omega_{ex} \\ -2\omega_{ey} & 2\omega_{ex} & 0 \end{bmatrix}\boldsymbol{L}_{ga}\begin{bmatrix} V_{x_a} \\ V_{y_a} \\ V_{z_a} \end{bmatrix}
$$

在气动固联坐标系下的动力学方程与在弹体坐标系下的动力学方程推导过程相同，下面直接给出推导结果。

在气动固联坐标系下质心运动的动力学方程为

$$
\begin{bmatrix} \dot{V}_{x_a} \\ \dot{V}_{y_a} \\ \dot{V}_{z_a} \end{bmatrix} = \begin{bmatrix} V_{y_a}\omega_{rz_a} - V_{z_a}\omega_{ry_a} \\ V_{z_a}\omega_{rx_a} - V_{x_a}\omega_{rz_a} \\ V_{x_a}\omega_{ry_a} - V_{y_a}\omega_{rx_a} \end{bmatrix} + \boldsymbol{L}_{ag}\begin{bmatrix} g_x \\ g_y \\ g_z \end{bmatrix} + \frac{1}{m}\begin{bmatrix} P_{x_a} + R_{x_a} \\ P_{y_a} + R_{y_a} \\ P_{z_a} + R_{z_a} \end{bmatrix} +
$$

$$
\boldsymbol{L}_{ag}\begin{bmatrix} \omega_{ex}^2 - \omega_e^2 & \omega_{ex}\omega_{ey} & \omega_{ex}\omega_{ez} \\ \omega_{ex}\omega_{ey} & \omega_{ey}^2 - \omega_e^2 & \omega_{ez}\omega_{ey} \\ \omega_{ex}\omega_{ez} & \omega_{ez}\omega_{ey} & \omega_{ez}^2 - \omega_e^2 \end{bmatrix}\begin{bmatrix} x + R_{0x} \\ y + R_{0y} \\ z + R_{0z} \end{bmatrix} +
$$

$$
\boldsymbol{L}_{ag}\begin{bmatrix} 0 & -2\omega_{ez} & 2\omega_{ey} \\ 2\omega_{ez} & 0 & -2\omega_{ex} \\ -2\omega_{ey} & 2\omega_{ex} & 0 \end{bmatrix}\boldsymbol{L}_{ga}\begin{bmatrix} V_{x_a} \\ V_{y_a} \\ V_{z_a} \end{bmatrix}
$$

$$(1-18)$$

式中　R_{x_a}、R_{y_a} 和 R_{z_a} ——气动力 $\boldsymbol{R}$ 在气动固联坐标系各轴上的投影分量；

　　　　P_{x_a}、P_{y_a} 和 P_{z_a} ——发动机推力 $\boldsymbol{P}$ 在气动固联坐标系各轴上的投影分量。

对于近程面空导弹，可将发射坐标系视为惯性坐标系，地球参考模型视为平面模型，在气动固联坐标系下质心运动的动力学方程为

$$
\begin{bmatrix} \dot{V}_{x_a} \\ \dot{V}_{y_a} \\ \dot{V}_{z_a} \end{bmatrix} = \begin{bmatrix} V_{y_a}\omega_{rz_a} - V_{z_a}\omega_{ry_a} \\ V_{z_a}\omega_{rx_a} - V_{x_a}\omega_{rz_a} \\ V_{x_a}\omega_{ry_a} - V_{y_a}\omega_{rx_a} \end{bmatrix} + \boldsymbol{L}_{ag}\begin{bmatrix} 0 \\ -g_0 \\ 0 \end{bmatrix} + \frac{1}{m}\begin{bmatrix} P_{x_a} + R_{x_a} \\ P_{y_a} + R_{y_a} \\ P_{z_a} + R_{z_a} \end{bmatrix}
$$

（2）导弹质心运动的运动学方程

①在发射坐标系下的运动学方程

在发射坐标系下质心运动的运动学方程为

$$\left.\begin{array}{l} \dot{x} = V_{x_g} \\ \dot{y} = V_{y_g} \\ \dot{z} = V_{z_g} \end{array}\right\} \qquad (1-19)$$

式中　x、y 和 z——导弹质心在发射坐标系的空间坐标位置。

②在弹体坐标系下的运动学方程

由发射坐标系与弹体坐标系之间的关系，可得

$$\begin{bmatrix} \dot{x} \\ \dot{y} \\ \dot{z} \end{bmatrix} = \begin{bmatrix} 1 & 0 & 0 \\ 0 & \cos\gamma & \sin\gamma \\ 0 & -\sin\gamma & \cos\gamma \end{bmatrix} \begin{bmatrix} \cos\vartheta & \sin\vartheta & 0 \\ -\sin\vartheta & \cos\vartheta & 0 \\ 0 & 0 & 1 \end{bmatrix}$$

$$\begin{bmatrix} \cos\psi & 0 & -\sin\psi \\ 0 & 1 & 0 \\ \sin\psi & 0 & \cos\psi \end{bmatrix} \begin{bmatrix} V_{x_b} \\ V_{y_b} \\ V_{z_b} \end{bmatrix}$$

从而可得在弹体坐标系下质心运动的运动学方程

$$\left.\begin{array}{l} \dot{x} = V_{x_b}\cos\vartheta\cos\psi + V_{y_b}(-\sin\vartheta\cos\psi\cos\gamma + \sin\psi\sin\gamma) + \\ \qquad V_{z_b}(\sin\vartheta\cos\psi\sin\gamma + \sin\psi\cos\gamma) \\ \dot{y} = V_{x_b}\sin\vartheta + V_{y_b}\cos\vartheta\cos\gamma - V_{z_b}\cos\vartheta\sin\gamma \\ \dot{z} = -V_{x_b}\cos\vartheta\sin\psi + V_{y_b}(\sin\vartheta\sin\psi\cos\gamma + \cos\psi\sin\gamma) + \\ \qquad V_{z_b}(-\sin\vartheta\sin\psi\sin\gamma + \cos\psi\cos\gamma) \end{array}\right\}$$

$$(1-20)$$

③在气动固联坐标系下的运动学方程

发射坐标系到气动固联坐标系的 3 个 Euler 角为 ψ、ϑ 和 γ^*。由弹体坐标系与气动固联坐标系之间的关系，有

$$\gamma^* = \gamma - 45°$$

在气动固联坐标系下的运动学方程与在弹体坐标系下的运动学方程推导过程相同，下面直接给出推导结果。

在气动固联坐标系下质心运动的运动学方程为

$$
\left.\begin{array}{l}
\dot{x} = V_{x_a}\cos\vartheta\cos\psi + V_{y_a}(-\sin\vartheta\cos\psi\cos\gamma^* + \sin\psi\sin\gamma^*) + \\
\quad V_{z_a}(\sin\vartheta\cos\psi\sin\gamma^* + \sin\psi\cos\gamma^*) \\
\dot{y} = V_{x_a}\sin\vartheta + V_{y_a}\cos\vartheta\cos\gamma^* - V_{z_a}\cos\vartheta\sin\gamma^* \\
\dot{z} = -V_{x_a}\cos\vartheta\sin\psi + V_{y_a}(\sin\vartheta\sin\psi\cos\gamma^* + \cos\psi\sin\gamma^*) + \\
\quad V_{z_a}(-\sin\vartheta\sin\psi\sin\gamma^* + \cos\psi\cos\gamma^*)
\end{array}\right\}
$$

$$(1-21)$$

1.6.2　绕质心转动微分方程

导弹绕质心转动的微分方程同样由动力学方程和运动学方程组成。

（1）导弹绕质心转动的动力学方程

①在弹体坐标系下的动力学方程

由矢量绝对导数和相对导数的关系，可得

$$\frac{\mathrm{d}\boldsymbol{H}}{\mathrm{d}t} = \frac{\delta\boldsymbol{H}}{\delta t} + \boldsymbol{\omega}\times\boldsymbol{H} \qquad (1-22)$$

式中　$\mathrm{d}\boldsymbol{H}/\mathrm{d}t$ ——惯性坐标系下角动量（动量矩）$\boldsymbol{H}$ 的绝对导数；

$\delta\boldsymbol{H}/\delta t$ ——弹体坐标系下角动量（动量矩）$\boldsymbol{H}$ 的相对导数；

$\boldsymbol{\omega}$ ——弹体坐标系相对惯性坐标系的转动角速度。

由理论力学中的角动量（动量矩）定理可得

$$\frac{\mathrm{d}\boldsymbol{H}}{\mathrm{d}t} = \boldsymbol{M} \qquad (1-23)$$

式中　$\boldsymbol{M}$ ——导弹所受的力矩。

$$\frac{\delta\boldsymbol{H}}{\delta t} = J_{x_b}\frac{\mathrm{d}\omega_{x_b}}{\mathrm{d}t}\boldsymbol{i}_b + J_{y_b}\frac{\mathrm{d}\omega_{y_b}}{\mathrm{d}t}\boldsymbol{j}_b + J_{z_b}\frac{\mathrm{d}\omega_{z_b}}{\mathrm{d}t}\boldsymbol{k}_b \qquad (1-24)$$

式中　J_{x_b}、J_{y_b} 和 J_{z_b} ——导弹相对弹体坐标系各轴的转动惯量。

$$\boldsymbol{\omega} \times \boldsymbol{H} = \begin{vmatrix} \boldsymbol{i}_b & \boldsymbol{j}_b & \boldsymbol{k}_b \\ \omega_{x_b} & \omega_{y_b} & \omega_{z_b} \\ J_x \omega_{x_b} & J_y \omega_{y_b} & J_z \omega_{z_b} \end{vmatrix}$$

$$= -(J_{y_b} - J_{z_b}) \omega_{y_b} \omega_{z_b} \boldsymbol{i}_b + (J_{x_b} - J_{z_b}) \omega_{x_b} \omega_{z_b} \boldsymbol{j}_b +$$

$$(J_{y_b} - J_{x_b}) \omega_{x_b} \omega_{y_b} \boldsymbol{k}_b$$

$$(1-25)$$

式（1-24）和式（1-25）代入式（1-23）可得

$$\left. \begin{array}{l} J_{x_b} \dot{\omega}_{x_b} - (J_{y_b} - J_{z_b}) \omega_{y_b} \omega_{z_b} = M_{x_b} \\ J_{y_b} \dot{\omega}_{y_b} + (J_{x_b} - J_{z_b}) \omega_{x_b} \omega_{z_b} = M_{y_b} \\ J_{z_b} \dot{\omega}_{z_b} + (J_{y_b} - J_{x_b}) \omega_{x_b} \omega_{y_b} = M_{z_b} \end{array} \right\} \quad (1-26)$$

式中　ω_{x_b}、ω_{y_b} 和 ω_{z_b}——导弹相对惯性坐标系的转动角速度 $\boldsymbol{\omega}$ 在弹体坐标系各轴上的投影分量；

　　　　M_{x_b}、M_{y_b} 和 M_{z_b}——导弹所受的力矩 $\boldsymbol{M}$ 在弹体坐标系各轴上的投影分量。

②在气动固联坐标系下的动力学方程

在气动固联坐标系下的动力学方程与在弹体坐标系下的动力学方程推导过程相同，下面直接给出推导结果。

在气动固联坐标系下绕质心转动的动力学方程为

$$\left. \begin{array}{l} J_{x_a} \dot{\omega}_{x_a} - (J_{y_a} - J_{z_a}) \omega_{y_a} \omega_{z_a} = M_{x_a} \\ J_{y_a} \dot{\omega}_{y_a} + (J_{x_a} - J_{z_a}) \omega_{x_a} \omega_{z_a} = M_{y_a} \\ J_{z_a} \dot{\omega}_{z_a} + (J_{y_a} - J_{x_a}) \omega_{x_a} \omega_{y_a} = M_{z_a} \end{array} \right\} \quad (1-27)$$

式中　J_{x_a}、J_{y_a} 和 J_{z_a}——导弹相对气动固联坐标系各轴的转动惯量；

　　　　ω_{x_a}、ω_{y_a} 和 ω_{z_a}——导弹相对惯性坐标系的转动角速度 $\boldsymbol{\omega}$ 在气动固联坐标系各轴上的投影分量；

　　　　M_{x_a}、M_{y_a} 和 M_{z_a}——导弹所受的力矩 $\boldsymbol{M}$ 在气动固联坐标系各轴上的投影分量。

（2）导弹绕质心转动的运动学方程

①在弹体坐标系下的运动学方程

导弹的绝对角速度为 $\boldsymbol{\omega}$（弹体坐标系相对惯性坐标系），导弹的相对角速度为 $\boldsymbol{\omega}_r$［弹体坐标系相对发射坐标系（地球）］，两者之间的关系为

$$\boldsymbol{\omega} = \boldsymbol{\omega}_e + \boldsymbol{\omega}_r$$

导弹的相对角速度 $\boldsymbol{\omega}_r$ 在弹体坐标系下的投影为

$$(\boldsymbol{\omega}_r)_b = (\boldsymbol{\omega})_b - \boldsymbol{L}_{bg}(\boldsymbol{\omega}_e)_g$$

$$\begin{bmatrix} \omega_{rx_b} \\ \omega_{ry_b} \\ \omega_{rz_b} \end{bmatrix} = \begin{bmatrix} \omega_{x_b} \\ \omega_{y_b} \\ \omega_{z_b} \end{bmatrix} - \boldsymbol{L}_{bg} \begin{bmatrix} \omega_{ex} \\ \omega_{ey} \\ \omega_{ez} \end{bmatrix}$$

由发射坐标系与弹体坐标系之间的关系可得

$$\boldsymbol{\omega}_r = \dot{\boldsymbol{\psi}} + \dot{\boldsymbol{\vartheta}} + \dot{\boldsymbol{\gamma}}$$

上式投影到弹体坐标系上，有

$$\begin{bmatrix} \omega_{rx_b} \\ \omega_{ry_b} \\ \omega_{rz_b} \end{bmatrix} = \boldsymbol{L}_x(\gamma)\boldsymbol{L}_z(\vartheta)\boldsymbol{L}_y(\psi) \begin{bmatrix} 0 \\ \dot{\psi} \\ 0 \end{bmatrix} + \boldsymbol{L}_x(\gamma) \begin{bmatrix} 0 \\ 0 \\ \dot{\vartheta} \end{bmatrix} + \begin{bmatrix} \dot{\gamma} \\ 0 \\ 0 \end{bmatrix}$$

$$= \begin{bmatrix} \dot{\psi}\sin\vartheta + \dot{\gamma} \\ \dot{\psi}\cos\vartheta\cos\gamma + \dot{\vartheta}\sin\gamma \\ \dot{\psi}\cos\vartheta\sin\gamma + \dot{\vartheta}\cos\gamma \end{bmatrix}$$

$$= \begin{bmatrix} 0 & \sin\vartheta & 1 \\ \sin\gamma & \cos\vartheta\cos\gamma & 0 \\ \cos\gamma & -\cos\vartheta\sin\gamma & 0 \end{bmatrix} \begin{bmatrix} \dot{\vartheta} \\ \dot{\psi} \\ \dot{\gamma} \end{bmatrix}$$

$$\begin{bmatrix} \omega_{x_b} \\ \omega_{y_b} \\ \omega_{z_b} \end{bmatrix} - \boldsymbol{L}_{bg} \begin{bmatrix} \omega_{ex} \\ \omega_{ey} \\ \omega_{ez} \end{bmatrix} = \begin{bmatrix} 0 & \sin\vartheta & 1 \\ \sin\gamma & \cos\vartheta\cos\gamma & 0 \\ \cos\gamma & -\cos\vartheta\sin\gamma & 0 \end{bmatrix} \begin{bmatrix} \dot{\vartheta} \\ \dot{\psi} \\ \dot{\gamma} \end{bmatrix}$$

经变换后可得在弹体坐标系下绕质心转动的运动学方程为

$$
\left.
\begin{aligned}
\dot{\vartheta} &= \omega_{y_b}\sin\gamma + \omega_{z_b}\cos\gamma + \omega_{ex}\sin\psi + \omega_{ez}\cos\psi \\
\dot{\psi} &= (\omega_{y_b}\cos\gamma - \omega_{z_b}\sin\gamma)/\cos\vartheta + \omega_{ey} - (\omega_{ex}\cos\psi - \omega_{ez}\sin\psi)\tan\vartheta \\
\dot{\gamma} &= \omega_{x_b} - \tan\vartheta(\omega_{y_b}\cos\gamma - \omega_{z_b}\sin\gamma) + (\omega_{ex}\cos\psi - \omega_{ez}\sin\psi)/\cos\vartheta
\end{aligned}
\right\}
$$

$$(1-28)$$

对于近程面空导弹，可将发射坐标系视为惯性坐标系，在弹体坐标系下绕质心转动的运动学方程为

$$
\left.
\begin{aligned}
\dot{\vartheta} &= \omega_{y_b}\sin\gamma + \omega_{z_b}\cos\gamma \\
\dot{\psi} &= (\omega_{y_b}\cos\gamma - \omega_{z_b}\sin\gamma)/\cos\vartheta \\
\dot{\gamma} &= \omega_{x_b} - \tan\vartheta(\omega_{y_b}\cos\gamma - \omega_{z_b}\sin\gamma)
\end{aligned}
\right\}
$$

②在气动固联坐标系下的运动学方程

在气动固联坐标系下的运动学方程与在弹体坐标系下的运动学方程推导过程相同，下面直接给出推导结果。

在气动固联坐标系下绕质心转动的运动学方程为

$$
\left.
\begin{aligned}
\dot{\vartheta} &= \omega_{y_a}\sin\gamma^* + \omega_{z_a}\cos\gamma^* + \omega_{ex}\sin\psi + \omega_{ez}\cos\psi \\
\dot{\psi} &= (\omega_{y_a}\cos\gamma^* - \omega_{z_a}\sin\gamma^*)/\cos\vartheta + \omega_{ey} - (\omega_{ex}\cos\psi - \omega_{ez}\sin\psi)\tan\vartheta \\
\dot{\gamma}^* &= \omega_{x_a} - \tan\vartheta(\omega_{y_a}\cos\gamma^* - \omega_{z_a}\sin\gamma^*) + (\omega_{ex}\cos\psi - \omega_{ez}\sin\psi)/\cos\vartheta
\end{aligned}
\right\}
$$

$$(1-29)$$

对于近程面空导弹，可将发射坐标系视为惯性坐标系，在气动固联坐标系下绕质心转动的运动学方程为

$$
\left.
\begin{aligned}
\dot{\vartheta} &= \omega_{y_a}\sin\gamma^* + \omega_{z_a}\cos\gamma^* \\
\dot{\psi} &= (\omega_{y_a}\cos\gamma^* - \omega_{z_a}\sin\gamma^*)/\cos\vartheta \\
\dot{\gamma}^* &= \omega_{x_a} - \tan\vartheta(\omega_{y_a}\cos\gamma^* - \omega_{z_a}\sin\gamma^*)
\end{aligned}
\right\}
$$

1765 年，瑞士数学家、物理学家 Leonhard Euler（1707—1783）在他的力学著作《刚体运动理论》中，将牛顿第二定律推广到刚体，

应用 3 个 Euler 角表示刚体绕定点转动的角位移，定义了转动惯量，提出了刚体绕定点转动的动力学方程和运动学方程。为了纪念 Euler，刚体绕定点转动的动力学方程也称为 Euler 动力学方程，刚体绕定点转动的运动学方程也称为 Euler 运动学方程。

1.7　作用在导弹上的力和力矩

1.7.1　风对导弹运动的影响

有风存在时，气动力取决于导弹与空气的相对速度、空气特性及导弹形状与飞行姿态。风速在发射坐标系各轴上的投影分量为

$$\boldsymbol{W} = \begin{bmatrix} W_x \\ W_y \\ W_z \end{bmatrix}$$

风速在弹体坐标系各轴上的投影分量为

$$\boldsymbol{W} = \begin{bmatrix} W_{x_b} \\ W_{y_b} \\ W_{z_b} \end{bmatrix} = \begin{bmatrix} W_x \cos\vartheta\cos\psi + W_y \sin\vartheta - W_z \cos\vartheta\sin\psi \\ W_x(-\sin\vartheta\cos\psi\cos\gamma + \sin\psi\sin\gamma) + \\ W_y \cos\vartheta\cos\gamma + W_z(\sin\vartheta\sin\psi\cos\gamma + \cos\psi\sin\gamma) \\ W_x(\sin\vartheta\cos\psi\sin\gamma + \sin\psi\cos\gamma) - \\ W_y \cos\vartheta\sin\gamma + W_z(-\sin\vartheta\sin\psi\sin\gamma + \cos\psi\cos\gamma) \end{bmatrix}$$

在发射坐标系下的模型中，需要求出弹体坐标系下的三个速度分量

$$\begin{bmatrix} V_{x_b} \\ V_{y_b} \\ V_{z_b} \end{bmatrix} = \boldsymbol{L}_{bg} \begin{bmatrix} V_{x_g} \\ V_{y_g} \\ V_{z_g} \end{bmatrix}$$

有风存在时，导弹的相对速度为

$$\boldsymbol{V}_w = \boldsymbol{V} - \boldsymbol{W} \tag{1-30}$$

式中　$\boldsymbol{V}_w$——空速矢量；

　　　$\boldsymbol{V}$——地速矢量。

式（1-31）可确定空速矢量在弹体坐标系下的大小和相对弹体坐标系的方位

$$\begin{cases} V_w = \sqrt{(V_{x_b} - W_{x_b})^2 + (V_{y_b} - W_{y_b})^2 + (V_{z_b} - W_{z_b})^2} \\ \alpha_w = \arctan[-(V_{y_b} - W_{y_b})/(V_{x_b} - W_{x_b})] \\ \beta_w = \arcsin[(V_{z_b} - W_{z_b})/V_w] \end{cases}$$

$$(1-31)$$

有风存在时，计算导弹所受的力和力矩应用空速 V_w、有风攻角 α_w 和有风侧滑角 β_w。

无风存在时，式（1-32）可确定地速矢量在弹体坐标系下的大小和相对弹体坐标系的方位

$$\begin{cases} V = \sqrt{V_{x_b}^2 + V_{y_b}^2 + V_{z_b}^2} \\ \alpha = \arctan(-V_{y_b}/V_{x_b}) \\ \beta = \arcsin(V_{z_b}/V) \end{cases} \quad (1-32)$$

无风存在时，计算导弹所受的力和力矩应用地速 V、攻角 α 和侧滑角 β。

气动参数的计算是在气动固联坐标系 $Ox_a y_a z_a$ 下进行的。为了计算气动参数，首先在气动固联坐标系下定义全攻角 α_T、I 通道攻角 α_I、II 通道攻角 α_{II} 和气动滚转角 γ_a，见式（1-33）。它们利用地速矢量在气动固联坐标系各轴上的投影分量 V_{x_a}、V_{y_a} 和 V_{z_a} 定义，如图 1-6 所示。

$$\begin{cases} \alpha_T = \arctan \dfrac{\sqrt{V_{y_a}^2 + V_{z_a}^2}}{V_{x_a}} \\[2mm] \alpha_I = \arctan \dfrac{V_{z_a}}{V_{x_a}} \\[2mm] \alpha_{II} = -\arctan \dfrac{V_{y_a}}{V_{x_a}} \\[2mm] \gamma_a = -\arctan \dfrac{V_{z_a}}{V_{y_a}} \end{cases} \quad (1-33)$$

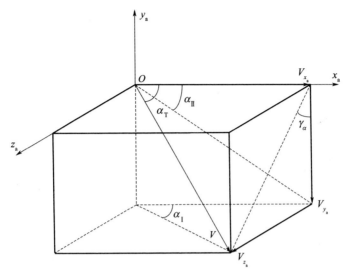

图 1 - 6　气动固联坐标系中攻角的定义

由于气动模型中攻角的定义，与飞行力学中攻角 α 和侧滑角 β 的定义不同，因此需要建立 α、β 与 α_T、α_I、α_{II}、γ_a 之间的关系才能进行气动计算。由速度坐标系与弹体坐标系之间的关系以及弹体坐标系与气动固联坐标系之间的关系，可得地速矢量在气动固联坐标系各轴上的投影分量

$$
\begin{bmatrix} V_{x_a} \\ V_{y_a} \\ V_{z_a} \end{bmatrix} = \boldsymbol{L}_T(45°) \begin{bmatrix} V_{x_b} \\ V_{y_b} \\ V_{z_b} \end{bmatrix} = \boldsymbol{L}_x(45°) \boldsymbol{L}_z(\alpha) \boldsymbol{L}_y(\beta) \begin{bmatrix} V \\ 0 \\ 0 \end{bmatrix}
$$

$$
= \begin{bmatrix} V\cos\alpha\cos\beta \\ \dfrac{\sqrt{2}}{2} V(\sin\beta - \sin\alpha\cos\beta) \\ \dfrac{\sqrt{2}}{2} V(\sin\beta + \sin\alpha\cos\beta) \end{bmatrix}
$$

$$(1-34)$$

由式（1－33）和式（1－34）可得，无风存在时，α、β 与 α_T、α_I、α_{II}、γ_a 之间的关系式

$$\begin{cases} \alpha_T = \arctan\left[\sqrt{\sin^2\beta + \sin^2\alpha\,\cos^2\beta}\,/\,(\cos\alpha\cos\beta)\right] \\ \alpha_I = \arctan\left[\dfrac{\sqrt{2}}{2}(\sin\beta + \sin\alpha\cos\beta)\,/\,(\cos\alpha\cos\beta)\right] \\ \alpha_{II} = -\arctan\left[\dfrac{\sqrt{2}}{2}(\sin\beta - \sin\alpha\cos\beta)\,/\,(\cos\alpha\cos\beta)\right] \\ \gamma_a = -\arctan\left[(\sin\beta + \sin\alpha\cos\beta)\,/\,(\sin\beta - \sin\alpha\cos\beta)\right] \end{cases}$$

有风存在时，α_w、β_w 与 α_T、α_I、α_{II}、γ_a 之间的关系式

$$\begin{cases} \alpha_T = \arctan\left[\sqrt{\sin^2\beta_w + \sin^2\alpha_w\,\cos^2\beta_w}\,/\,(\cos\alpha_w\cos\beta_w)\right] \\ \alpha_I = \arctan\left[\dfrac{\sqrt{2}}{2}(\sin\beta_w + \sin\alpha_w\cos\beta_w)\,/\,(\cos\alpha_w\cos\beta_w)\right] \\ \alpha_{II} = -\arctan\left[\dfrac{\sqrt{2}}{2}(\sin\beta_w - \sin\alpha_w\cos\beta_w)\,/\,(\cos\alpha_w\cos\beta_w)\right] \\ \gamma_a = -\arctan\left[(\sin\beta_w + \sin\alpha_w\cos\beta_w)\,/\,(\sin\beta_w - \sin\alpha_w\cos\beta_w)\right] \end{cases}$$

1.7.2　作用在导弹上的力

（1）气动力

在气动固联坐标系下计算气动力。

轴向力 X 沿 Ox_a 轴，法向力 Y 沿 Oy_a 轴，横向力 Z 沿 Oz_a 轴。气动力的表达式为

$$\boldsymbol{R} = \begin{bmatrix} X \\ Y \\ Z \end{bmatrix} = \begin{bmatrix} -qSC_x(Ma,\ \alpha_I,\alpha_{II},\ \delta_1,\ \delta_2,\ \delta_3,\ \delta_4) \\ qSC_y(Ma,\ \alpha_I,\ \alpha_{II},\delta_1,\ \delta_2,\ \delta_3,\ \delta_4) \\ qSC_z(Ma,\ \alpha_I,\ \alpha_{II},\delta_1,\ \delta_2,\ \delta_3,\ \delta_4) \end{bmatrix}$$

$$(1-35)$$

式中　δ_1、δ_2、δ_3 和 δ_4——弹体坐标系下的舵偏角。

上述气动力的三个分量转换到弹体坐标系，转换矩阵为

$$L = L_x (45°)$$

$$= \begin{bmatrix} 1 & 0 & 0 \\ 0 & \cos(45°) & \sin(45°) \\ 0 & -\sin(45°) & \cos(45°) \end{bmatrix}$$

（2）发动机推力

发动机的推力沿弹体纵轴方向，可得

$$\boldsymbol{P} = \begin{bmatrix} P_{x_b} \\ P_{y_b} \\ P_{z_b} \end{bmatrix} = \begin{bmatrix} P_{x_a} \\ P_{y_a} \\ P_{z_a} \end{bmatrix} = \begin{bmatrix} P \\ 0 \\ 0 \end{bmatrix} \tag{1-36}$$

式中　P——发动机推力。

1.7.3　作用在导弹上的力矩

（1）静力矩和操纵力矩

在气动固联坐标系下计算静力矩和操纵力矩。

滚转方向的静力矩和操纵力矩沿 Ox_a 轴，偏航方向的静力矩和操纵力矩沿 Oy_a 轴，俯仰方向的静力矩和操纵力矩沿 Oz_a 轴。静力矩和操纵力矩的表达式为

$$\boldsymbol{M}_{静力矩和操纵力矩} = \begin{bmatrix} qSLm_x (Ma, \quad \alpha_{\mathrm{I}}, \quad \alpha_{\mathrm{II}}, \quad \delta_1, \quad \delta_2, \quad \delta_3, \quad \delta_4) \\ qSLm_y (Ma, \quad \alpha_{\mathrm{I}}, \quad \alpha_{\mathrm{II}}, \quad \delta_1, \quad \delta_2, \quad \delta_3, \quad \delta_4) \\ qSLm_z (Ma, \quad \alpha_{\mathrm{I}}, \quad \alpha_{\mathrm{II}}, \quad \delta_1, \quad \delta_2, \quad \delta_3, \quad \delta_4) \end{bmatrix}$$

静力矩和操纵力矩的转换矩阵与气动力的转换矩阵相同。

（2）阻尼力矩

在气动固联坐标系下计算阻尼力矩。

滚转方向阻尼力矩沿 Ox_a 轴，偏航方向阻尼力矩沿 Oy_a 轴，俯仰方向阻尼力矩沿 Oz_a 轴。阻尼力矩的表达式为

$$\boldsymbol{M}_{阻尼力矩} = \begin{bmatrix} qSLm_x^{\omega_x} (Ma) \overline{\omega}_{x_a} \\ qSLm_y^{\omega_y} (Ma) \overline{\omega}_{y_a} \\ qSLm_z^{\omega_z} (Ma) \overline{\omega}_{z_a} \end{bmatrix} \tag{1-37}$$

式中　　$m_x^{\omega_x}$、$m_y^{\omega_y}$ 和 $m_z^{\omega_z}$ ——滚转阻尼力矩系数、偏航阻尼力矩系
　　　　　　　数和俯仰阻尼力矩系数;

　　　　$\overline{\omega}_{x_a}$、$\overline{\omega}_{y_a}$ 和 $\overline{\omega}_{z_a}$ ——无因次角速度,其表达式为

$$\overline{\omega}_{x_a} = \omega_{x_a} L/V , \overline{\omega}_{y_a} = \omega_{y_a} L/V , \overline{\omega}_{z_a} = \omega_{z_a} L/V$$

阻尼力矩的转换矩阵与气动力的转换矩阵相同。

（3）下洗时差阻尼力矩

在气动固联坐标系下计算下洗时差阻尼力矩。

滚转方向下洗时差阻尼力矩沿 Ox_a 轴,为零,偏航方向下洗时差阻尼力矩沿 Oy_a 轴,俯仰方向下洗时差阻尼力矩沿 Oz_a 轴。下洗时差阻尼力矩的表达式为

$$\boldsymbol{M}_{\text{下洗时差阻尼力矩}} = \begin{bmatrix} 0 \\ qSLm_y^{\dot{\beta}}(Ma)\overline{\dot{\alpha}}_{\text{I}} \\ qSLm_z^{\dot{\alpha}}(Ma)\overline{\dot{\alpha}}_{\text{II}} \end{bmatrix} \qquad (1-38)$$

式中　　$m_y^{\dot{\beta}}$、$m_z^{\dot{\alpha}}$ ——偏航下洗时差阻尼力矩系数和俯仰下洗时差阻
　　　　　　　尼力矩系数;

　　　　$\overline{\dot{\alpha}}_{\text{I}}$、$\overline{\dot{\alpha}}_{\text{II}}$ ——无因次角速度,其表达式为

$$\overline{\dot{\alpha}}_{\text{I}} = \dot{\alpha}_{\text{I}} L/V , \overline{\dot{\alpha}}_{\text{II}} = \dot{\alpha}_{\text{II}} L/V$$

下洗时差阻尼力矩的转换矩阵与气动力的转换矩阵相同。

（4）舵面偏转角速度产生的力矩

对于鸭式或旋转弹翼式气动布局面空导弹,当舵面或旋转弹翼的偏转角速度不为零时,同样存在下洗延迟现象,由舵面偏转角速度引起的附加俯仰力矩和附加偏航力矩也是一种阻尼力矩。

在气动固联坐标系下计算舵面偏转角速度产生的力矩。

滚转方向舵面偏转角速度产生的力矩沿 Ox_a 轴,为零,偏航方向舵面偏转角速度产生的力矩沿 Oy_a 轴,俯仰方向舵面偏转角速度产生的力矩沿 Oz_a 轴。舵面偏转角速度产生的力矩的表达式为

$$\boldsymbol{M}_{\text{舵面偏转角速度产生的力矩}} = \begin{bmatrix} 0 \\ qSLm_y^{\dot{\delta}y}(Ma)\overline{\dot{\delta}}_y \\ qSLm_z^{\dot{\delta}z}(Ma)\overline{\dot{\delta}}_z \end{bmatrix} \qquad (1-39)$$

式中　$m_y^{\dot{\delta}_y}$、$m_z^{\dot{\delta}_z}$——偏航舵面偏转角速度产生的力矩系数和俯仰舵
　　　　　　　　面偏转角速度产生的力矩系数；

　　　　$\overline{\dot{\delta}}_y$、$\overline{\dot{\delta}}_z$——无因次角速度，其表达式为

$$\overline{\dot{\delta}}_y = \dot{\delta}_y L / V，\overline{\dot{\delta}}_z = \dot{\delta}_z L / V$$

　　舵面偏转角速度产生的力矩的转换矩阵与气动力的转换矩阵相同。

1.8　几何关系方程

　　模型中的几何关系方程要通过坐标系旋转变换的性质获得。

　　（1）发射坐标系和速度坐标系

　　由图 1-5，发射坐标系变换到速度坐标系有两条途径，一条途径对应的旋转变换矩阵为

$$\boldsymbol{L}_x(\gamma_V)\boldsymbol{L}_z(\theta)\boldsymbol{L}_y(\psi_V)$$

　　另一条途径对应的旋转变换矩阵为

$$\boldsymbol{L}_y(-\beta)\boldsymbol{L}_z(-\alpha)\boldsymbol{L}_x(\gamma)\boldsymbol{L}_z(\vartheta)\boldsymbol{L}_y(\psi)$$

　　有

$$\boldsymbol{L}_x(\gamma_V)\boldsymbol{L}_z(\theta)\boldsymbol{L}_y(\psi_V) = \boldsymbol{L}_y(-\beta)\boldsymbol{L}_z(-\alpha)\boldsymbol{L}_x(\gamma)\boldsymbol{L}_z(\vartheta)\boldsymbol{L}_y(\psi)$$

　　由此关系可得 θ、ψ_V 和 γ_V 的计算公式

$$\left.\begin{array}{l}\theta = \arcsin(\cos\alpha\cos\beta\sin\vartheta + (-\sin\alpha\cos\beta\cos\gamma - \sin\beta\sin\gamma)\cos\vartheta) \\[2mm] \psi_V = \arcsin\left(\left(\begin{array}{l}(\cos\alpha\cos\beta\cos\vartheta + (\sin\alpha\cos\beta\cos\gamma + \sin\beta\sin\gamma)\sin\vartheta)\sin\psi \\ + (\sin\alpha\cos\beta\sin\gamma - \sin\beta\cos\gamma)\cos\psi\end{array}\right)\Big/\cos\theta\right) \\[2mm] \gamma_V = \arcsin((\cos\alpha\sin\beta\sin\vartheta - (\sin\alpha\sin\beta\cos\gamma - \cos\beta\sin\gamma)\cos\vartheta)/\cos\theta)\end{array}\right\}$$

$$(1-40)$$

　　式（1-40）为不考虑风的干扰作用下，导弹运动方程组中的几何关系方程。

　　（2）发射坐标系和空速坐标系

　　由图 1-5，发射坐标系变换到空速坐标系有两条途径，一条途径对应的旋转变换矩阵为

$$L_x(\gamma_{V_w})L_z(\theta_w)L_y(\psi_{V_w})$$

另一条途径对应的旋转变换矩阵为

$$L_y(-\beta_w)L_z(-\alpha_w)L_x(\gamma)L_z(\vartheta)L_y(\psi)$$

有

$$L_x(\gamma_{V_w})L_z(\theta_w)L_y(\psi_{V_w})=L_y(-\beta_w)L_z(-\alpha_w)L_x(\gamma)L_z(\vartheta)L_y(\psi)$$

由此关系可得 θ_w、ψ_{V_w} 和 γ_{V_w} 的计算公式

$$\left.\begin{aligned}
\theta_w &= \arcsin\left(\cos\alpha_w\cos\beta_w\sin\vartheta + (-\sin\alpha_w\cos\beta_w\cos\gamma - \sin\beta_w\sin\gamma)\cos\vartheta\right)\\
\psi_{V_w} &= \arcsin\left(\left(\begin{aligned}&(\cos\alpha_w\cos\beta_w\cos\vartheta + (\sin\alpha_w\cos\beta_w\cos\gamma + \sin\beta_w\sin\gamma)\sin\vartheta)\sin\psi\\ &+ (\sin\alpha_w\cos\beta_w\sin\gamma - \sin\beta_w\cos\gamma)\cos\psi\end{aligned}\right)\Big/\cos\theta_w\right)\\
\gamma_{V_w} &= \arcsin\left((\cos\alpha_w\sin\beta_w\sin\vartheta - (\sin\alpha_w\sin\beta_w\cos\gamma - \cos\beta_w\sin\gamma)\cos\vartheta)\Big/\cos\theta_w\right)
\end{aligned}\right\}$$

$$(1-41)$$

式（1-41）为考虑风的干扰作用下，导弹运动方程组中的几何关系方程。

1.9　关于模型的分类和对比

飞行动力学模型有三套不同的体系，第一套体系：力的方程在发射坐标系下建立，力矩的方程在弹体坐标系下建立。它称为"发射-弹体"体系。第二套体系：力和力矩的方程都在弹体坐标系下建立。它称为"弹体-弹体"体系。第三套体系：力和力矩的方程都在气动固联坐标系下建立。它称为"气动固联-气动固联"体系。三套方程体系的性质及组成该体系各方程的编号见表 1-1。

表 1-1　三套方程体系的特性

方程体系	力方程的参考坐标系	力矩方程的参考坐标系	方程的编号
"发射-弹体"体系	发射坐标系	弹体坐标系	$(1-11)$,$(1-19)$,$(1-26)$,$(1-28)$
"弹体-弹体"体系	弹体坐标系	弹体坐标系	$(1-17)$,$(1-20)$,$(1-26)$,$(1-28)$
"气动固联-气动固联"体系	气动固联坐标系	气动固联坐标系	$(1-18)$,$(1-21)$,$(1-27)$,$(1-29)$

"发射–弹体"体系中的运动方程在形式上最简单，因为在发射坐标系下地球引力、牵连加速度和 Coriolis 加速度在形式上最简单。在"弹体–弹体"体系中的质心运动动力学方程还需要将地球引力、牵连加速度和 Coriolis 加速度变换至弹体坐标系下，还需要求出导弹的相对角速度。

"弹体–弹体"体系中的运动方程在形式上也不太复杂，也是飞行仿真中常用的。特别是当涉及捷联惯性导航元件时，这样的方程很合适[10]。

"气动固联–气动固联"体系的运动方程在形式上与"弹体–弹体"体系的相同。面空导弹气动数据是在气动固联坐标系下给出的。气动固联坐标系下的模型中，可直接使用气动固联坐标系下计算出的气动力和气动力矩，无须将气动力和气动力矩变换到弹体坐标系下，这样可简化模型，减少计算量。

参 考 文 献

[1] 肖业伦．飞行器运动方程［M］．北京：航空工业出版社，1987.

[2] 张洪波．航天器轨道力学理论与方法［M］．北京：国防工业出版社，2015.

[3] 黄寿康．流体动力·弹道·载荷·环境［M］．北京：宇航出版社，1989.

[4] 德米特里耶夫斯基，雷申科，波哥吉斯托夫．外弹道学［M］．韩子鹏，薛晓中，张莺，译．北京：国防工业出版社，2000.

[5] 钱杏芳，林瑞雄，赵亚男．导弹飞行力学［M］．北京：北京理工大学出版社，2000.

[6] 斯特拉热娃，梅尔库莫夫．飞行力学的向量矩阵法［M］．关世义，常伯浚，译．北京：国防工业出版社，1977.

[7] 闫章更，祁载康．射表技术［M］．北京：国防工业出版社，2000.

[8] 胡小青．末制导武器滚转空间定位与计算机仿真［D］．北京：北京理工大学，1986.

[9] 胡小平，吴美平，王海丽．导弹飞行力学基础［M］．长沙：国防科技大学出版社，2006.

[10] 肖业伦．航空航天器运动的建模：飞行动力学的理论基础［M］．北京：北京航空航天大学出版社，2003.

[11] ZIPFEL PETER H. Modeling and Simulation of Aerospace Vehicle Dynamics［M］. Washington D C：American Institute of Aeronautics and Astronautics，2004.

[12] R C HIBBELER. Engineering Mechanics：Dynamics ［M］. 12th ed. Pearson Education，Inc，2010.

[13] R C HIBBELER. Engineering Mechanics：Statics ［M］. 12th ed. Pearson Education，Inc，2010.

[14] DANIEL KLEPPNER，ROBERT KOLENKOW. An Introduction to Mechanics ［M］. 2nd ed. Cambridge University Press，2014.

[15]　龙乐豪. 总体设计（上）[M]. 北京：宇航出版社，1989.

[16]　徐延万. 控制系统（上）[M]. 北京：宇航出版社，1989.

[17]　王国雄. 弹头技术（上）[M]. 北京：宇航出版社，1993.

[18]　陈世年. 控制系统设计 [M]. 北京：宇航出版社，1996.

[19]　杨嘉墀. 航天器轨道动力学与控制（上）[M]. 北京：宇航出版社，1995.

[20]　肖业伦，韩潮. 航天器动力学 [M]. 北京：北京航空航天大学出版社，2006.

[21]　赵育善，师鹏. 航天器飞行动力学建模理论与方法 [M]. 北京：北京航空航天大学出版社，2012.

[22]　朗道，栗弗席兹. 力学 [M]. 北京：高等教育出版社，2007.

[23]　鞠国兴. 朗道《力学》解读 [M]. 北京：高等教育出版社，2014.

[24]　周培源. 理论力学 [M]. 北京：科学出版社，2012.

第 2 章 基于气动固联坐标系的面空导弹刚性弹体状态方程和传递函数

2.1 引言

对于面空导弹,稳定飞行状态为"×"状态,过载自动驾驶仪的设计是在气动固联坐标系下进行的,所以需要的刚性弹体传递函数为气动固联坐标系下的刚性弹体传递函数。

本章在刚性弹体动力学方程的基础上,在气动固联坐标系下推导了面空导弹刚性弹体状态方程,并在此基础上,得到了刚性弹体的传递函数。

2.2 坐标系和角度的定义

2.2.1 坐标系定义

斜置速度坐标系 $Ox_v^{***} y_v^{***} z_v^{***}$(标记为 S_v^{***}),O 点取在导弹质心。Ox_v^{***} 轴与导弹地速矢量 $\boldsymbol{V}$ 重合,指向导弹运动方向为正。Oy_v^{***} 轴在包含 2 舵和 4 舵转轴的弹体纵向对称面内与 Ox_v^{***} 轴垂直,方向由 4 舵指向 2 舵。Oz_v^{***} 轴垂直于 $Ox_v^{***} y_v^{***}$ 平面,其正向按右手法则定义,如图 2 - 1 所示。

2.2.2 角度定义

攻角 α^*:导弹地速矢量 $\boldsymbol{V}$ 在弹体纵向对称面 $Ox_a y_a$ 上的投影与弹体纵轴 Ox_a 之间的夹角。

侧滑角 β^*:导弹地速矢量 $\boldsymbol{V}$ 与弹体纵向对称面 $Ox_a y_a$ 之间的夹角。

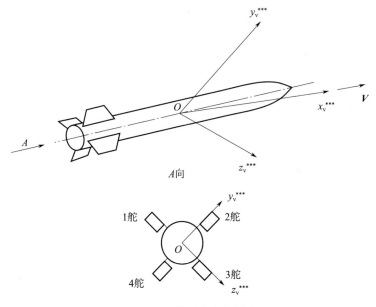

图 2-1 斜置速度坐标系

考虑到表达习惯，在本章的攻角 α^* 依然用 α 表示，侧滑角 β^* 依然用 β 表示。

2.3 坐标系之间的关系

2.3.1 斜置速度坐标系与气动固联坐标系

斜置速度坐标系与气动固联坐标系通过 2 个 Euler 角相联系：

$$S_v^{***} \xrightarrow{\; L_y(\beta) \;} \xrightarrow{\; L_z(\alpha) \;} S_a$$

2.3.2 斜置速度坐标系与速度坐标系

斜置速度坐标系与速度坐标系通过 1 个 Euler 角相联系：

$$S_v^{***} \xrightarrow{\; L_x(45°) \;} S_v$$

2.3.3　各坐标系之间的综合关系

图 2 - 2 给出了各坐标系之间的综合关系。

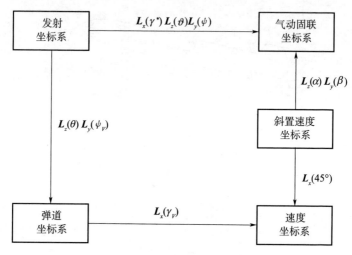

图 2 - 2　各坐标系之间的综合关系

2.4　面空导弹刚性弹体数学模型

2.4.1　气动力和气动力矩

对于 STT 控制的轴对称面空导弹，其气动参数存在交叉耦合特性。对于尾舵控制面空导弹，在气动固联坐标系下，偏航舵偏角会引起滚转方向的运动，滚转舵偏角会引起偏航方向的运动，尤其在大攻角时，导弹的气动交叉耦合严重。在推导面空导弹刚性弹体的状态方程时，忽略气动交叉耦合的影响，即在自动驾驶仪的设计中忽略气动交叉耦合的影响，只在六自由度仿真中考虑其实际存在的耦合，并评价其影响[1]。

在气动固联坐标系下，忽略气动交叉耦合，即假设每个轴上的气动力只在该轴上起作用，而与其他轴无关，气动力可近似表示为

$$Y = Y^\alpha \alpha + Y^{\delta_z} \delta_z$$

$$Z = Z^\beta \beta + Z^{\delta_y} \delta_y$$

在气动固联坐标系下,忽略气动交叉耦合,即假设每个轴上的气动力矩只在该轴上起作用,而与其他轴无关,气动力矩可近似表示为

$$M_x = M_{x0} + M_x^{\omega_x} \omega_{x_a} + M_x^{\delta_x} \delta_x$$

$$M_y = M_y^\beta \beta + M_y^{\omega_y} \omega_{y_a} + M_y^{\delta_y} \delta_y \qquad (2-1)$$

$$M_z = M_z^\alpha \alpha + M_z^{\omega_z} \omega_{z_a} + M_z^{\delta_z} \delta_z$$

式中　M_{x0}、$M_x^{\omega_x}$ 和 $M_x^{\delta_x}$ ——斜吹力矩、滚转力矩对滚转角速度和滚转舵偏角的导数;

M_y^β、$M_y^{\omega_y}$ 和 $M_y^{\delta_y}$ ——偏航力矩对侧滑角、偏航角速度和偏航舵偏角的导数;

M_z^α、$M_z^{\omega_z}$ 和 $M_z^{\delta_z}$ ——俯仰力矩对攻角、俯仰角速度和俯仰舵偏角的导数。

2.4.2　刚性弹体动力学方程

由第 1 章的推导结果,在气动固联坐标系下,不考虑重力和地球旋转的影响,导弹质心运动的动力学方程为

$$\left.\begin{array}{l} \dot{V}_{x_a} - V_{y_a} \omega_{z_a} + V_{z_a} \omega_{y_a} = \dfrac{-X + P}{m} \\[3mm] \dot{V}_{y_a} - V_{z_a} \omega_{x_a} + V_{x_a} \omega_{z_a} = \dfrac{Y^\alpha \alpha + Y^{\delta_z} \delta_z}{m} \\[3mm] \dot{V}_{z_a} - V_{x_a} \omega_{y_a} + V_{y_a} \omega_{x_a} = \dfrac{Z^\beta \beta + Z^{\delta_y} \delta_y}{m} \end{array}\right\} \qquad (2-2)$$

由于

$$\alpha \approx -\frac{V_{y_a}}{V_{x_a}}, \ \beta \approx \frac{V_{z_a}}{V_{x_a}}, \ V_{x_a} \approx V$$

另外,V_{y_a}、V_{z_a} 为小量,ω_{y_a}、ω_{z_a} 为小量,因此,忽略 $V_{y_a} \omega_{z_a}$、$V_{z_a} \omega_{y_a}$。

式（2-2）可写为

$$\left.\begin{aligned}
\dot{V} &= \frac{-X+P}{m} \\
\dot{\alpha} &= \omega_{z_a} - \beta\omega_{x_a} - \frac{Y^\alpha\alpha + Y^{\delta_z}\delta_z}{mV} \\
\dot{\beta} &= \omega_{y_a} + \alpha\omega_{x_a} + \frac{Z^\beta\beta + Z^{\delta_y}\delta_y}{mV}
\end{aligned}\right\} \quad (2-3)$$

在气动固联坐标系下，导弹绕质心转动的动力学方程为

$$\left.\begin{aligned}
J_x\dot{\omega}_{x_a} - (J_y - J_z)\omega_{y_a}\omega_{z_a} &= M_{x0} + M_x^{\omega_x}\omega_{x_a} + M_x^{\delta_x}\delta_x \\
J_y\dot{\omega}_{y_a} + (J_x - J_z)\omega_{x_a}\omega_{z_a} &= M_y^\beta\beta + M_y^{\omega_y}\omega_{y_a} + M_y^{\delta_y}\delta_y \\
J_z\dot{\omega}_{z_a} + (J_y - J_x)\omega_{x_a}\omega_{y_a} &= M_z^\alpha\alpha + M_z^{\omega_z}\omega_{z_a} + M_z^{\delta_z}\delta_z
\end{aligned}\right\}$$

$$(2-4)$$

式（2-4）可写为

$$\left.\begin{aligned}
\dot{\omega}_{x_a} &= -\left(-\frac{M_{x0}}{J_x} - \frac{M_x^{\omega_x}}{J_x}\omega_{x_a} - \frac{M_x^{\delta_x}}{J_x}\delta_x\right) + \left(\frac{J_y - J_z}{J_x}\right)\omega_{y_a}\omega_{z_a} \\
\dot{\omega}_{y_a} &= -\left(-\frac{M_y^\beta}{J_y}\beta - \frac{M_y^{\omega_y}}{J_y}\omega_{y_a} - \frac{M_y^{\delta_y}}{J_y}\delta_y\right) + \left(\frac{J_z - J_x}{J_y}\right)\omega_{x_a}\omega_{z_a} \\
\dot{\omega}_{z_a} &= -\left(-\frac{M_z^\alpha}{J_z}\alpha - \frac{M_z^{\omega_z}}{J_z}\omega_{z_a} - \frac{M_z^{\delta_z}}{J_z}\delta_z\right) + \left(\frac{J_x - J_y}{J_z}\right)\omega_{x_a}\omega_{y_a}
\end{aligned}\right\}$$

$$(2-5)$$

式（2-3）和式（2-5）是在气动固联坐标系下的推导结果，其不仅适用于采用 STT 控制的轴对称导弹，也适用于采用 BTT 控制的面对称导弹以及旋转导弹。

2.4.3　刚性弹体耦合性分析

（1）运动学耦合

影响俯仰通道的运动学耦合是 $\beta\omega_{x_a}$，影响偏航通道的运动学耦合是 $\alpha\omega_{x_a}$，运动学耦合随滚转角速度的增大而增大。

（2）惯性耦合

影响俯仰通道的惯性耦合是 $\left(\dfrac{J_x - J_y}{J_z}\right)\omega_{x_a}\omega_{y_a}$ ，影响偏航通道

的惯性耦合是 $\left(\dfrac{J_z - J_x}{J_y}\right)\omega_{x_a}\omega_{z_a}$ ，影响滚转通道的惯性耦合是

$\left(\dfrac{J_y - J_z}{J_x}\right)\omega_{y_a}\omega_{z_a}$ ，俯仰和偏航通道中的惯性耦合随滚转角速度的

增大而增大。

（3）气动耦合

在滚转通道存在气动耦合。滚转通道的气动耦合是斜吹力矩。

2.4.4　刚性弹体动力学方程简化

弹翼轴对称、舵面轴对称的面空导弹采用 STT 控制，由于稳态的

弹体滚转角速度 ω_{x_a} 为零，故可忽略 $\alpha\omega_{x_a}$、$\beta\omega_{x_a}$、$\left(\dfrac{J_x - J_y}{J_z}\right)\omega_{x_a}\omega_{y_a}$ 和

$\left(\dfrac{J_z - J_x}{J_y}\right)\omega_{x_a}\omega_{z_a}$ 。另外，有 $J_y \approx J_z$ ，可忽略 $\left(\dfrac{J_y - J_z}{J_x}\right)\omega_{y_a}\omega_{z_a}$ 。

滚转通道的斜吹力矩当作干扰处理。

式（2-3）可简化为

$$\left.\begin{aligned}
\dot{V} &= \frac{-X + P}{m} \\
\dot{\alpha} &= \omega_{z_s} - \frac{Y^\alpha \alpha}{mV} - \frac{Y^{\delta_z}\delta_z}{mV} \\
\dot{\beta} &= \omega_{y_a} + \frac{Z^\beta \beta}{mV} + \frac{Z^{\delta_y}\delta_y}{mV}
\end{aligned}\right\} \qquad (2-6)$$

式（2-5）可简化为

$$\left.\begin{aligned}
\dot{\omega}_{x_a} &= -\left(-\frac{M_x^{\omega_x}}{J_x}\omega_{x_a} - \frac{M_x^{\delta_x}}{J_x}\delta_x\right) \\
\dot{\omega}_{y_a} &= -\left(-\frac{M_y^\beta}{J_y}\beta - \frac{M_y^{\omega_y}}{J_y}\omega_{y_a} - \frac{M_y^{\delta_y}}{J_y}\delta_y\right) \\
\dot{\omega}_{z_a} &= -\left(-\frac{M_z^\alpha}{J_z}\alpha - \frac{M_z^{\omega_z}}{J_z}\omega_{z_a} - \frac{M_z^{\delta_z}}{J_z}\delta_z\right)
\end{aligned}\right\} \qquad (2-7)$$

2.5　刚性弹体动力学方程的小扰动、线性化及系数固化

由式（2-6）和式（2-7）可知，面空导弹刚性弹体动力学方程为非线性时变微分方程。在导弹的自动驾驶仪设计中，为了方便利用各种控制理论（如频率法、根轨迹法、最优控制和鲁棒控制等）[1]，需要对非线性时变的弹体动力学方程进行小扰动、线性化及系数固化，得到线性定常微分方程。

由于面空导弹大都采用固体火箭发动机，对速度的大小不可控制。因此，对式（2-6）中的速度 V 不进行小扰动线性化。

依据参考文献 [2] 的小扰动、线性化方法，在固定的空域点 (H, V)，对处于配平状态的刚性弹体进行小扰动、线性化。

对式（2-6）中的第二式进行小扰动、线性化，可得

$$\frac{\mathrm{d}\Delta\alpha}{\mathrm{d}t} = \frac{\mathrm{d}\Delta\vartheta}{\mathrm{d}t} - \frac{(Y^\alpha)_*}{mV}\Delta\alpha - \frac{(Y^{\delta_z})_*}{mV}\Delta\delta_z \qquad (2-8)$$

式中　$(Y^\alpha)_*$、$(Y^{\delta_z})_*$——对应于未扰动运动的数值。

对式（2-6）中的第三式进行小扰动、线性化，可得

$$\frac{\mathrm{d}\Delta\beta}{\mathrm{d}t} = \frac{\mathrm{d}\Delta\psi}{\mathrm{d}t} + \frac{(Z^\beta)_*}{mV}\Delta\beta + \frac{(Z^{\delta_y})_*}{mV}\Delta\delta_y \qquad (2-9)$$

式中　$(Z^\beta)_*$、$(Z^{\delta_y})_*$——对应于未扰动运动的数值。

定义 $\dot\vartheta = \omega_{z_a}$，$\dot\psi = \omega_{y_a}$，$\dot\gamma = \omega_{x_a}$。注意：此处的 ϑ、ψ、γ 与本书第 1 章的 ϑ、ψ、γ 是不同的，考虑到表达习惯，用同样的符号表示。

对式（2-7）中的第一式进行小扰动、线性化，可得

$$\frac{\mathrm{d}^2\Delta\gamma}{\mathrm{d}t^2} = -\left[-\frac{(M_x^{\omega_x})_*}{J_x}\frac{\mathrm{d}\Delta\gamma}{\mathrm{d}t} - \frac{(M_x^{\delta_x})_*}{J_x}\Delta\delta_x\right] \qquad (2-10)$$

式中　$(M_x^{\omega_x})_*$、$(M_x^{\delta_x})_*$——对应于未扰动运动的数值。

对式（2-7）中的第二式进行小扰动、线性化，可得

$$\frac{\mathrm{d}^2 \Delta \psi}{\mathrm{d}t^2} = -\left[-\frac{(M_y^\beta)_*}{J_y}\Delta\beta - \frac{(M_y^{\omega_y})_*}{J_y}\frac{\mathrm{d}\Delta\psi}{\mathrm{d}t} - \frac{(M_y^{\delta_y})_*}{J_y}\Delta\delta_y \right]$$

$$(2-11)$$

式中　　$(M_y^\beta)_*$、$(M_y^{\omega_y})_*$、$(M_y^{\delta_y})_*$——对应于未扰动运动的数值。

对式（2-7）中的第三式进行小扰动、线性化，可得

$$\frac{\mathrm{d}^2 \Delta \vartheta}{\mathrm{d}t^2} = -\left[-\frac{(M_z^\alpha)_*}{J_z}\Delta\alpha - \frac{(M_z^{\omega_z})_*}{J_z}\frac{\mathrm{d}\Delta\vartheta}{\mathrm{d}t} - \frac{(M_z^{\delta_z})_*}{J_z}\Delta\delta_z \right]$$

$$(2-12)$$

式中　　$(M_z^\alpha)_*$、$(M_z^{\omega_z})_*$、$(M_z^{\delta_z})_*$——对应于未扰动运动的数值。

假设在被控对象过渡过程时间内，有关时变参数变化不大，可取为常值。

式（2-8）可变为

$$\frac{\mathrm{d}\Delta\alpha}{\mathrm{d}t} = \frac{\mathrm{d}\Delta\vartheta}{\mathrm{d}t} - \frac{(Y^\alpha)_*}{(mV)_*}\Delta\alpha - \frac{(Y^{\delta_z})_*}{(mV)_*}\Delta\delta_z \qquad (2-13)$$

式中　　$(mV)_*$——固化后的系数。

式（2-9）可变为

$$\frac{\mathrm{d}\Delta\beta}{\mathrm{d}t} = \frac{\mathrm{d}\Delta\psi}{\mathrm{d}t} + \frac{(Z^\beta)_*}{(mV)_*}\Delta\beta + \frac{(Z^{\delta_y})_*}{(mV)_*}\Delta\delta_y \qquad (2-14)$$

式中　　$(mV)_*$——固化后的系数。

式（2-10）可变为

$$\frac{\mathrm{d}^2 \Delta \gamma}{\mathrm{d}t^2} = -\left[\frac{(M_x^{\omega_x})_*}{(J_x)_*}\frac{\mathrm{d}\Delta\gamma}{\mathrm{d}t} - \frac{(M_x^{\delta_x})_*}{(J_x)_*}\Delta\delta_x \right] \qquad (2-15)$$

式中　　$(J_x)_*$——固化后的系数。

式（2-11）可变为

$$\frac{\mathrm{d}^2 \Delta \psi}{\mathrm{d}t^2} = -\left[-\frac{(M_y^\beta)_*}{(J_y)_*}\Delta\beta - \frac{(M_y^{\omega_y})_*}{(J_y)_*}\frac{\mathrm{d}\Delta\psi}{\mathrm{d}t} - \frac{(M_y^{\delta_y})_*}{(J_y)_*}\Delta\delta_y \right]$$

$$(2-16)$$

式中　　$(J_y)_*$——固化后的系数。

式（2-12）可变为

$$\frac{\mathrm{d}^2 \Delta\vartheta}{\mathrm{d}t^2} = -\left[-\frac{(M_z^\alpha)_*}{(J_z)_*}\Delta\alpha - \frac{(M_z^{\omega_z})_*}{(J_z)_*}\frac{\mathrm{d}\Delta\vartheta}{\mathrm{d}t} - \frac{(M_z^{\delta_z})_*}{(J_z)_*}\Delta\delta_z \right]$$

$$(2-17)$$

式中　　$(J_z)_*$——固化后的系数。

通过系数固化，式（2-13）、式（2-14）、式（2-15）、式（2-16）和式（2-17）进一步变为线性定常微分方程。

略去式（2-13）、式（2-14）、式（2-15）、式（2-16）和式（2-17）脚注" $*$ "后，定义的刚性弹体动力系数见表2-1。

表 2-1　刚性弹体动力系数的定义

符号	表达式	备注
$a_\alpha = -\dfrac{M_z^\alpha}{J_z}$	$-\dfrac{m_z^\alpha qSL}{J_z}$	俯仰方向静不稳定弹体，$a_\alpha < 0$，$m_z^\alpha > 0$ 俯仰方向静稳定弹体，$a_\alpha > 0$，$m_z^\alpha < 0$
$a_{\omega_z} = -\dfrac{M_z^{\omega_z}}{J_z}$	$-\dfrac{m_z^{\omega_z} qSL^2}{J_z V}$	$a_{\omega_z} > 0$，$m_z^{\omega_z} < 0$
$a_{\delta_z} = -\dfrac{M_z^{\delta_z}}{J_z}$	$-\dfrac{m_z^{\delta_z} qSL}{J_z}$	尾舵控制，$a_{\delta_z} > 0$，$m_z^{\delta_z} < 0$ 鸭舵控制，$a_{\delta_z} < 0$，$m_z^{\delta_z} > 0$
$a_\beta = -\dfrac{M_y^\beta}{J_y}$	$-\dfrac{m_y^\beta qSL}{J_y}$	偏航方向静不稳定弹体，$a_\beta < 0$，$m_y^\beta > 0$ 偏航方向静稳定弹体，$a_\beta > 0$，$m_y^\beta < 0$
$a_{\omega_y} = -\dfrac{M_y^{\omega_y}}{J_y}$	$-\dfrac{m_y^{\omega_y} qSL^2}{J_y V}$	$a_{\omega_y} > 0$，$m_y^{\omega_y} < 0$
$a_{\delta_y} = -\dfrac{M_y^{\delta_y}}{J_y}$	$-\dfrac{m_y^{\delta_y} qSL}{J_y}$	尾舵控制，$a_{\delta_y} > 0$，$m_y^{\delta_y} < 0$ 鸭舵控制，$a_{\delta_y} < 0$，$m_y^{\delta_y} > 0$
$b_\alpha = \dfrac{Y^\alpha}{mV}$	$\dfrac{C_y^\alpha qS}{mV}$	$b_\alpha > 0$，$C_y^\alpha > 0$
$b_{\delta_z} = \dfrac{Y^{\delta_z}}{mV}$	$\dfrac{C_y^{\delta_z} qS}{mV}$	$b_{\delta_z} > 0$，$C_y^{\delta_z} > 0$
$b_\beta = \dfrac{-Z^\beta}{mV}$	$\dfrac{-C_z^\beta qS}{mV}$	$b_\beta > 0$，$C_z^\beta < 0$
$b_{\delta_y} = -\dfrac{Z^{\delta_y}}{mV}$	$-\dfrac{C_z^{\delta_y} qS}{mV}$	$b_{\delta_y} > 0$，$C_z^{\delta_y} < 0$
$c_\omega = -\dfrac{M_x^{\omega_x}}{J_x}$	$-\dfrac{m_x^{\omega_x} qSL^2}{J_x V}$	$c_\omega < 0$，$m_x^{\omega_x} < 0$
$c_\delta = -\dfrac{M_x^{\delta_x}}{J_x}$	$-\dfrac{m_x^{\delta_x} qSL}{J_x}$	$c_\delta < 0$，$m_x^{\delta_x} < 0$

引入刚性弹体动力系数后，式（2 - 13）、式（2 - 14）、式（2 - 15）、式（2 - 16）和式（2 - 17）可写为

$$\left.\begin{aligned}
\frac{\mathrm{d}\Delta\alpha}{\mathrm{d}t} &= \frac{\mathrm{d}\Delta\vartheta}{\mathrm{d}t} - b_a\Delta\alpha - b_{\delta_z}\Delta\delta_z \\
\frac{\mathrm{d}\Delta\beta}{\mathrm{d}t} &= \frac{\mathrm{d}\Delta\psi}{\mathrm{d}t} - b_\beta\Delta\beta - b_{\delta_y}\Delta\delta_y \\
\frac{\mathrm{d}^2\Delta\gamma}{\mathrm{d}t^2} &= -\left(c_\omega\frac{\mathrm{d}\Delta\gamma}{\mathrm{d}t} + c_\delta\Delta\delta_x\right) \\
\frac{\mathrm{d}^2\Delta\psi}{\mathrm{d}t^2} &= -\left(a_\beta\Delta\beta + a_{\omega_y}\frac{\mathrm{d}\Delta\psi}{\mathrm{d}t} + a_{\delta_y}\Delta\delta_y\right) \\
\frac{\mathrm{d}^2\Delta\vartheta}{\mathrm{d}t^2} &= -\left(a_a\Delta\alpha + a_{\omega_z}\frac{\mathrm{d}\Delta\vartheta}{\mathrm{d}t} + a_{\delta_z}\Delta\delta_z\right)
\end{aligned}\right\} \quad (2-18)$$

为了不使符号过于繁杂，略去小扰动符号后，式（2 - 18）可写为

$$\left.\begin{aligned}
\dot{\alpha} &= \dot{\vartheta} - b_a\alpha - b_{\delta_z}\delta_z \\
\dot{\beta} &= \dot{\psi} - b_\beta\beta - b_{\delta_y}\delta_y \\
\ddot{\gamma} &= -(c_\omega\dot{\gamma} + c_\delta\delta_x) \\
\ddot{\psi} &= -(a_\beta\beta + a_{\omega_y}\dot{\psi} + a_{\delta_y}\delta_y) \\
\ddot{\vartheta} &= -(a_a\alpha + a_{\omega_z}\dot{\vartheta} + a_{\delta_z}\delta_z)
\end{aligned}\right\} \quad (2-19)$$

式（2 - 6）和式（2 - 7）中的气动力在零攻角和零舵偏角配平状态下线性化，也可在形式上得到刚性弹体动力学方程式（2 - 19），但在概念上是不同的。

2.6　刚性弹体状态方程

现代控制理论的重要成就之一，就是用状态空间法描述系统模型。

由于式（2 - 19）已变为线性定常微分方程组，由式（2 - 19）

可得面空导弹刚性弹体的状态方程

$$
\begin{bmatrix} \dot{\alpha} \\ \dot{\beta} \\ \ddot{\gamma} \\ \ddot{\psi} \\ \ddot{\vartheta} \end{bmatrix} = \begin{bmatrix} -b_\alpha & 0 & 0 & 0 & 1 \\ 0 & -b_\beta & 0 & 1 & 0 \\ 0 & 0 & -c_\omega & 0 & 0 \\ 0 & -a_\beta & 0 & -a_{\omega_y} & 0 \\ -a_\alpha & 0 & 0 & 0 & -a_{\omega_z} \end{bmatrix} \begin{bmatrix} \alpha \\ \beta \\ \dot{\gamma} \\ \dot{\psi} \\ \dot{\vartheta} \end{bmatrix} +
$$

$$
\begin{bmatrix} 0 & 0 & -b_{\delta_z} \\ 0 & -b_{\delta_y} & 0 \\ -c_\delta & 0 & 0 \\ 0 & -a_{\delta_y} & 0 \\ 0 & 0 & -a_{\delta_z} \end{bmatrix} \begin{bmatrix} \delta_x \\ \delta_y \\ \delta_z \end{bmatrix}
$$

对于轴对称导弹，有 $b_\alpha = b_\beta$、$b_\delta = b_{\delta_y} = b_{\delta_z}$、$a_\alpha = a_\beta$、$a_\omega = a_{\omega_y} = a_{\omega_z}$、$a_\delta = a_{\delta_y} = a_{\delta_z}$，状态方程可进一步写为

$$
\begin{bmatrix} \dot{\alpha} \\ \dot{\beta} \\ \ddot{\gamma} \\ \ddot{\psi} \\ \ddot{\vartheta} \end{bmatrix} = \begin{bmatrix} -b_\alpha & 0 & 0 & 0 & 1 \\ 0 & -b_\alpha & 0 & 1 & 0 \\ 0 & 0 & -c_\omega & 0 & 0 \\ 0 & -a_\alpha & 0 & -a_\omega & 0 \\ -a_\alpha & 0 & 0 & 0 & -a_\omega \end{bmatrix} \begin{bmatrix} \alpha \\ \beta \\ \dot{\gamma} \\ \dot{\psi} \\ \dot{\vartheta} \end{bmatrix} +
$$

$$
\begin{bmatrix} 0 & 0 & -b_\delta \\ 0 & -b_\delta & 0 \\ -c_\delta & 0 & 0 \\ 0 & -a_\delta & 0 \\ 0 & 0 & -a_\delta \end{bmatrix} \begin{bmatrix} \delta_x \\ \delta_y \\ \delta_z \end{bmatrix}
$$

俯仰通道、偏航通道和滚转通道均解耦，状态方程可分离。

选取 α 和 $\dot{\vartheta}$ 为状态变量，俯仰通道的状态方程可写为

$$\begin{bmatrix} \dot{\alpha} \\ \ddot{\vartheta} \end{bmatrix} = \begin{bmatrix} -b_{\alpha} & 1 \\ -a_{\alpha} & -a_{\omega} \end{bmatrix} \begin{bmatrix} \alpha \\ \dot{\vartheta} \end{bmatrix} + \begin{bmatrix} -b_{\delta} \\ -a_{\delta} \end{bmatrix} [\delta_z] \qquad (2-20)$$

选取 α、$\dot{\vartheta}$ 和 ϑ 为状态变量，俯仰通道的状态方程可写为

$$\begin{bmatrix} \dot{\alpha} \\ \ddot{\vartheta} \\ \dot{\vartheta} \end{bmatrix} = \begin{bmatrix} -b_{\alpha} & 1 & 0 \\ -a_{\alpha} & -a_{\omega} & 0 \\ 0 & 1 & 0 \end{bmatrix} \begin{bmatrix} \alpha \\ \dot{\vartheta} \\ \vartheta \end{bmatrix} + \begin{bmatrix} -b_{\delta} \\ -a_{\delta} \\ 0 \end{bmatrix} [\delta_z]$$

选取 β 和 $\dot{\psi}$ 为状态变量，偏航通道的状态方程可写为

$$\begin{bmatrix} \dot{\beta} \\ \ddot{\psi} \end{bmatrix} = \begin{bmatrix} -b_{\alpha} & 1 \\ -a_{\alpha} & -a_{\omega} \end{bmatrix} \begin{bmatrix} \beta \\ \dot{\psi} \end{bmatrix} + \begin{bmatrix} -b_{\delta} \\ -a_{\delta} \end{bmatrix} [\delta_y]$$

选取 β、$\dot{\psi}$ 和 ψ 为状态变量，偏航通道的状态方程可写为

$$\begin{bmatrix} \dot{\beta} \\ \ddot{\psi} \\ \dot{\psi} \end{bmatrix} = \begin{bmatrix} -b_{\alpha} & 1 & 0 \\ -a_{\alpha} & -a_{\omega} & 0 \\ 0 & 1 & 0 \end{bmatrix} \begin{bmatrix} \beta \\ \dot{\psi} \\ \psi \end{bmatrix} + \begin{bmatrix} -b_{\delta} \\ -a_{\delta} \\ 0 \end{bmatrix} [\delta_y]$$

选取 $\dot{\gamma}$ 为状态变量，滚转通道的状态方程可写为

$$\ddot{\gamma} = -c_{\omega}\dot{\gamma} - c_{\delta}\delta_x \qquad (2-21)$$

选取 γ 和 $\dot{\gamma}$ 为状态变量，滚转通道的状态方程可写为

$$\begin{bmatrix} \dot{\gamma} \\ \ddot{\gamma} \end{bmatrix} = \begin{bmatrix} 0 & 1 \\ 0 & -c_{\omega} \end{bmatrix} \begin{bmatrix} \gamma \\ \dot{\gamma} \end{bmatrix} + \begin{bmatrix} 0 \\ -c_{\delta} \end{bmatrix} [\delta_x]$$

对于倾斜稳定的轴对称面空导弹，俯仰运动与偏航运动相同，故在后续刚性弹体传递函数的推导中仅推导俯仰运动的传递函数。

2.7　刚性弹体动力系数

对于倾斜稳定的轴对称面空导弹，与自动驾驶仪设计相关的动力系数有 7 项，与导弹转动相关的动力系数为 a_{α}、a_{δ} 和 a_{ω}，与导弹

平动相关的动力系数为 b_α、b_δ，与导弹滚转相关的动力系数为 c_δ、c_ω。

a_α 表示单位攻角产生的导弹俯仰转动角加速度大小，它反映了导弹静稳定性的大小，可用于分析导弹的静稳定性。a_δ 表示单位舵偏角产生的导弹俯仰转动角加速度大小，它反映了舵对导弹转动控制的效率。a_ω 表示单位角速度产生的导弹俯仰转动角加速度大小，它反映了导弹俯仰气动阻尼的大小[1]。

b_α 表示单位攻角产生的导弹速度矢量转动角速度大小，它反映了导弹的机动效率。b_δ 表示单位舵偏角产生的导弹速度矢量转动角速度大小。

c_δ 表示单位滚转舵偏角产生的导弹滚转角加速度大小，它反映了舵对导弹滚转控制的效率。c_ω 表示单位滚转角速度产生的导弹滚转角加速度大小，它反映了导弹滚转气动阻尼的大小[1]。

在与导弹俯仰或偏航运动相关的 5 项动力系数中，由于导弹的气动阻尼很小，a_ω 接近于零。与 b_α 相比，b_δ 的值较小，对导弹速度矢量转动角速度大小的影响小。对于面空导弹，可以是静不稳定的，a_α 存在一定的范围，最大静稳定度需要满足导弹机动性的要求，最大静不稳定度和过载自动驾驶仪的设计相关，需要与舵机带宽、一阶弯曲振型的固有频率相匹配。5 项动力系数中，最重要的是 a_δ 和 b_α，这两项动力系数和两回路过载自动驾驶仪的带宽直接相关[4]。

2.8　刚性弹体传递函数

2.8.1　俯仰运动传递函数

刚性弹体俯仰运动的法向加速度可表示为

$$a_y = V(b_\alpha \alpha + b_\delta \delta_z)$$

选择 a_y 和 $\dot\vartheta$ 为输出变量，可得

$$\begin{bmatrix} a_y \\ \dot\vartheta \end{bmatrix} = \begin{bmatrix} Vb_\alpha & 0 \\ 0 & 1 \end{bmatrix} \begin{bmatrix} \alpha \\ \dot\vartheta \end{bmatrix} + \begin{bmatrix} Vb_\delta \\ 0 \end{bmatrix} [\delta_z] \qquad (2-22)$$

式（2　20）写为

$$\dot{x} = Ax + Bu \qquad (2-23)$$

式（2-22）写为

$$y = Cx + Du \qquad (2-24)$$

对式（2-23）和式（2-24）进行 Laplace 变换，令初始状态为零，有

$$sX(s) = AX(s) + BU(s)$$
$$Y(s) = CX(s) + DU(s)$$

得到

$$Y(s) = C(sI - A)^{-1}BU(s) + DU(s) \qquad (2-25)$$

式（2-25）可写为

$$\begin{bmatrix} a_y(s) \\ \dot{\vartheta}(s) \end{bmatrix} = \begin{bmatrix} Vb_\alpha & 0 \\ 0 & 1 \end{bmatrix} \begin{bmatrix} s + b_\alpha & -1 \\ a_\alpha & s + a_\omega \end{bmatrix}^{-1} \begin{bmatrix} -b_\delta \\ -a_\delta \end{bmatrix} \delta_z(s) + \begin{bmatrix} Vb_\delta \\ 0 \end{bmatrix} \delta_z(s)$$

$$(2-26)$$

对于一个可逆的 2×2 矩阵 $Q = \begin{bmatrix} a & b \\ c & d \end{bmatrix}$，其逆矩阵为 $Q^{-1} = \frac{1}{ad-bc}\begin{bmatrix} d & -b \\ -c & a \end{bmatrix}$[3]，得到

$$\begin{bmatrix} s + b_\alpha & -1 \\ a_\alpha & s + a_\omega \end{bmatrix}^{-1} = \frac{1}{(s+b_\alpha)(s+a_\omega)+a_\alpha}\begin{bmatrix} s+a_\omega & 1 \\ -a_\alpha & s+b_\alpha \end{bmatrix}$$

$$(2-27)$$

式（2-27）代入式（2-26），可得

$$\begin{bmatrix} a_y(s) \\ \dot{\vartheta}(s) \end{bmatrix} = \begin{bmatrix} \dfrac{V(b_\delta s^2 + a_\omega b_\delta s - (a_\delta b_\alpha - a_\alpha b_\delta))}{s^2 + (a_\omega + b_\alpha)s + (a_\alpha + a_\omega b_\alpha)} \\[4mm] \dfrac{-a_\delta s - (a_\delta b_\alpha - a_\alpha b_\delta)}{s^2 + (a_\omega + b_\alpha)s + (a_\alpha + a_\omega b_\alpha)} \end{bmatrix} \delta_z(s)$$

若式（2-22）选择 α 为输出变量，则 $C = \begin{bmatrix} 1 & 0 \end{bmatrix}$，$D = 0$，用同样的方法，可得

$$\alpha(s) = \begin{bmatrix} 1 & 0 \end{bmatrix} \begin{bmatrix} s+b_\alpha & -1 \\ a_\alpha & s+a_\omega \end{bmatrix}^{-1} \begin{bmatrix} -b_\delta \\ -a_\delta \end{bmatrix} \delta_z(s)$$

$$= \frac{-b_\delta s - (a_\omega b_\delta + a_\delta)}{s^2 + (a_\omega + b_\alpha)s + (a_\alpha + a_\omega b_\alpha)} \delta_z(s)$$

综合以上，可得传递函数

$$\frac{a_y(s)}{\delta_z(s)} = \frac{V[b_\delta s^2 + a_\omega b_\delta s - (a_\delta b_\alpha - a_\alpha b_\delta)]}{s^2 + (a_\omega + b_\alpha)s + (a_\alpha + a_\omega b_\alpha)} \qquad (2-28)$$

$$\frac{\dot{\vartheta}(s)}{\delta_z(s)} = \frac{-a_\delta s - (a_\delta b_\alpha - a_\alpha b_\delta)}{s^2 + (a_\omega + b_\alpha)s + (a_\alpha + a_\omega b_\alpha)} \qquad (2-29)$$

$$\frac{\alpha(s)}{\delta_z(s)} = \frac{-b_\delta s - (a_\omega b_\delta + a_\delta)}{s^2 + (a_\omega + b_\alpha)s + (a_\alpha + a_\omega b_\alpha)} \qquad (2-30)$$

由于 $a_y \approx V\dot{\theta}$，可得

$$\frac{\dot{\theta}(s)}{\delta_z(s)} = \frac{b_\delta s^2 + a_\omega b_\delta s - (a_\delta b_\alpha - a_\alpha b_\delta)}{s^2 + (a_\omega + b_\alpha)s + (a_\alpha + a_\omega b_\alpha)} \qquad (2-31)$$

若 $a_\alpha + a_\omega b_\alpha > 0$、$a_\delta b_\alpha - a_\alpha b_\delta \neq 0$，式（2-28）～式（2-31）可写为

$$\frac{\dot{\theta}(s)}{\delta_z(s)} = \frac{K_m(A_2 s^2 + A_1 s + 1)}{T_m^2 s^2 + 2\xi_m T_m s + 1} = \frac{K_m(T_{1\theta} s + 1)(T_{2\theta} s + 1)}{T_m^2 s^2 + 2\xi_m T_m s + 1}$$

$$(2-32)$$

$$\frac{a_y(s)}{\delta_z(s)} = \frac{K_m V(A_2 s^2 + A_1 s + 1)}{T_m^2 s^2 + 2\xi_m T_m s + 1} = \frac{K_m V(T_{1\theta} s + 1)(T_{2\theta} s + 1)}{T_m^2 s^2 + 2\xi_m T_m s + 1}$$

$$(2-33)$$

$$\frac{\dot{\vartheta}(s)}{\delta_z(s)} = \frac{K_m(T_\alpha s + 1)}{T_m^2 s^2 + 2\xi_m T_m s + 1} \qquad (2-34)$$

$$\frac{\alpha(s)}{\delta_z(s)} = \frac{K_\alpha(T_{1\alpha} s + 1)}{T_m^2 s^2 + 2\xi_m T_m s + 1} \qquad (2-35)$$

式（2-32）～式（2-35）中

传递系数

$$K_m = -\frac{a_\delta b_\alpha - a_\alpha b_\delta}{a_\alpha + a_\omega b_\alpha}$$

时间常数

$$T_m = \frac{1}{\sqrt{a_\alpha + a_\omega b_\alpha}}$$

相对阻尼系数

$$\xi_m = \frac{a_\omega + b_\alpha}{2\sqrt{a_\alpha + a_\omega b_\alpha}}$$

气动力时间常数

$$T_\alpha = -\frac{a_\delta}{a_\delta b_\alpha - a_\alpha b_\delta}$$

攻角传递系数

$$K_\alpha = -\frac{a_\omega b_\delta + a_\delta}{a_\alpha + a_\omega b_\alpha}$$

攻角时间常数

$$T_{1\alpha} = \frac{b_\delta}{a_\omega b_\delta + a_\delta}$$

$$A_1 = -\frac{a_\omega b_\delta}{a_\delta b_\alpha - a_\alpha b_\delta}$$

$$A_2 = -\frac{b_\delta}{a_\delta b_\alpha - a_\alpha b_\delta}$$

2.8.2　滚转运动传递函数

对式（2-21）进行 Laplace 变换，有

$$s\dot{\gamma}(s) = -c_\omega \dot{\gamma}(s) - c_\delta \delta_x(s)$$

可得刚性弹体滚转运动的传递函数为

$$\frac{\dot{\gamma}(s)}{\delta_x(s)} = \frac{-c_\delta}{s + c_\omega} = \frac{K_\gamma}{T_\gamma s + 1} \tag{2-36}$$

式中　K_γ ——滚转传递系数，$K_\gamma = -c_\delta / c_\omega$；

　　　T_γ ——滚转时间常数，$T_\gamma = 1/c_\omega$。

2.9　刚性弹体俯仰运动传递函数

2.9.1　传递函数的零点和极点

由式（2-28）～式（2-31）可知，刚性弹体传递函数特征方程两个根的表达式为

$$s_{1,2} = \frac{-(a_\omega + b_a) \pm \sqrt{(a_\omega + b_a)^2 - 4(a_\alpha + a_\omega b_a)}}{2} \quad (2-37)$$

由式（2-37）可知，弹体传递函数的极点只与 a_α、a_ω 和 b_a 有关，且极点主要由 a_α 决定，与 a_δ 无关，即尾舵控制或鸭舵控制并不影响弹体传递函数的极点分布[3]。

由式（2-28）可知，$a_y(s)/\delta_z(s)$ 传递函数的零点为

$$s_{1,2} = \frac{-a_\omega \pm \sqrt{a_\omega^2 + 4(a_\delta b_a - a_\alpha b_\delta)/b_\delta}}{2} \quad (2-38)$$

由式（2-38）可知，$a_y(s)/\delta_z(s)$ 传递函数的零点由 a_δ 决定。对于尾舵控制方式，$a_\delta > 0$，零点为一正一负两实根，且负根的绝对值略大于正根。对于鸭舵控制方式，$a_\delta < 0$，零点均在左半平面，为一对共轭复根[3]。

对于尾舵控制的 $a_y(s)/\delta_z(s)$ 传递函数存在右半平面的零点，为非最小相位系统。对于静稳定的鸭舵控制导弹，$a_y(s)/\delta_z(s)$ 传递函数的零点和极点均在左半平面，为最小相位系统，对于静不稳定的鸭舵控制导弹，$a_y(s)/\delta_z(s)$ 传递函数存在右半平面的极点，为非最小相位系统。

式（2-28）中，$a_\omega b_\delta$ 为小量，故式（2-28）可写为

$$\frac{a_y(s)}{\delta_z(s)} = \frac{V[b_\delta s^2 - (a_\delta b_a - a_\alpha b_\delta)]}{s^2 + (a_\omega + b_a)s + (a_\alpha + a_\omega b_a)}$$

$$= \frac{-V\left(1 - \dfrac{s^2}{\omega_z^2}\right)}{(a_\delta b_a - a_\alpha b_\delta)[s^2 + (a_\omega + b_a)s + (a_\alpha + a_\omega b_a)]}$$

$$(2-39)$$

对于尾舵控制导弹，式（2-39）中的 ω_z 为零点频率

$$\omega_z = \sqrt{\frac{a_\delta b_\alpha - a_\alpha b_\delta}{b_\delta}} = \sqrt{\frac{(x_{cr} - x_{cg}) C_y^\alpha \rho V^2 S}{2 J_z}} \qquad (2-40)$$

式中　x_{cr}——舵面压力中心至弹身头部顶点的距离；

　　　x_{cg}——导弹质心至弹身头部顶点的距离。

由式（2-40）可知，当导弹的飞行速度增大时，零点频率增大，当导弹的飞行高度增大时，零点频率减小。

对于尾舵控制导弹，在过载自动驾驶仪的阶跃响应中，过渡过程早期舵偏角的方向与加速度指令的方向相反。零点频率越小，与加速度指令相反的最大舵偏角越大。读者可通过仿真进行验证。

2.9.2　传递函数简化

对于尾舵控制和鸭舵控制的导弹，单位舵偏角产生的法向力与单位攻角产生的全弹法向力相比较小，若不考虑舵面偏转产生的法向力，即 $b_\delta = 0$。若 $a_\alpha + a_\omega b_\alpha > 0$，式（2-28）～式（2-31）可简化为

$$\frac{\dot{\theta}(s)}{\delta_z(s)} = \frac{-a_\delta b_\alpha}{s^2 + (a_\omega + b_\alpha)s + (a_\alpha + a_\omega b_\alpha)} = \frac{K_m}{T_m^2 s^2 + 2\xi_m T_m s + 1}$$

$$(2-41)$$

$$\frac{a_y(s)}{\delta_z(s)} = \frac{-V a_\delta b_\alpha}{s^2 + (a_\omega + b_\alpha)s + (a_\alpha + a_\omega b_\alpha)} = \frac{K_m V}{T_m^2 s^2 + 2\xi_m T_m s + 1}$$

$$(2-42)$$

$$\frac{\dot{\vartheta}(s)}{\delta_z(s)} = \frac{-a_\delta s - a_\delta b_\alpha}{s^2 + (a_\omega + b_\alpha)s + (a_\alpha + a_\omega b_\alpha)} = \frac{K_m (T_\alpha s + 1)}{T_m^2 s^2 + 2\xi_m T_m s + 1}$$

$$(2-43)$$

$$\frac{\alpha(s)}{\delta_z(s)} = \frac{-a_\delta}{s^2 + (a_\omega + b_\alpha)s + (a_\alpha + a_\omega b_\alpha)} = \frac{K_m T_\alpha}{T_m^2 s^2 + 2\xi_m T_m s + 1}$$

$$(2-44)$$

式（2-41）～式（2-44）中

$$T_\alpha = 1/b_\alpha$$

$$K_m = -\frac{a_\delta b_\alpha}{a_\alpha + a_\omega b_\alpha}$$

由式（2-41）～式（2-44）可得刚性弹体俯仰运动的传递关系，如图 2-3 所示。

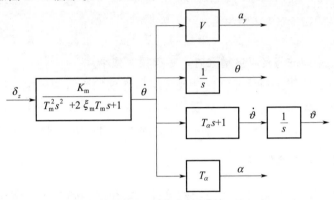

图 2-3　刚性弹体俯仰运动的传递关系

由图 2-3 可知，$\dot{\vartheta}(s) = (T_a s + 1) a_y(s)/V$，俯仰角速度超前法向加速度，故过载自动驾驶仪中内回路取俯仰角速度作为反馈，相当于对法向加速度的超前校正；由于 $\dot{\theta}(s) = \dot{\vartheta}(s)/(T_a s + 1)$，故弹道倾角 θ 为俯仰角 ϑ 通过一阶滞后动力学 $1/(T_a s + 1)$ 的响应[1]。

（1）传递系数 K_m

传递系数是稳态的弹道倾角角速度与俯仰舵偏角的比值。传递系数的表达式为

$$K_m = -\frac{a_\delta b_\alpha - a_\alpha b_\delta}{a_\alpha + a_\omega b_\alpha} \approx -\frac{a_\delta b_\alpha}{a_\alpha} = -\frac{m_z^{\delta_z}}{m_z^\alpha}\frac{qSC_y^\alpha}{mV}$$

$$= -\frac{m_z^{\delta_z}}{C_y^\alpha(x_{cg} - x_{cp})}\frac{\rho VSC_y^\alpha}{2m} = \frac{\rho VSm_z^{\delta_z}}{2m(x_{cp} - x_{cg})}$$

$$(2-45)$$

式中　x_{cp}——零舵偏全弹压心至弹身头部顶点的距离。

由式（2-45）可知，当导弹的飞行速度增大时，传递系数增大，当导弹的飞行高度增大时，传递系数减小，当导弹的静稳定度

增大时，传递系数减小，抗质心零舵偏全弹压心距离变化的鲁棒性好[1]。

导弹法向加速度传递系数为 $K_m V$，面空导弹在飞行过程中，质心位置、零舵偏全弹压心位置、飞行速度和飞行高度的变化都会导致导弹法向加速度传递系数变化范围很大，故需要采用过载自动驾驶仪以减小法向加速度输出受质心位置、零舵偏全弹压心位置、飞行速度和飞行高度变化的影响。

（2）无阻尼振荡频率 ω_m

无阻尼振荡频率 ω_m 的表达式为

$$\omega_m = \frac{1}{T_m} = \sqrt{a_\alpha + a_\omega b_\alpha} \approx \sqrt{a_\alpha} = \sqrt{\frac{-m_z^\alpha \rho V^2 SL}{2J_z}}$$

$$= \sqrt{\frac{(x_{cp} - x_{cg}) C_y^\alpha \rho V^2 S}{2J_z}}$$

$$(2-46)$$

无阻尼振荡频率反映了导弹弹体的快速性。由式（2-46）可知，当导弹的飞行速度增大时，无阻尼振荡频率增大，弹体的快速性增加，当导弹的飞行高度增大时，无阻尼振荡频率减小，弹体的快速性减小，当导弹的静稳定度增大时，无阻尼振荡频率增大，弹体的快速性增加。

在马赫数不变的条件下，气动非线性通常会导致法向力系数对攻角的导数 C_y^α 随攻角增大而增大，零舵偏全弹压心位置 x_{cp} 随攻角增大而向后移动，尤其对于无翼式气动布局导弹。由式（2-46）可知，当攻角增大时，弹体的无阻尼自振频率增大，说明气动的非线性增大了弹体的快速性，攻角越大，弹体的快速性越好。

（3）相对阻尼系数 ξ_m

相对阻尼系数 ξ_m 的表达式为

$$\xi_m = \frac{a_\omega + b_\alpha}{2\sqrt{a_\alpha + a_\omega b_\alpha}} \approx \frac{a_\omega + b_\alpha}{2\sqrt{a_\alpha}} = \frac{\sqrt{\rho S}(-m_z^{\omega_z} L^2/J_z + C_y^\alpha/m)}{2\sqrt{-2m_z^\alpha L/J_z}}$$

$$(2-47)$$

由式（2－47）可知，相对阻尼系数与飞行速度无直接关系，当导弹的飞行高度增大时，相对阻尼系数减小，当导弹的静稳定度增大时，相对阻尼系数减小，除了 a_ω 外，b_α 也会影响相对阻尼系数。

通常面空导弹的相对阻尼系数在 0.1 左右，导致弹体开环过渡过程振荡严重，超调很大，改善其过渡过程只有靠自动驾驶仪中的人工阻尼实现[1]。

（4）气动力时间常数 T_α

气动力时间常数 T_α 的表达式为

$$T_\alpha = \frac{a_\delta}{a_\delta b_\alpha - a_\alpha b_\delta} \approx \frac{1}{b_\alpha} = \frac{2m}{C_y^\alpha \rho V S} \qquad (2-48)$$

由式（2－48）可知，当导弹的飞行速度增大时，气动力时间常数减小，当导弹的飞行高度增大时，气动力时间常数增大，无翼式气动布局的气动力时间常数相对较大。

导引头的隔离度、导引头角速度陀螺的加速度漂移以及天线罩的折射误差均会引入寄生回路。导弹在高空低速飞行时，气动力时间常数增大会导致寄生回路的稳定性变差。关于寄生回路的稳定性分析，读者可参考相关文献。

刚性弹体动力系数来自参考文献 [4] 中的某正常式布局面空导弹，在空域点（$H=1\,500$ m、$V=467$ m/s），在零攻角和零舵偏角平衡状态下，俯仰方向的刚性弹体动力系数见表 2－2。

表 2－2　俯仰方向的刚性弹体动力系数

$a_\alpha /\mathrm{s}^{-2}$	$a_\delta /\mathrm{s}^{-2}$	$a_\omega /\mathrm{s}^{-1}$	$b_\alpha /\mathrm{s}^{-1}$	$b_\delta /\mathrm{s}^{-1}$
144.3	534	2.89	2.74	0.42

传递函数简化和不简化，俯仰舵偏角产生的弹道倾角角速度对比如图 2－4 所示，俯仰舵偏角产生的法向加速度对比如图 2－5 所示，俯仰舵偏角产生的俯仰角速度对比如图 2－6 所示，俯仰舵偏角产生的攻角对比如图 2－7 所示。

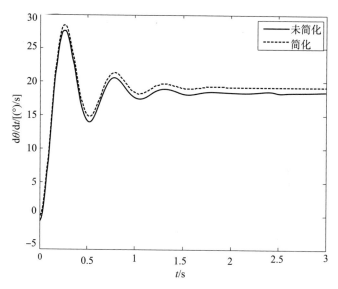

图 2 - 4　－2°阶跃俯仰舵偏角产生的弹道倾角角速度对比

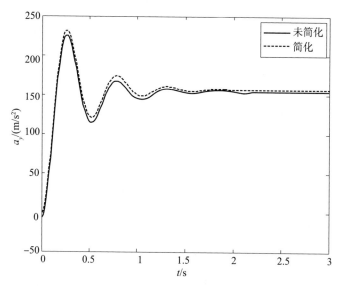

图 2 - 5　－2°阶跃俯仰舵偏角产生的法向加速度对比

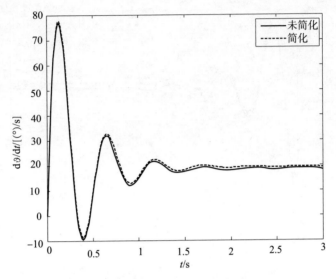

图 2-6　-2°阶跃俯仰舵偏角产生的俯仰角速度对比

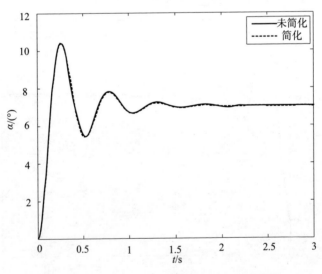

图 2-7　-2°阶跃俯仰舵偏角产生的攻角对比

由图 2 - 4～图 2 - 7 可知，在时域特性分析时，对刚性弹体俯仰运动的传递函数进行简化是可行的。但是，在过载自动驾驶仪的设计中，不可对弹体传递函数进行上述的简化。

早期过载自动驾驶仪的设计频率较低，在苏联和国内自动驾驶仪设计的教科书中，不考虑舵面法向力的影响，取 $b_\delta = 0$，即略去弹体法向加速度传递函数的分子项。但当自动驾驶仪设计频率提高后，舵面法向力将影响过载自动驾驶仪的动态响应。当前导弹的过载自动驾驶仪频率都较高，因此，不可忽略弹体法向加速度传递函数的分子项。具体可见参考文献 [1] 和参考文献 [5]。

2.9.3　传递函数时域特性分析

由式（2 - 41）、式（2 - 42）和式（2 - 44）可知，对于输出量 a_y、$\dot{\theta}$ 和 α，刚性弹体传递函数为二阶环节，可写为

$$\frac{x(s)}{\delta_z(s)} = \frac{K}{T_m^2 s^2 + 2\xi_m T_m s + 1} \tag{2-49}$$

式中　x ——a_y、$\dot{\theta}$ 和 α 中的任何一个值；

K ——相应的传递系数 K_m、$K_m V$ 和 $K_m T_a$。

刚性弹体的相对阻尼系数 $\xi_m < 1$，利用 Laplace 反变换可得过渡过程

$$x(t) = \left\{ 1 - \frac{e^{-\frac{\xi_m t}{T_m}}}{\sqrt{1-\xi_m^2}} \cos\left[\frac{\sqrt{1-\xi_m^2}}{T_m} t - \arctan\left(\frac{\xi_m}{\sqrt{1-\xi_m^2}} \right) \right] \right\} K\delta_z \tag{2-50}$$

（1）上升时间 t_r

上升时间 t_r 表征系统的响应速度，即系统响应第一次穿越稳态值 100% 的时间。

令式（2 - 50）中的 $x(t) = K\delta_z$，可得上升时间

$$t_r = \frac{(\pi - \arccos\xi_m) T_m}{\sqrt{1-\xi_m^2}} \tag{2-51}$$

由式（2 - 51）可知，当 T_m 减小，ξ_m 减小时，上升时间 t_r 减小，

弹体的快速性变好。

（2）过渡过程时间 t_s。

过渡过程时间 t_s 表征系统的稳定时间，即系统响应稳态误差达到 5% 的时间。令

$$\left| 1 + \frac{e^{-\frac{\xi_m t}{T_m}}}{\sqrt{1 - \xi_m^2}} - 1 \right| = \frac{e^{-\frac{\xi_m t}{T_m}}}{\sqrt{1 - \xi_m^2}} = 0.05 \qquad (2-52)$$

由式（2-52）可得

$$t_s = \frac{3.5 T_m}{\xi_m} = \frac{7}{a_\omega + b_\alpha} \qquad (2-53)$$

由式（2-53）可知，当 T_m 减小，ξ_m 增大时，过渡过程时间 t_s 减小。t_s 与 a_ω 和 b_α 有关，与 a_α 无关，即 t_s 与导弹的静稳定度无关[6]。

（3）超调量 σ

超调量 σ 表征系统的阻尼程度，即系统响应首次峰值超出稳态值的百分比。

式（2-50）中，$x(t)$ 对时间 t 求导并令其为零，可得峰值时间

$$t_p = \frac{\pi T_m}{\sqrt{1 - \xi_m^2}} \qquad (2-54)$$

峰值时间表达式（2-54）代入式（2-50）可得 $x(t)$ 的最大值 $x(t)_{max} = x(t_p)$

$$= \left[1 - \frac{e^{-\frac{\xi_m t_p}{T_m}}}{\sqrt{1 - \xi_m^2}} \cos\left(\frac{\sqrt{1 - \xi_m^2}}{T_m} t_p - \arctan \frac{\xi_m}{\sqrt{1 - \xi_m^2}} \right) \right] K \delta_z$$

$$= 1 + e^{-\xi_m \pi / \sqrt{1 - \xi_m^2}}$$

超调量

$$\sigma\% = \frac{x(t_p) - x(\infty)}{x(\infty)} \times 100\% = \frac{x(t_p) - K\delta_z}{K\delta_z} \times 100\%$$

$$= e^{-\pi \xi_m / \sqrt{1 - \xi_m^2}} \times 100\%$$

$$(2-55)$$

由式（2-55）可知，当 ξ_m 减小时，超调量 σ 增大。

2.9.4 传递函数频域特性分析

仅对法向加速度传递函数进行频域特性分析，取 $s = j\omega$，可得

$$\frac{a_y}{\delta_z}(j\omega) = \frac{V\left[b_\delta\,(j\omega)^2 + a_\omega b_\delta\,(j\omega) - (a_\delta b_a - a_a b_\delta)\right]}{(j\omega)^2 + (a_\omega + b_a)\,(j\omega) + (a_a + a_\omega b_a)}$$

刚性弹体动力系数来自参考文献 [4] 中的某正常式布局面空导弹，在空域点（$H = 1\,500$ m、$V = 467$ m/s），俯仰方向的刚性弹体动力系数见表 2-3，尾舵控制，a_δ 取 534 s^{-2}，鸭舵控制，a_δ 取 -534 s^{-2}，a_a 的变化范围为 -500 s^{-2} ~ 500 s^{-2}。

表 2-3　俯仰方向的刚性弹体动力系数

a_a /s^{-2}	a_δ /s^{-2}	a_ω /s^{-1}	b_a /s^{-1}	b_δ /s^{-1}
-500 ~ 500	534；-534	2.89	2.74	0.42

为了方便表示相频特性，将尾舵控制的弹体传递函数乘以 -1。图 2-8 和图 2-9 分别给出了尾舵控制和鸭舵控制弹体法向加速度传递函数在不同静稳定度条件下的 Bode 图。

由图 2-8 和图 2-9 可得如下结论[3]：

1）弹体法向加速度传递函数的低频和中频特性受 a_a 的影响较大，与尾舵控制或鸭舵控制关系不大。

2）在低频段，弹体法向加速度增益随 a_a 不同而剧烈变化，需要引入过载自动驾驶仪稳定弹体法向加速度增益；在该频段，静稳定弹体的相位滞后近似为 0°，静不稳定弹体的相位滞后达到 $-180°$，这对过载自动驾驶仪的低频相位补偿能力提出了较高的要求。

3）在高频段，相位特性由控制方式决定，尾舵控制弹体的相位滞后接近 $-180°$，而鸭舵控制弹体的相位滞后约为 0°。

2.9.5 传递函数计算注意事项

面空导弹的稳态飞行状态为"×"状态，故利用气动滚转角 $\gamma_a = 45°$ 的气动数据计算刚性弹体俯仰运动的传递函数。

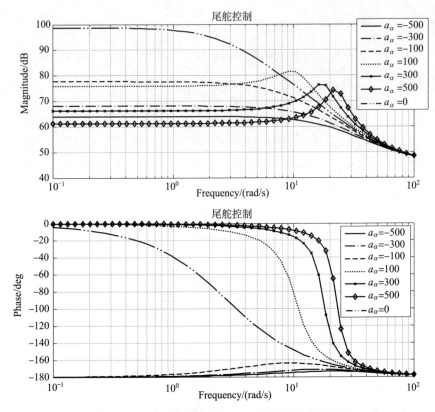

图 2 - 8　尾舵控制弹体法向加速度传递函数 Bode 图

对于弹体法向力随攻角变化线性度较好的导弹，可仅计算 $0°\text{II}$ 通道攻角 α_{II} 和 $0°$ 俯仰舵偏角平衡状态下的刚性弹体传递函数。对于弹体法向力随攻角变化线性度较差的导弹，不仅需要计算 $0°\text{II}$ 通道攻角 α_{II} 和 $0°$ 俯仰舵偏角平衡状态下的刚性弹体传递函数，还需要在其他 II 通道攻角和俯仰舵偏角配平状态下，对配平 II 通道攻角和配平俯仰舵偏角下的气动参数线性化，计算刚性弹体的传递函数。

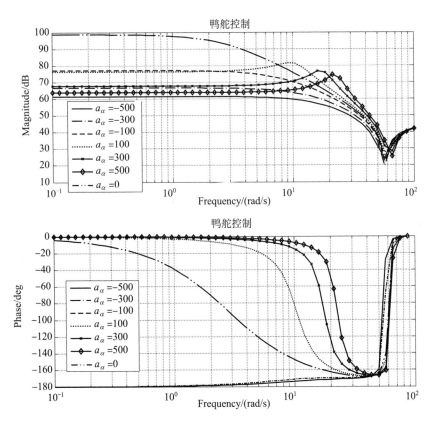

图 2 - 9　鸭舵控制弹体法向加速度传递函数 Bode 图

参 考 文 献

［1］ 祁载康. 战术导弹制导控制系统设计［M］. 北京：中国宇航出版社，2018.

［2］ 钱杏芳，林瑞雄，赵亚男. 导弹飞行力学［M］. 北京：北京理工大学出版社，2000.

［3］ 林德福，王辉，王江，等. 战术导弹自动驾驶仪设计与制导律分析［M］. 北京：北京理工大学出版社，2012.

［4］ GARNELL P. Guided weapon control systems［M］. Second Revision by Qi Zai - kang，Xia Qun - li. Beijing：Beijing Institute of Technology，2004.

［5］ 崔莹莹，夏群力，祁载康. 关于自动驾驶仪设计中舵升力的重要性探讨［J］. 航空兵器，2004，1：36 - 41.

［6］ 于剑桥，文仲辉，梅跃松，等. 战术导弹总体设计［M］. 北京：北京航空航天大学出版社，2010.

［7］ PAUL ZARCHAN. Tactical and Strategic Missile Guidance［M］. 6th ed. Washington D C：American Institute of Aeronautics and Astronautics，2012.

［8］ BANDU N. Pamadi. Performance，Stability，Dynamics，and Control of Airplanes［M］. 2nd ed. Washington D C：American Institute of Aeronautics and Astronautics，2003.

［9］ RICHARD BLOCKLEY，WEI SHYY. Encyclopedia of Aerospace Engineering 5 Dynamics and Control［M］. New Jersey：John Wiley & Sons Limited，2010.

［10］ 张有济. 战术导弹飞行力学设计［M］. 北京：宇航出版社，1998.

［11］ 戈罗别夫，斯维特洛夫. 防空导弹设计［M］. 北京：宇航出版社，2004.

［12］ 陈怀瑾. 防空导弹武器系统总体设计和试验［M］. 北京：宇航出版社，1995.

［13］ 刘兴堂. 导弹制导控制系统分析、设计与仿真［M］. 西安：西北工业大学出版社，2006.

第 3 章　基于气动固联坐标系的面空导弹弹性弹体状态方程和传递函数

3.1　引言

在第 1 章和第 2 章中，面空导弹的弹体被看作是刚体，其形状和体积不变，而且内部各点的相对位置不变。在导弹的实际飞行过程中，弹体不是理想的刚体，会产生弹性变形，导致全弹的压力中心和法向力发生变化。另外，由于弹体的弹性变形和振动，会引起弹上的速率陀螺和加速度计敏感到弹体的弹性振动，产生附加的信号进入控制回路。

本章在 Lagrange 方程的基础上，在气动固联坐标系下推导了弹体法向平移运动方程、弹体绕质心转动运动方程和弹体纵轴的横向弹性振动方程，建立了弹性弹体状态方程，并在此基础上，得到了弹性弹体的传递函数。

3.2　坐标系定义

气动固联坐标系 $Ox_ay_az_a$，O 点取在未变形弹体的质心。Ox_a 轴与未变形的弹体纵轴重合，指向头部为正。Oy_a 轴平行于 2 舵和 4 舵转轴，垂直于 Ox_a 轴，方向由 4 舵指向 2 舵。Oz_a 轴垂直于 Ox_ay_a 平面，其正向按右手法则定义。

弹体弹性基准坐标系 $O_ex_ey_ez_e$，O_e 点取在未变形弹体的尖点。O_ex_e 轴与未变形的弹体纵轴重合，指向尾部为正。O_ey_e 轴平行于 2 舵和 4 舵转轴，垂直于 O_ex_e 轴，方向由 4 舵指向 2 舵。O_ez_e 轴垂直

于 $O_e x_e y_e$ 平面，其正向按右手法则定义。

由气动固联坐标系和弹体弹性基准坐标系的定义可知，气动固联坐标系的 Ox_a 轴与弹体弹性基准坐标系的 $O_e x_e$ 轴重合，气动固联坐标系的 Oy_a 轴与弹体弹性基准坐标系的 $O_e y_e$ 轴平行，如图 3-1 所示。

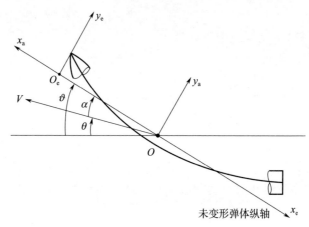

图 3-1   气动固联坐标系和弹体弹性基准坐标系

3.3   弹性弹体数学模型

3.3.1   基本假设

在导弹飞行过程中，弹体会产生弹性振动，在外力的作用下，弹体的运动很复杂。根据研究的目的，必须对实际的问题进行简化和假设，然后建立数学模型。这样，对弹体的弹性运动研究，就转化为对所选择数学模型的研究。这里做了如下简化和假设[1-2]。

1）弹性弹体的扰动运动可看成是刚体运动和弹性振动的合成，并假定刚体运动和弹性振动都是小扰动运动。

2）弹体的弹性振动，可分解为相互垂直的两个平面的弯曲振动和绕弹体纵轴的扭转振动，认为这些振动之间的耦合很小，可忽略不计。

3）弹体的扭转频率很高，弹体扭转的弹性不影响自动驾驶仪的稳定性，可忽略不计，仅研究弹体的弯曲振动。

4）弹性弹体为连续介质，采用微分方程描述振动运动，弹性运动具有无限个自由度，分析时，将其简化为有限个被选取的振型叠加。

5）作用在舵面上的气动力是集中力，力的作用点在舵面的压心处。

6）作用在弹翼上的气动力是集中力，力的作用点在弹翼的压心处。

3.3.2　Lagrange 方程

根据 Lagrange 方程

$$\frac{\mathrm{d}}{\mathrm{d}t}\left(\frac{\partial T}{\partial \dot{q}_i}\right) - \frac{\partial T}{\partial q_i} + \frac{\partial U}{\partial q_i} + \frac{\partial D}{\partial \dot{q}_i} = Q_i \qquad (3-1)$$

式中　T——系统的动能；

$\qquad U$——系统的势能；

$\qquad D$——系统的阻尼能；

$\qquad q_i$——第 i 个广义坐标；

$\qquad Q_i$——q_i 对应的广义力。

1788 年，法国科学院院士，法国数学家、物理学家 Joseph - Louis Lagrange（1736—1813）在他的力学著作《分析力学》中，提出了 Lagrange 方程，将力学体系的运动方程从以力为基本概念的牛顿形式，改变为以能量为基本概念的分析力学形式，奠定了分析力学的基础。与牛顿矢量力学相比，分析力学更具有普适性，可直接推广到量子力学及非线性动力学中。

3.3.3　系统动能

图 3-2 给出了导弹弹体弹性变形示意图。图 3-2 中，ω_{y_a}、ω_{z_a}

分别为气动固联坐标系相对发射坐标系的转动角速度 $\boldsymbol{\omega}$ 在气动固联坐标系 Oy_a 轴和 Oz_a 轴上的投影分量。导弹的质心在弹体弹性基准坐标系 O_ex_e 轴的坐标为 x_{cg}。在弹体上任取一微元，其在弹体弹性基准坐标系 O_ex_e 轴的坐标为 x，在气动固联坐标系下的坐标为

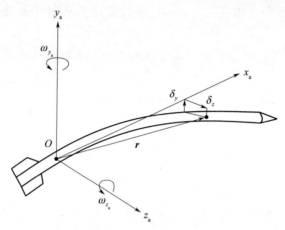

图 3-2　导弹弹体弹性变形示意图

$$r = \begin{bmatrix} x - x_{cg} \\ \delta_y \\ \delta_z \end{bmatrix}$$

弹体上微元的绝对速度可表示为

$$V = V_{cg} + \dot{r} + \boldsymbol{\omega} \times r \qquad (3-2)$$

式中　V_{cg} ——气动固联坐标系的运动速度；

　　　$\boldsymbol{\omega} \times r$ ——弹体上微元随导弹转动的牵连速度。

假设弹体沿气动固联坐标系 Ox_a 轴方向不可伸长，故有

$$\dot{r} = \begin{bmatrix} \dot{x} \\ \dot{\delta}_y \\ \dot{\delta}_z \end{bmatrix} = \begin{bmatrix} 0 \\ \dot{\delta}_y \\ \dot{\delta}_z \end{bmatrix}$$

式（3-2）可写为

$$\mathbf{V} = \begin{bmatrix} V_x \\ V_y \\ V_z \end{bmatrix} = \begin{bmatrix} V_{x_a} + \omega_{y_a}\delta_z - \omega_{z_a}\delta_y \\ V_{y_a} + \dot{\delta}_y + \omega_{z_a}(x - x_{cg}) \\ V_{z_a} + \dot{\delta}_z - \omega_{y_a}(x - x_{cg}) \end{bmatrix} \tag{3-3}$$

式中　δ_y、δ_z——弹体上微元的弹性变形位移。

由式（3-3）可得

$$|V_y|^2 = [V_{y_a} + \omega_{z_a}(x - x_{cg}) + \dot{\delta}_y]^2 \tag{3-4}$$

由理论力学知识[3]，系统在 y 方向的动能为

$$T = \frac{1}{2}\int_L |V_y|^2 m(x)\,\mathrm{d}x \tag{3-5}$$

式中　$m(x)$——弹体质量分布，沿弹体长度分布。

式（3-4）代入式（3-5），可得

$$\begin{aligned}
T &= \frac{1}{2}\int_L [V_{y_a} + \omega_{z_a}(x - x_{cg}) + \dot{\delta}_y]^2 m(x)\,\mathrm{d}x \\
&= \frac{1}{2}\int_L V_{y_a}^2 m(x)\,\mathrm{d}x + \frac{1}{2}\int_L [\omega_{z_a}(x - x_{cg})]^2 m(x)\,\mathrm{d}x + \\
&\quad \frac{1}{2}\int_L \dot{\delta}_y^2 m(x)\,\mathrm{d}x \\
&= \frac{1}{2}m V_{y_a}^2 + \frac{1}{2}J_z \omega_{z_a}^2 + \frac{1}{2}\int_L \dot{\delta}_y^2 m(x)\,\mathrm{d}x
\end{aligned} \tag{3-6}$$

上式中各项的物理意义：第一项是导弹在气动固联坐标系 y 轴方向平动引起的动能，第二项是导弹绕质心转动引起的动能，第三项是弹性弹体弯曲变形引起的动能。

3.3.4　系统势能

由弹性力学知识[4]，系统在 y 方向的弹性势能为

$$U = \frac{1}{2}\int_L EI\left(\frac{\partial^2 \delta_y}{\partial x^2}\right)^2 \mathrm{d}x \tag{3-7}$$

式中　E——弹性模量；

I——截面对中心的面积惯性矩，沿弹体长度分布。

3.3.5　系统阻尼能

由结构动力学知识[5]，系统在 y 方向的阻尼能为

$$D = \frac{1}{2}\int_L c\dot{\delta}_y \mathrm{d}x \qquad (3-8)$$

式中　c——弹体的阻尼系数。

3.3.6　作用在弹体上的广义力

若将固有弯曲振型作为连续弹性力学系统的自由度，且取广义坐标为 q_i，则任意一点的弹性变形位移可展成级数形式

$$\delta_y(x,t) = \sum_{i=1}^{n}\phi_i(x)q_i(t) \qquad (3-9)$$

式中　$\phi_i(x)$——振型函数。

振型函数满足一维梁弹性弯曲变形微分方程

$$\frac{\mathrm{d}^2}{\mathrm{d}x^2}\left[EI\frac{\mathrm{d}^2}{\mathrm{d}x^2}\phi_i(x)\right] = \omega_i^2 m(x)\phi_i(x) \qquad (3-10)$$

式中　ω_i——弹体第 i 阶振型的固有频率。

假设导弹弹体为均匀的自由梁，振型函数为[6]

$$\phi_i(x) = \frac{1}{2}\left[\begin{array}{l}\cos(\alpha_i x)+\cosh(\alpha_i x)-\dfrac{\cosh(\alpha_i L)-\cos(\alpha_i L)}{\sinh(\alpha_i L)-\sin(\alpha_i L)}\times \\ (\sin(\alpha_i x)+\sinh(\alpha_i x))\end{array}\right]$$

$$\alpha_1 = \frac{4.730}{L}, \alpha_2 = \frac{7.853}{L}, \alpha_i = \frac{(2i+1)\pi}{2L}(i\geqslant 3)$$

$$(3-11)$$

式中　L——弹长。

由式（3-11）可得前三阶振型函数和前三阶振型函数斜率，分别如图 3-3 和图 3-4 所示。

设 $f_y(x,t)$ 为作用在导弹气动固联坐标系 y 轴方向的分布力，δ_y 为对应于分布力作用在 y 轴方向的虚位移，由式（3-9）和虚功原理 [1717 年由 John Bernoulli（1667—1748，瑞士数学家、物理学家）首次提出] 得到虚功为

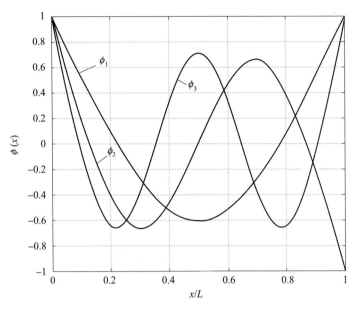

图 3 - 3 前三阶振型函数

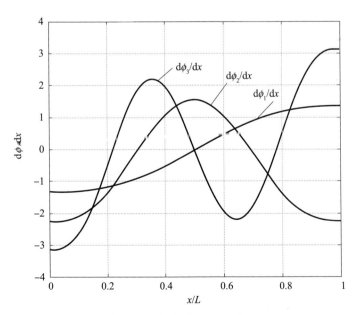

图 3 - 4 前三阶振型函数斜率

$$\delta W = \int_L f_y(x,t) \sum_{i=1}^n \phi_i(x) \delta q_i(t) \mathrm{d}x$$

$$= \sum_{i=1}^n \delta q_i(t) \int_L f_y(x,t) \phi_i(x) \mathrm{d}x$$

与第 i 个广义坐标 q_i 对应的广义力为

$$Q_i = \frac{\delta W_i}{\delta q_i}$$

于是有

$$Q_i = \int_L f_y(x,t) \phi_i(x) \mathrm{d}x \qquad (3-12)$$

弹性弹体上引起弹性振动作用的力和力矩主要有弹体气动力、舵面气动力、舵面偏转产生的惯性力和舵面偏转产生的惯性力矩。它们与刚性弹体受力的差别，在于弹体弹性变形将引起这些力的变化，这种变化反过来又影响弹体的刚体运动和弹性振动。推导出这些力的分布，即可按式（3-12）求得广义力[2]。本书未考虑发动机推力产生的弹性振动。

（1）弹体气动力

弹体气动力由气动固联坐标系下的攻角决定，对于弹性弹体，攻角由三部分组成。

1）刚体攻角 $\alpha(t)$。

2）刚体绕质心转动，在弹体弹性基准坐标系 x 坐标处的附加速度为 $V'(x,t) = \dot{\vartheta}(t)(x_{cg} - x)$，则在该处的局部攻角为

$$\alpha_V(x,t) = \tan \frac{-V'(x,t)}{V} = -\frac{1}{V}(x_{cg} - x)\dot{\vartheta}(t)$$

3）弹体弹性运动引起的附加攻角，沿弹体长度的分布为

$$\alpha_i(x,t) = -\frac{\partial \delta_y(x,t)}{\partial x} - \frac{1}{V}\frac{\partial \delta_y(x,t)}{\partial t} \qquad (3-13)$$

式（3-9）代入式（3-13），有

$$\alpha_i(x,t) = -\sum_{i=1}^n q_i(t)\frac{\partial \phi_i(x)}{\partial x} - \sum_{i=1}^n \frac{1}{V}\dot{q}_i(t)\phi_i(x)N$$

4）总的局部攻角为

$$\alpha_K = \alpha(t) + \alpha_V(x,t) + \alpha_i(x,t)$$

$$= \alpha(t) - \frac{\dot{\vartheta}(t)}{V}(x_{cg} - x) - \sum_{i=1}^{n} q_i(t) \frac{\partial \phi_i(x)}{\partial x} -$$

$$\sum_{i=1}^{n} \frac{1}{V}\dot{q}_i(t)\phi_i(x)$$

由总的局部攻角所决定的气动载荷密度为

$$f_{y_\alpha}(x,t)$$

$$= Y^\alpha(x)\left(\alpha(t) - \frac{\dot{\vartheta}(t)}{V}(x_{cg} - x) - \sum_{i=1}^{n} q_i(t) \frac{\partial \phi_i(x)}{\partial x} - \sum_{i=1}^{n} \frac{1}{V}\dot{q}_i(t)\phi_i(x)\right)$$

$$(3-14)$$

式中　$Y^\alpha(x)$——随 x 而变化的气动力导数。

式（3-14）代入式（3-12）可得广义弹体气动力

$$Q_{i_\alpha} = \int_L f_{y_\alpha}(x,t)\phi_i(x)\mathrm{d}x$$

$$= \alpha(t)\int_L Y^\alpha(x)\phi_i(x)\mathrm{d}x -$$

$$\frac{\dot{\vartheta}(t)}{V}\int_L Y^\alpha(x)(x_{cg} - x)\phi_i(x)\mathrm{d}x -$$

$$\sum_{j=1}^{n} q_j(t)\int_L Y^\alpha(x)\frac{\partial \phi_j(x)}{\partial x}\phi_i(x)\mathrm{d}x -$$

$$\sum_{j=1}^{n} \frac{1}{V}\dot{q}_j(t)\int_L Y^\alpha(x)\phi_j(x)\phi_i(x)\mathrm{d}x$$

（2）舵面气动力

对于弹性弹体，气动固联坐标系下的舵偏角为

$$\delta(t) = \delta_z(t) + \delta_e(t) \tag{3-15}$$

式中　$\delta_z(t)$——控制信号所要求的舵偏角；

　　　$\delta_e(t)$——弹体弹性变形引起的附加舵偏角。

附加舵偏角为

$$\delta_e(t) = -\sum_{i=1}^{n} \frac{\partial \phi_i(x)}{\partial x} q_i(t) \Big|_{x=x_\delta} \qquad (3-16)$$

式中　　x_δ——舵轴在弹体弹性基准坐标系 $O_e x_e$ 轴上的坐标。

舵面气动力的载荷密度为

$$f_{y_\delta}(x,t) = Y^\delta(x) \left[\delta_z(t) - \sum_{i=1}^{n} q_i(t) \frac{\partial \phi_i(x)}{\partial x} \Delta(x-x_\delta) \right]$$

$$(3-17)$$

$$\Delta(x-x_\delta) = \begin{cases} 0, & x \neq x_\delta \\ 1, & x = x_\delta \end{cases}$$

式中　　$Y^\delta(x)$——沿弹体弹性基准坐标系 $O_e x_e$ 轴分布的舵面气动力
　　　　　　导数。

式（3-17）代入式（3-12）可得广义舵面气动力

$$\begin{aligned} Q_{i_\delta} &= \int_L f_{y_\delta}(x,t) \phi_i(x) \mathrm{d}x \\ &= \int_L Y^\delta(x) \left[\delta_z(t) - \sum_{j=1}^{n} q_j(t) \frac{\partial \phi_j(x)}{\partial x} \Delta(x-x_\delta) \right] \phi_i(x) \mathrm{d}x \\ &= \delta_z(t) \int_L Y^\delta(x) \phi_i(x) \mathrm{d}x - \int_L Y^\delta(x) \left(\sum_{j=1}^{n} q_j(t) \frac{\partial \phi_j(x)}{\partial x} \Big|_{x=x_\delta} \right) \phi_i(x) \mathrm{d}x \end{aligned}$$

（3）舵面偏转产生的惯性力

一个舵面偏转产生的惯性力的载荷密度为

$$f_{y_\delta''}(x,t) = m_\delta l_\delta \ddot{\delta} \Delta(x-x_\delta) \qquad (3-18)$$

$$\Delta(x-x_\delta) = \begin{cases} 0, & x \neq x_\delta \\ 1, & x = x_\delta \end{cases}$$

式中　　m_δ——一个舵面的质量；

　　　　l_δ——舵面质心到舵轴的距离。

广义舵面偏转产生的惯性力为

$$Q_{i_{f\delta}} = \int_L f_{y_\delta^{..}}(x,t)\phi_i(x)\mathrm{d}x$$

$$= \int_L m_\delta l_\delta \ddot{\delta}\Delta(x-x_\delta)\phi_i(x)\mathrm{d}x$$

$$= m_\delta l_\delta \ddot{\delta}\phi_i(x)\big|_{x=x_\delta}$$

（4）舵面偏转产生的惯性力矩

一个舵面偏转产生的惯性力矩的载荷密度为

$$m_{y_\delta^{..}}(x,t) = J_\delta \ddot{\delta}\Delta(x-x_\delta) \qquad (3-19)$$

式中　J_δ——一个舵面相对舵轴的转动惯量。

广义舵面偏转产生的惯性力矩为

$$Q_{i_{m\delta}} = \int_L m_{y_\delta^{..}}(x,t)\phi_i'(x)\mathrm{d}x$$

$$= \int_L J_\delta \ddot{\delta}\Delta(x-x_\delta)\phi_i'(x)\mathrm{d}x$$

$$= J_\delta \ddot{\delta}\phi_i'(x)\big|_{x=x_\delta}$$

3.3.7　弹性弹体动力学方程

飞行中的弹体可视为两端自由的弹性梁，除弹性运动外，弹体的横向运动还需引入两种刚体振型，即通过质心的惯性轴的法向平移运动和绕质心的转动运动[2]。

3.3.7.1　弹体法向平移运动

对于弹体法向平移运动有

正则振型 $\phi_i(x)=1$；

位移 $y(x,t)=y_a(t)$；

广义质量 $M_i = \int_L \phi_i^2(x)m(x)\mathrm{d}x = \int_L m(x)\mathrm{d}x = m$；

固有频率 $\omega_y = 0$；

广义力 $Q_i = \int_L f_y(x,t)\phi_i(x)\mathrm{d}x = \int_L f_y(x,t)\mathrm{d}x = Y$。

这里，广义变量

$$q(t) = y_a(t)$$

$$\ddot{q}(t) = \ddot{y}_a(t) = a_y(t)$$

由式（3-6）可知系统的动能为

$$T = \frac{1}{2} m \ (V_{y_a})^2 = \frac{1}{2} m \dot{y}_a^2$$

代入 Lagrange 方程，可得

$$\frac{\partial T}{\partial \dot{q}} = \frac{\partial \left(\frac{1}{2} m \dot{y}_a^2 \right)}{\partial \dot{y}_a} = m \dot{y}_a$$

$$\frac{\mathrm{d}}{\mathrm{d}t} \left(\frac{\partial T}{\partial \dot{q}} \right) = m \ddot{y}_a(t) = m a_y(t)$$

系统的势能和阻尼能为零。

法向平移运动方程为

$$m a_y(t) = Y$$

由于舵面质心到舵轴的距离很小，故在导弹法向平移运动中，不考虑舵面偏转产生的惯性力。另外，在导弹法向平移运动中，也不考虑重力。

法向平移运动方程是在气动固联坐标系下建立的，故在气动固联坐标系下有

$$Y = \int_L f_{y_\alpha}(x, t) \mathrm{d}x + \int_L f_{y_\delta}(x, t) \mathrm{d}x$$

$$= \alpha(t) \int_L Y^\alpha(x) \mathrm{d}x - \frac{\dot{\vartheta}(t)}{V} \int_L Y^\alpha(x)(x_{cg} - x) \mathrm{d}x -$$

$$\sum_{i=1}^n q_i(t) \int_L Y^\alpha(x) \frac{\partial \phi_i(x)}{\partial x} \mathrm{d}x - \frac{1}{V} \sum_{i=1}^n \dot{q}_i(t) \int_L Y^\alpha(x) \phi_i(x) \mathrm{d}x +$$

$$\int_L Y^\delta(x) \left[\delta_z(t) - \sum_{j=1}^n q_j(t) \frac{\partial \phi_j(x)}{\partial x} \bigg|_{x=x_\delta} \right] \mathrm{d}x$$

由于气动阻尼力很小，故有

$$Y = \int_L f_{y_\alpha}(x, t) \, dx + \int_L f_{y_\delta}(x, t) \, dx$$

$$= \alpha(t) \int_L Y^\alpha(x) dx - \sum_{i=1}^{n} q_i(t) \int_L Y^\alpha(x) \frac{\partial \phi_i(x)}{\partial x} dx -$$

$$\frac{1}{V} \sum_{i=1}^{n} \dot{q}_i(t) \int_L Y^\alpha(x) \phi_i(x) dx +$$

$$\int_L Y^\delta(x) \left[\delta_z(t) - \sum_{j=1}^{n} q_j(t) \frac{\partial \phi_j(x)}{\partial x} \bigg|_{x = x_\delta} \right] dx$$

$$= \alpha(t) \int_L Y^\alpha(x) dx - \sum_{i=1}^{n} q_i(t) \int_L Y^\alpha(x) \frac{\partial \phi_i(x)}{\partial x} dx -$$

$$\frac{1}{V} \sum_{i=1}^{n} \dot{q}_i(t) \int_L Y^\alpha(x) \phi_i(x) dx + \delta_z(t) \int_L Y^\delta(x) dx -$$

$$Y^\delta(x) \sum_{i=1}^{n} q_i(t) \frac{\partial \phi_i(x)}{\partial x} \bigg|_{x = x_\delta}$$

令

$$Y^\alpha = \int_L Y^\alpha(x) dx = qS \int_L \frac{\partial C_y(x)}{\partial \alpha} dx = qS C_y^\alpha$$

$$Y^{\delta_z} = \int_L Y^\delta(x) dx = qS \int_L \frac{\partial C_y(x)}{\partial \delta} dx = qS C_y^{\delta_z}$$

$$Y^{q_i} = - \int_L Y^\alpha(x) \frac{\partial \phi_i(x)}{\partial x} dx \quad Y^\delta(x) \frac{\partial \phi_i(x)}{\partial x} \bigg|_{x = x_\delta}$$

$$= - qS \int_L \frac{\partial C_y(x)}{\partial \alpha} \frac{\partial \phi_i(x)}{\partial x} dx - qS \frac{\partial C_y(x)}{\partial \delta} \frac{\partial \phi_i(x)}{\partial x} \bigg|_{x = x_\delta}$$

$$Y^{\dot{q}_i} = - \frac{1}{V} \int_L Y^\alpha(x) \phi_i(x) dx = - \frac{1}{V} qS \int_L \frac{\partial C_y(x)}{\partial \alpha} \phi_i(x) dx$$

$$(3 - 20)$$

式 (3 - 20) 中连续型的积分公式离散化为求和公式，舵面法向力当集中力处理，可得

$$Y^a = \int_L Y^a(x)\,dx = qS\int_L \frac{\partial C_y(x)}{\partial \alpha}\,dx = qSC_y^a$$

$$Y^{\delta_z} = \int_L Y^{\delta}(x)\,dx = qS\int_L \frac{\partial C_y(x)}{\partial \delta}\,dx = qSC_y^{\delta_z}$$

$$Y^{q_i} = -\int_L Y^a(x)\frac{\partial \phi_i(x)}{\partial x}\,dx - Y^{\delta}(x)\frac{\partial \phi_i(x)}{\partial x}\bigg|_{x=x_\delta}$$

$$= -qS\int_L \frac{\partial C_y(x)}{\partial \alpha}\frac{\partial \phi_i(x)}{\partial x}\,dx - qS\frac{\partial C_y(x)}{\partial \delta}\frac{\partial \phi_i(x)}{\partial x}\bigg|_{x=x_\delta}$$

$$= -qS\sum_{r=1}^{n} C_y^a(x_r)\frac{\partial \phi_i(x_r)}{\partial x}\phi_i(x_r) - qSC_y^{\delta}\frac{\partial \phi_i(x_\delta)}{\partial x}$$

$$Y^{\dot q_i} = -\frac{1}{V}\int_L Y^a(x)\phi_i(x)\,dx = -\frac{1}{V}qS\int_L \frac{\partial C_y(x)}{\partial \alpha}\phi_i(x)\,dx$$

$$= -\frac{1}{V}qS\sum_{r=1}^{n} C_y^a(x_r)\phi_i(x_r)$$

$$Y = Y^a\alpha + Y^{\delta_z}\delta_z + \sum_{i=1}^{n}(Y^{q_i}q_i + Y^{\dot q_i}\dot q_i)$$

$$ma_y = Y^a\alpha + Y^{\delta_z}\delta_z + \sum_{i=1}^{n}(Y^{q_i}q_i + Y^{\dot q_i}\dot q_i)$$

$$(3-21)$$

由于

$$a_y \approx V\dot\theta$$

故有

$$mV\dot\theta = Y^a\alpha + Y^{\delta_z}\delta_z + \sum_{i=1}^{n}(Y^{q_i}q_i + Y^{\dot q_i}\dot q_i) \qquad (3-22)$$

3.3.7.2 弹体绕质心转动运动

对于弹体绕质心的转动运动有

正则振型 $\phi_i(x) = x_{cg} - x$;

位移 $y(x,t) = \vartheta(t)(x_{cg} - x)$;

广义质量 $M_i = \int_L \phi_i^2(x) m(x) \mathrm{d}x = \int_L (x_{cg} - x)^2 m(x) \mathrm{d}x = J_z$；

固有频率 $\omega_\vartheta = 0$；

广义力 $Q_i^y = \int_L f_y(x, t) \phi_i(x) \mathrm{d}x = \int_L f_y(x, t)(x_{cg} - x) \mathrm{d}x = M_z$。

这里，广义变量

$$q(t) = \vartheta(t)$$

$$\ddot{q}(t) = \ddot{\vartheta}(t)$$

由式（3-6），可知系统的动能为

$$T = \frac{1}{2} J_z \omega_{z_a}^2 = \frac{1}{2} J_z \dot{\vartheta}^2$$

代入 Lagrange 方程，可得

$$\frac{\partial T}{\partial \dot{q}} = \frac{\partial (\frac{1}{2} J_z \dot{\vartheta}^2)}{\partial \dot{\vartheta}} = J_z \dot{\vartheta}$$

$$\frac{\mathrm{d}}{\mathrm{d}t}\left(\frac{\partial T}{\partial \dot{q}}\right) = J_z \ddot{\vartheta}(t)$$

系统的势能和阻尼能为零。

绕质心转动的运动方程为

$$J_z \ddot{\vartheta}(t) = M_z$$

由于舵面的转动惯量很小，故在导弹绕质心转动运动中，不考虑舵面偏转产生的惯性力矩。

弹体绕质心转动运动方程是在气动固联坐标系下建立的，故在气动固联坐标系下有

$$M_z = \int_L f_{y_\alpha}(x,t)(x_{cg}-x)\,\mathrm{d}x + \int_L f_{y_\delta}(x,t)(x_{cg}-x)\,\mathrm{d}x$$

$$= \alpha(t)\int_L Y^\alpha(x)(x_{cg}-x)\,\mathrm{d}x - \frac{\dot{\vartheta}(t)}{V}\int_L Y^\alpha(x)(x_{cg}-x)^2\,\mathrm{d}x -$$

$$\sum_{i=1}^n q_i(t)\int_L Y^\alpha(x)(x_{cg}-x)\frac{\partial\phi_i(x)}{\partial x}\mathrm{d}x -$$

$$\frac{1}{V}\sum_{i=1}^n \dot{q}_i(t)\int_L Y^\alpha(x)(x_{cg}-x)\phi_i(x)\,\mathrm{d}x +$$

$$\int_L Y^\delta(x)(x_{cg}-x)\left[\delta_z(t) - \sum_{j=1}^n q_j(t)\frac{\partial\phi_j(x)}{\partial x}\bigg|_{x=x_\delta}\right]\mathrm{d}x$$

$$= \alpha(t)\int_L Y^\alpha(x)(x_{cg}-x)\,\mathrm{d}x - \frac{\dot{\vartheta}(t)}{V}\int_L Y^\alpha(x)(x_{cg}-x)^2\,\mathrm{d}x -$$

$$\sum_{i=1}^n q_i(t)\int_L Y^\alpha(x)(x_{cg}-x)\frac{\partial\phi_i(x)}{\partial x}\mathrm{d}x -$$

$$\frac{1}{V}\sum_{i=1}^n \dot{q}_i(t)\int_L Y^\alpha(x)(x_{cg}-x)\phi_i(x)\,\mathrm{d}x +$$

$$\delta_z(t)\int_L Y^\delta(x)(x_{cg}-x)\,\mathrm{d}x -$$

$$Y^\delta(x)(x_{cg}-x)\sum_{i=1}^n q_i(t)\frac{\partial\phi_i(x)}{\partial x}\bigg|_{x=x_\delta}$$

令

$$M_z^\alpha = \int_L Y^\alpha(x)(x_{cg}-x)\,\mathrm{d}x = qS\int_L \frac{\partial C_y(x)}{\partial\alpha}(x_{cg}-x)\,\mathrm{d}x$$

$$M_z^{\omega_z} = \frac{1}{V}\int_L Y^\alpha(x)(x_{cg}-x)^2\,\mathrm{d}x$$

$$M_z^{\delta_z} = \int_L Y^\delta(x)(x_{cg}-x)\,\mathrm{d}x = qS\int_L \frac{\partial C_y(x)}{\partial\delta}(x_{cg}-x)\,\mathrm{d}x$$

$$M_z^{q_i} = -\int_L Y^a(x)(x_{cg}-x)\frac{\partial\phi_i(x)}{\partial x}\mathrm{d}x - Y^\delta(x)(x_{cg}-x)\frac{\partial\phi_i(x)}{\partial x}\bigg|_{x=x_\delta}$$

$$= -qS\int_L \frac{\partial C_y(x)}{\partial\alpha}(x_{cg}-x)\frac{\partial\phi_i(x)}{\partial x}\mathrm{d}x - qS\int_L \frac{\partial C_y(x)}{\partial\delta}(x_{cg}-x)$$

$$\frac{\partial\phi_i(x)}{\partial x}\bigg|_{x=x_\delta}\mathrm{d}x$$

$$M_z^{\dot{q}_i} = -\frac{1}{V}\int_L Y^a(x)(x_{cg}-x)\phi_i(x)\mathrm{d}x$$

$$= -\frac{1}{V}qS\int_L \frac{\partial C_y(x)}{\partial\alpha}(x_{cg}-x)\phi_i(x)\mathrm{d}x$$

$$(3-23)$$

式（3-23）中连续型的积分公式离散化为求和公式，舵面法向力当集中力处理，可得

$$M_z^a = \int_L Y^a(x)(x_{cg}-x)\mathrm{d}x = qS\int_L \frac{\partial C_y(x)}{\partial\alpha}(x_{cg}-x)\mathrm{d}x = qSLm_z^a$$

$$M_z^{\omega_z} = \frac{1}{V}\int_L Y^a(x)(x_{cg}-x)^2\mathrm{d}x = qSL^2 m_z^{\omega_z}/V$$

$$M_z^{\delta_z} = \int_L Y^\delta(x)(x_{cg}-x)\mathrm{d}x$$

$$= qS\int_L \frac{\partial C_y(x)}{\partial\delta}(x_{cg}-x)\mathrm{d}x = qSLm_z^{\delta_z}$$

$$M_z^{q_i} = -\int_L Y^a(x)(x_{cg}-x)\frac{\partial\phi_i(x)}{\partial x}\mathrm{d}x -$$

$$Y^\delta(x)(x_{cg}-x)\frac{\partial\phi_i(x)}{\partial x}\bigg|_{x=x_\delta}$$

$$= -qS\int_L \frac{\partial C_y(x)}{\partial\alpha}(x_{cg}-x)\frac{\partial\phi_i(x)}{\partial x}\mathrm{d}x -$$

$$qS\int_L \frac{\partial C_y(x)}{\partial\delta}(x_{cg}-x)\frac{\partial\phi_i(x)}{\partial x}\bigg|_{x=x_\delta}\mathrm{d}x$$

$$= -qS\sum_{r=1}^n C_y^a(x_r)(x_{cg}-x_r)\frac{\partial\phi_i(x_r)}{\partial x} - qSLm_z^\delta\frac{\partial\phi_i(x_\delta)}{\partial x}$$

$$M_z^{\dot{q}_i} = -\frac{1}{V}\int_L Y^a(x)(x_{cg}-x)\phi_i(x)\mathrm{d}x$$

$$= -\frac{1}{V}qS\int_L \frac{\partial C_y(x)}{\partial \alpha}(x_{cg}-x)\phi_i(x)\mathrm{d}x$$

$$= -\frac{1}{V}qS\sum_{r=1}^n C_y^a(x_r)(x_{cg}-x_r)\phi_i(x_r)$$

有

$$M_z = M_z^a\alpha + M_z^{\omega_z}\dot{\vartheta} + M_z^{\delta_z}\delta_z + \sum_{i=1}^n (M_z^{q_i}q_i + M_z^{\dot{q}_i}\dot{q}_i)$$

$$J_z\ddot{\vartheta} = M_z^a\alpha + M_z^{\omega_z}\dot{\vartheta} + M_z^{\delta_z}\delta_z + \sum_{i=1}^n (M_z^{q_i}q_i + M_z^{\dot{q}_i}\dot{q}_i)$$

$$(3-24)$$

3.3.7.3 弹体纵轴横向弹性振动

(1) 系统动能

由式 (3-6)，可知系统的动能为

$$T = \frac{1}{2}\int_L \dot{\delta}_y^2 m(x)\mathrm{d}x$$

振型函数满足正交性条件

$$\int_L \phi_i(x)\phi_j(x)m(x)\mathrm{d}x = \begin{cases} 0, i\neq j \\ M_i, i=j \end{cases} \qquad (3-25)$$

和自由-自由梁条件[7]

$$\int_L x\phi_i(x)m(x)\mathrm{d}x = 0$$

式中　　M_i ——第 i 阶振型的广义质量

$$M_i = \int_L \phi_i^2(x)m(x)\mathrm{d}x$$

由式 (3-25) 可得

$$\int_L \dot{\delta}_y^2(x,t)m(x)\mathrm{d}x = \sum_i \sum_j \dot{q}_i\dot{q}_j\int_L \phi_i(x)\phi_j(x)m(x)\mathrm{d}x = \sum_i M_i\dot{q}_i^2$$

$$(3-26)$$

通过式（3 - 26），式（3 - 6）可变为

$$T = \frac{1}{2} \sum_i M_i \dot{q}_i^2$$

（2）系统势能

式（3 - 9）代入式（3 - 7），可得

$$U = \frac{1}{2} \sum_i \sum_j q_i q_j \int_L EI \phi_i''(x) \phi_j''(x) \mathrm{d}x \qquad (3 - 27)$$

由式（3 - 7）可得

$$\left. \frac{\partial^2 \delta_y}{\partial x^2} \right|_{x=0} = \left. \frac{\partial^2 \delta_y}{\partial x^2} \right|_{x=L} = 0$$

$$\left. \frac{\partial}{\partial x} \left(EI \frac{\partial^2 \delta_y}{\partial x^2} \right) \right|_{x=0} = \left. \frac{\partial}{\partial x} \left(EI \frac{\partial^2 \delta_y}{\partial x^2} \right) \right|_{x=L} = 0 \qquad (3 - 28)$$

式（3 - 27）通过两次分步积分，$u = EI \phi_i''(x)$，$\mathrm{d}v = \phi_j''(x) \mathrm{d}x$，结合式（3 - 10）和式（3 - 25），并考虑边界条件式（3 - 28），式（3 - 27）可简化为[7]

$$U = \frac{1}{2} \sum_i q_i^2 \omega_i^2 M_i$$

（3）系统阻尼能

由 $c = 2\xi_i \omega_i M_i$（ξ_i 为弹体第 i 阶振型的阻尼比），式（3 - 8）可变为

$$D = \sum_i \xi_i \omega_i M_i \dot{q}_i^2$$

T、U、D 和 Q_i 的表达式代入式（3 1），可得

$$q_i + 2\xi_i \omega_i \dot{q}_i + \omega_i^2 q_i = \frac{1}{M_i} \int_L f_y(x, t) \phi_i(x) \mathrm{d}x \qquad (3 - 29)$$

式（3 - 29）为导弹在气动固联坐标系下 y 轴方向的广义坐标运动方程。

对于舵面偏转产生的广义力，仅考虑广义舵面偏转产生的惯性力矩，不考虑广义舵面偏转产生的惯性力。

$$Q_i = \int_L f_{y_a}(x,t)\phi_i(x)\mathrm{d}x + \int_L f_{y_\delta}(x,t)\phi_i(x)\mathrm{d}x +$$

$$2\int_L m_{y_\delta^{\cdot}}(x,t)\phi_i'(x)\mathrm{d}x$$

$$= \alpha(t)\int_L Y^a(x)\phi_i(x)\mathrm{d}x - \frac{\dot{\vartheta}(t)}{V}\int_L Y^a(x)(x_{cg}-x)\phi_i(x)\mathrm{d}x -$$

$$\sum_{j=1}^n q_j(t)\int_L Y^a(x)\frac{\partial\phi_j(x)}{\partial x}\phi_i(x)\mathrm{d}x -$$

$$\sum_{j=1}^n \frac{1}{V}\dot{q}_j(t)\int_L Y^a(x)\phi_i(x)\phi_j(x)\mathrm{d}x + \delta_z(t)\int_L Y^\delta(x)\phi_i(x)\mathrm{d}x -$$

$$\int_L Y^\delta(x)\sum_{j=1}^n q_j(t)\left.\frac{\partial\phi_j(x)}{\partial x}\right|_{x=x_\delta}\phi_i(x)\mathrm{d}x +$$

$$2J_\delta\ddot{\delta}\int_L \Delta(x-x_\delta)\phi_i'(x)\mathrm{d}x$$

$$= \alpha(t)\int_L Y^a(x)\phi_i(x)\mathrm{d}x - \frac{\dot{\vartheta}(t)}{V}\int_L Y^a(x)(x_{cg}-x)\phi_i(x)\mathrm{d}x -$$

$$\sum_{j=1}^n q_j(t)\int_L Y^a(x)\frac{\partial\phi_j(x)}{\partial x}\phi_i(x)\mathrm{d}x -$$

$$\sum_{j=1}^n \frac{1}{V}\dot{q}_j(t)\int_L Y^a(x)\phi_i(x)\phi_j(x)\mathrm{d}x + \delta_z(t)\int_L Y^\delta(x)\phi_i(x)\mathrm{d}x -$$

$$\sum_{j=1}^n Y^\delta(x)q_j(t)\left.\frac{\partial\phi_j(x)}{\partial x}\phi_i(x)\right|_{x=x_\delta} + 2J_\delta\ddot{\delta}\,\phi_i'(x)|_{x=x_\delta}$$

$$(3-30)$$

令

$$D_{\omega i} = \left[-\frac{1}{V}\int_L Y^a(x)(x_{cg}-x)\phi_i(x)\mathrm{d}x\right]/M_i$$

$$= \left[-\frac{qS}{V}\int_L \frac{\partial C_y(x)}{\partial\alpha}(x_{cg}-x)\phi_i(x)\mathrm{d}x\right]/M_i$$

$$D_{ai} = \left[\int_L Y^a(x)\phi_i(x)\mathrm{d}x \right] / M_i = \left[qS \int_L \frac{\partial C_y(x)}{\partial \alpha}\phi_i(x)\mathrm{d}x \right] / M_i$$

$$D_{\delta i} = \left[\int_L Y^\delta(x)\phi_i(x)\mathrm{d}x \right] / M_i = \left[qS \int_L \frac{\partial C_y(x)}{\partial \delta}\phi_i(x)\mathrm{d}x \right] / M_i$$

$$D_{\ddot{\delta} i} = \left[2J_\delta \phi_i'(x)\big|_{x=x_\delta} \right] / M_i$$

$$D_{\dot{q}ij} = \left[-\frac{1}{V} \int_L Y^a(x)\phi_i(x)\phi_j(x)\mathrm{d}x \right] / M_i$$

$$= \left[-\frac{qS}{V} \int_L \frac{\partial C_y(x)}{\partial \alpha}\phi_i(x)\phi_j(x)\mathrm{d}x \right] / M_i$$

$$D_{qij} = \left[\begin{array}{l} -\int_L Y^a(x)\dfrac{\partial \phi_j(x)}{\partial x}\phi_i(x)\mathrm{d}x - \\[4mm] qS\dfrac{\partial C_y(x)}{\partial \delta}\dfrac{\partial \phi_j(x)}{\partial x}\phi_i(x)\bigg|_{x=x_\delta} \end{array} \right] / M_i$$

$$= \left[\begin{array}{l} -qS\int_L \dfrac{\partial C_y(x)}{\partial \alpha}\dfrac{\partial \phi_j(x)}{\partial x}\phi_i(x)\mathrm{d}x - \\[4mm] qS\dfrac{\partial C_y(x)}{\partial \delta}\dfrac{\partial \phi_j(x)}{\partial x}\phi_i(x)\bigg|_{x=x_\delta} \end{array} \right] / M_i \qquad (3-31)$$

式（3-31）中连续型的积分公式离散化为求和公式，舵面法向力当集中力处理，可得

$$D_{\omega i} = \left[-\frac{1}{V} \int_L Y^a(x)(x_{cg}-x)\phi_i(x)\mathrm{d}x \right] / M_i$$

$$= \left[-\frac{qS}{V} \sum_{r=1}^n C_y^\alpha(x_r)(x_{cg}-x_r)\phi_i(x_r) \right] / M_i$$

$$D_{ai} = \left[\int_L Y^a(x)\phi_i(x)\mathrm{d}x \right] / M_i = \left[qS \sum_{r=1}^n C_y^\alpha(x_r)\phi_i(x_r) \right] / M_i$$

$$D_{\delta i} = \left[\int_L Y^\delta(x)\phi_i(x)\mathrm{d}x \right] / M_i = \left[qSC_y^\delta\phi_i(x_\delta) \right] / M_i$$

$$D_{\ddot{\delta} i} = \left[2J_\delta \phi_i'(x_\delta) \right] / M_i$$

$$D_{\dot{q}ij} = \left[-\frac{1}{V} \int_L Y^a(x)\phi_i(x)\phi_j(x)\mathrm{d}x \right] / M_i$$

$$= \left[-\frac{qS}{V} \int_L \frac{\partial C_y(x)}{\partial \alpha} \phi_i(x) \phi_j(x) \mathrm{d}x \right] / M_i$$

$$= \left[-\frac{qS}{V} \sum_{r=1}^n C_y^a(x_r) \phi_i(x_r) \phi_j(x_r) \right] / M_i$$

$$D_{qij} = \left[-\int_L Y^a(x) \frac{\partial \phi_j(x)}{\partial x} \phi_i(x) \mathrm{d}x - qS \frac{\partial C_y(x)}{\partial \delta} \frac{\partial \phi_j(x)}{\partial x} \phi_i(x) \Big|_{x=x_\delta} \right] / M_i$$

$$= \left[-qS \int_L \frac{\partial C_y(x)}{\partial \alpha} \frac{\partial \phi_j(x)}{\partial x} \phi_i(x) \mathrm{d}x - qS \frac{\partial C_y(x)}{\partial \delta} \frac{\partial \phi_j(x)}{\partial x} \phi_i(x) \Big|_{x=x_\delta} \right] / M_i$$

$$= \left[-qS \sum_{r=1}^n C_y^a(x_r) \frac{\partial \phi_j(x_r)}{\partial x} \phi_i(x_r) - qSC_y^\delta \frac{\partial \phi_j(x_\delta)}{\partial x} \phi_i(x_\delta) \right] / M_i$$

$$(3-32)$$

式（3-30）和式（3-31）代入式（3-29），可得第 i 阶弹体弹性振动的动力学方程

$$\ddot{q}_i + 2\xi_i \omega_i \dot{q}_i + \omega_i^2 q_i = D_{\omega i} \dot{\vartheta} + D_{ai} \alpha + D_{\delta i} \delta_z +$$

$$D_{\ddot{\delta} i} \ddot{\delta}_z + \sum_{j=1}^n D_{\dot{q}ij} \dot{q}_j + \sum_{j=1}^n D_{qij} q_j \qquad (3-33)$$

式（3-22）、式（3-24）和式（3-33）组成了完整的弹性弹体动力学方程。

3.3.8　弹体纵轴横向弹性振动计算

由于实际的弹体是非均匀的自由梁，很难得到式（3-33）中振型、振型斜率、振型对应固有频率和振型对应广义质量的解析结果。在工程上需要采用数值计算方法，常用的方法有传递矩阵法和有限元法。

传递矩阵法是将结构分为若干段，通过协调、平衡条件建立相邻节点由位移、转角、弯矩和剪力组成的状态矢量之间的递推关系。有限元法是将连续体离散为若干个性质相同的单元，将复杂结构处理成为由有限个单元通过节点结合起来的组合体，从而使一个具有无限自由度连续体的力学问题转化为有限自由度的力学问题[8]。

关于传递矩阵法和有限元法的详细介绍，读者可参考相关文献。

式（3-33）中，振型对应的阻尼比很难采用数值计算方法得到，通常采用模态试验的结果。振型和振型对应固有频率的数值计算结果可依据模态试验结果进行修正。

3.4　弹性弹体动力学方程的小扰动、线性化及系数固化

依据参考文献［9］的小扰动、线性化方法，在固定的空域点（H，V），对处于配平状态的弹体进行小扰动、线性化。

对式（3-22）进行小扰动、线性化，可得

$$mV \frac{\mathrm{d}\Delta\theta}{\mathrm{d}t} = (Y^{\alpha})_{*} \cdot \Delta\alpha + (Y^{\delta_z})_{*} \cdot \Delta\delta_z +$$

$$\sum_{i=1}^{n} \left[(Y^{q_i})_{*} \cdot \Delta q_i + (Y^{\dot{q}_i})_{*} \cdot \frac{\mathrm{d}\Delta q_i}{\mathrm{d}t} \right] \tag{3-34}$$

式中，$(Y^{\alpha})_{*}$、$(Y^{\delta_z})_{*}$、$(Y^{q_i})_{*}$、$(Y^{\dot{q}_i})_{*}$ 对应于未扰动运动的数值。

对式（3-24）进行小扰动、线性化，可得

$$J_z \frac{\mathrm{d}^2 \Delta\vartheta}{\mathrm{d}t^2} = (M_z^{\omega_z})_{*} \cdot \frac{\mathrm{d}\Delta\vartheta}{\mathrm{d}t} + (M_z^{\alpha})_{*} \cdot \Delta\alpha + (M_z^{\delta_z})_{*} \cdot \Delta\delta_z +$$

$$\sum_{i=1}^{n} \left[(M_z^{q_i})_{*} \cdot \Delta q_i + (M_z^{\dot{q}_i})_{*} \cdot \frac{\mathrm{d}\Delta q_i}{\mathrm{d}t} \right] \tag{3-35}$$

式中，$(M_z^{\omega_z})_{*}$、$(M_z^{\alpha})_{*}$、$(M_z^{\vartheta})_{*}$、$(M_z^{q_i})_{*}$、$(M_z^{\dot{q}_i})_{*}$ 对应于未扰动运动的数值。

对式（3-33）进行小扰动、线性化，可得

$$\frac{\mathrm{d}^2 \Delta q_i}{\mathrm{d}t^2} + 2\xi_i\omega_i \frac{\mathrm{d}\Delta q_i}{\mathrm{d}t} + \omega_i^2 \Delta q_i = (D_{\omega i})_{*} \cdot \frac{\mathrm{d}\Delta\vartheta}{\mathrm{d}t} + (D_{ai})_{*} \cdot \Delta\alpha + (D_{\delta i})_{*} \cdot$$

$$\Delta\delta_z + (D_{\ddot{\delta} i})_{*} \cdot \frac{\mathrm{d}^2 \Delta\delta_z}{\mathrm{d}t^2} + \sum_{j=1}^{n} (D_{\dot{q}ij})_{*} \cdot \frac{\mathrm{d}\Delta q_j}{\mathrm{d}t} + \sum_{j=1}^{n} (D_{qij})_{*} \cdot \Delta q_j$$

$$\tag{3-36}$$

式中，$(D_{\omega i})_*$、$(D_{ai})_*$、$(D_{\delta i})_*$、$(D_{\ddot{\delta}i})_*$、$(D_{\dot{q}ij})$、$(D_{qij})_*$ 对应于未扰动运动的数值。

假设在被控对象过程时间内，有关时变参数变化不大，可取为常值。

式（3-34）可变为

$$(mV)_* \cdot \frac{\mathrm{d}\Delta\theta}{\mathrm{d}t} = (Y^\alpha)_* \cdot \Delta\alpha + (Y^{\delta_z})_* \cdot \Delta\delta_z +$$

$$\sum_{i=1}^{n} \left[(Y^{q_i})_* \cdot \Delta q_i + (Y^{\dot{q}_i})_* \cdot \frac{\mathrm{d}\Delta q_i}{\mathrm{d}t} \right]$$

$$(3-37)$$

式中　　$(mV)_*$——固化后的系数。

式（3-35）可变为

$$(J_z)_* \cdot \frac{\mathrm{d}^2\Delta\vartheta}{\mathrm{d}t^2} = (M_z^{\omega_z})_* \cdot \frac{\mathrm{d}\Delta\vartheta}{\mathrm{d}t} + (M_z^a)_* \cdot \Delta\alpha +$$

$$(M_z^{\delta_z})_* \cdot \Delta\delta_z + \sum_{i=1}^{n} \left[(M_z^{q_i})_* \cdot \Delta q_i + (M_z^{\dot{q}_i})_* \cdot \frac{\mathrm{d}\Delta q_i}{\mathrm{d}t} \right]$$

$$(3-38)$$

式中　　$(J_z)_*$——固化后的系数。

式（3-36）可变为

$$\frac{\mathrm{d}^2\Delta q_i}{\mathrm{d}t^2} + 2 (\xi_i\omega_i)_* \cdot \frac{\mathrm{d}\Delta q_i}{\mathrm{d}t} + (\omega_i^2)_* \cdot \Delta q_i$$

$$= (D_{\omega i})_* \cdot \frac{\mathrm{d}\Delta\vartheta}{\mathrm{d}t} + (D_{ai})_* \cdot \Delta\alpha + (D_{\delta i})_* \cdot \Delta\delta_z + (D_{\ddot{\delta}i})_* \cdot \frac{\mathrm{d}^2\Delta\delta_z}{\mathrm{d}t^2} +$$

$$\sum_{j=1}^{n} (D_{\dot{q}ij})_* \cdot \frac{\mathrm{d}\Delta q_j}{\mathrm{d}t} + \sum_{j=1}^{n} (D_{qij})_* \cdot \Delta q_j$$

$$(3-39)$$

式中　　$(\xi_i\omega_i)_*$、$(\omega_i^2)_*$——固化后的系数。

通过系数固化，式（3-37）、式（3-38）和式（3-39）进一步变为线性定常微分方程。

式（3-37）中，略去脚注" $*$ "后，令

$$b_{\alpha} = \frac{Y^{\alpha}}{mV}$$

$$b_{\delta} = \frac{Y^{\delta_z}}{mV}$$

$$b_{q_i} = \frac{Y^{q_i}}{mV} \tag{3-40}$$

$$b_{\dot{q}_i} = \frac{Y^{\dot{q}_i}}{mV}$$

式中　b_{α}、b_{δ}——刚性弹体动力系数，具体的定义在第 2 章已给出；

b_{q_i}、$b_{\dot{q}_i}$——弹性动力系数。

式（3-37）可写为

$$\frac{\mathrm{d}\Delta\theta}{\mathrm{d}t} = b_{\alpha}\Delta\alpha + b_{\delta}\Delta\delta_z + \sum_{i=1}^{n}\left(b_{q_i}\Delta q_i + b_{\dot{q}_i}\frac{\mathrm{d}\Delta q_i}{\mathrm{d}t}\right) \tag{3-41}$$

式（3-38）中，略去脚注"∗"后，令

$$a_{\alpha} = \frac{-M_z^{\alpha}}{J_z}$$

$$a_{\delta} = \frac{-M_z^{\delta_z}}{J_z}$$

$$a_{\omega} = \frac{-M_z^{\omega_z}}{J_z} \tag{3-42}$$

$$a_{q_i} = -\frac{M_z^{q_i}}{J_z}$$

$$a_{\dot{q}_i} = -\frac{M_z^{\dot{q}_i}}{J_z}$$

式中　a_{α}、a_{δ}、a_{ω}——刚性弹体动力系数，具体的定义在第 2 章已给出；

a_{q_i}、$a_{\dot{q}_i}$——弹性动力系数。

式（3-38）可写为

$$\frac{\mathrm{d}^2 \Delta \vartheta}{\mathrm{d}t^2} = -a_\omega \frac{\mathrm{d}\Delta \vartheta}{\mathrm{d}t} - a_a \Delta \alpha - a_\delta \Delta \delta_z - \sum_{i=1}^{n}\left(a_{q_i} \Delta q_i + a_{\dot{q}_i} \frac{\mathrm{d}\Delta q_i}{\mathrm{d}t}\right)$$

$$(3-43)$$

式（3 - 39）中，略去脚注" * "后，式（3 - 39）可写为

$$\frac{\mathrm{d}^2 \Delta q_i}{\mathrm{d}t^2} + 2\xi_i \omega_i \frac{\mathrm{d}\Delta q_i}{\mathrm{d}t} + \omega_i^2 \Delta q_i$$

$$= D_{\omega i} \frac{\mathrm{d}\Delta \vartheta}{\mathrm{d}t} + D_{ai} \Delta \alpha + D_{\delta i} \Delta \delta_z + \qquad (3-44)$$

$$D_{\ddot{\delta} i} \frac{\mathrm{d}^2 \Delta \delta_z}{\mathrm{d}t^2} + \sum_{j=1}^{n} D_{\dot{q}ij} \frac{\mathrm{d}\Delta q_j}{\mathrm{d}t} + \sum_{j=1}^{n} D_{qij} \Delta q_j$$

式中　　$D_{\omega i}$、D_{ai}、$D_{\delta i}$、$D_{\ddot{\delta} i}$、$D_{\dot{q}ij}$、D_{qij} ——弹性动力系数。

对几何关系方程线性化，可得

$$\Delta \alpha = \Delta \vartheta - \Delta \theta \qquad (3-45)$$

通过式（3 - 45），式（3 - 41）可变为

$$\frac{\mathrm{d}\Delta \alpha}{\mathrm{d}t} = \frac{\mathrm{d}\Delta \vartheta}{\mathrm{d}t} - b_a \Delta \alpha - b_\delta \Delta \delta_z - \sum_{i=1}^{3}\left(b_{q_i} \Delta q_i + b_{\dot{q}_i} \frac{\mathrm{d}\Delta q_i}{\mathrm{d}t}\right)$$

$$(3-46)$$

为了不使符号过于繁杂，略去小扰动符号后，式（3 - 46）、式（3 - 43）和式（3 - 44）可写为

$$\dot{\alpha} = \dot{\vartheta} - b_a \alpha - b_\delta \delta_z - \sum_{i=1}^{n}(b_{q_i} q_i + b_{\dot{q}_i} \dot{q}_i) \qquad (3-47)$$

$$\ddot{\vartheta} = -a_\omega \dot{\vartheta} - a_a \alpha - a_\delta \delta_z - \sum_{i=1}^{n}(a_{q_i} q_i + a_{\dot{q}_i} \dot{q}_i) \qquad (3-48)$$

$$\ddot{q}_i + 2\xi_i \omega_i \dot{q}_i + \omega_i^2 q_i$$

$$= D_{\omega i}\dot{\vartheta} + D_{ai}\alpha + D_{\delta i}\delta_z + D_{\ddot{\delta} i}\ddot{\delta}_z + \sum_{j=1}^{n} D_{\dot{q}ij}\dot{q}_j + \sum_{j=1}^{n} D_{qij}q_j$$

$$(3-49)$$

式（3 - 22）、式（3 - 24）和式（3 - 33）中的广义力在零攻角和零舵偏角配平状态下线性化，也可在形式上得到弹性弹体动力学方程式（3 - 47）、式（3 - 48）和式（3 - 49），但在概念上是不同的。

3.5　弹性弹体状态方程

现代控制理论的重要成就之一，就是用状态空间法描述系统模型。

考虑一阶、二阶和三阶弹性振型，由式（3 - 49）可得

$$\ddot{q}_1 + 2\xi_1\omega_1\dot{q}_1 + \omega_1^2 q_1$$

$$= D_{\omega 1}\dot{\vartheta} + D_{a1}\alpha + D_{\delta 1}\delta_z + D_{\ddot{\delta}1}\ddot{\delta}_z + \sum_{j=1}^{3} D_{\dot{q}1j}\dot{q}_j + \sum_{j=1}^{3} D_{q1j}q_j$$

$$(3 - 50)$$

$$\ddot{q}_2 + 2\xi_2\omega_2\dot{q}_2 + \omega_2^2 q_2$$

$$= D_{\omega 2}\dot{\vartheta} + D_{a2}\alpha + D_{\delta 2}\delta_z + D_{\ddot{\delta}2}\ddot{\delta}_z + \sum_{j=1}^{3} D_{\dot{q}2j}\dot{q}_j + \sum_{j=1}^{3} D_{q2j}q_j$$

$$(3 - 51)$$

$$\ddot{q}_3 + 2\xi_3\omega_3\dot{q}_3 + \omega_3^2 q_3$$

$$= D_{\omega 3}\dot{\vartheta} + D_{a3}\alpha + D_{\delta 3}\delta_z + D_{\ddot{\delta}3}\ddot{\delta}_z + \sum_{j=1}^{3} D_{\dot{q}3j}\dot{q}_j + \sum_{j=1}^{3} D_{q3j}q_j$$

$$(3 - 52)$$

选取状态变量

$$\boldsymbol{X} = \begin{bmatrix} \alpha \\ \dot{\vartheta} \\ \vartheta \\ \dot{q}_1 \\ q_1 \\ \dot{q}_2 \\ q_2 \\ \dot{q}_3 \\ q_3 \end{bmatrix}$$

由式（3 - 47）、式（3 - 48）、式（3 - 50）、式（3 - 51）和式（3 - 52），可得弹性弹体的状态方程

$$\dot{X} = \begin{bmatrix}
-b_\alpha & 1 & 0 & -b_{\dot q_1} & -b_{q_1} & -b_{\dot q_2} & -b_{q_2} & -b_{\dot q_3} & -b_{q_3} \\
-a_\alpha & -a_\omega & 0 & -a_{\dot q_1} & -a_{q_1} & -a_{\dot q_2} & -a_{q_2} & -a_{\dot q_3} & -a_{q_3} \\
0 & 1 & 0 & 0 & 0 & 0 & 0 & 0 & 0 \\
D_{\alpha1} & D_{\omega1} & 0 & D_{\dot q11}-2\xi_1\omega_1 & D_{q11}-\omega_1^2 & D_{\dot q12} & D_{q12} & D_{\dot q13} & D_{q13} \\
0 & 0 & 0 & 1 & 0 & 0 & 0 & 0 & 0 \\
D_{\alpha2} & D_{\omega2} & 0 & D_{\dot q21} & D_{q21} & D_{\dot q22}-2\xi_2\omega_2 & D_{q22}-\omega_2^2 & D_{\dot q23} & D_{q23} \\
0 & 0 & 0 & 0 & 0 & 1 & 0 & 0 & 0 \\
D_{\alpha3} & D_{\omega3} & 0 & D_{\dot q31} & D_{q31} & D_{\dot q32} & D_{q32} & D_{\dot q33}-2\xi_3\omega_3 & D_{q33}-\omega_3^2 \\
0 & 0 & 0 & 0 & 0 & 0 & 0 & 1 & 0
\end{bmatrix}
\begin{matrix}
\alpha \\ \dot\vartheta \\ \vartheta \\ \dot q_1 \\ q_1 \\ \dot q_2 \\ q_2 \\ \dot q_3 \\ q_3
\end{matrix}
+
\begin{bmatrix}
-b_\delta \\
-a_\delta \\
0 \\
D_{\delta1}+\ddot D_{\delta1}s^2 \\
0 \\
D_{\delta2}+\ddot D_{\delta2}s^2 \\
0 \\
D_{\delta3}+\ddot D_{\delta3}s^2 \\
0
\end{bmatrix}
\delta_z$$

本书给出了三阶弹性弹体的状态方程。在导弹自动驾驶仪的设计中,需要考虑多少阶弹性振型,和导弹的弹体特性以及自动驾驶仪的带宽有关系。通常而言,对于体积和质量较大的导弹,由于弹体弹性频率较低,需要考虑的阶次多一些,对于体积和质量较小的导弹,由于弹体弹性频率较高,需要考虑的阶次少一些,甚至在一些小型导弹的设计中不考虑弹体弹性的影响。

3.6　弹性弹体传递函数

自动驾驶仪设计中常用到弹体传递函数。根据弹性弹体运动的叠加假设,认为它是刚体运动传递函数和弹性振动传递函数的叠加。

由弹性振动引起的姿态角速度增量为

$$\Delta \dot{\vartheta}(x,t) = -\frac{\partial^2 y(x,t)}{\partial x \partial t} = \sum_{i=1}^{n}\left[-\dot{q}_i(t)\frac{\partial \phi_i(x)}{\partial x}\right]$$

则弹性弹体的总姿态角速度为

$$\dot{\vartheta}_s(x,t) = \dot{\vartheta}(t) + \sum_{i=1}^{n}\left[-\dot{q}_i(t)\frac{\partial \phi_i(x)}{\partial x}\right] \qquad (3-53)$$

由弹性振动引起的法向加速度增量为

$$\Delta a_y(x,t) = \frac{\partial^2 y(x,t)}{\partial^2 t} = \sum_{i=1}^{n}[\ddot{q}_i(t)\phi_i(x)]$$

则弹性弹体的总法向加速度为

$$u_{y_s}(x,t) = a_y(t) + \sum_{i=1}^{n}[\ddot{q}_i(t)\phi_i(x)] \qquad (3-54)$$

由 3.5 节得到的弹性弹体状态方程,通过 MATLAB 软件可得完整的弹性弹体传递函数。

3.6.1　弹性弹体传递函数简化

通常弹性变形引起的气动力可忽略。略去弹性变形引起的气动力之后,式（3-49）可变为

$$\ddot{q}_i + 2\xi_i\omega_i\dot{q}_i + \omega_i^2 q_i = D_{\omega i}\dot{\vartheta} + D_{ai}\alpha + D_{\delta i}\delta_z + D_{\ddot{\delta}i}\ddot{\delta}_z \quad (3-55)$$

对式（3-55）进行 Laplace 变换可得

$$q_i(s) = \frac{D_{\omega i}\dot{\vartheta}(s) + D_{\alpha i}\alpha(s) + (D_{\delta i} + D_{\ddot{\delta} i}s^2)\delta_z(s)}{s^2 + 2\xi_i\omega_i s + \omega_i^2} \quad (3-56)$$

对弹体弹性变形起支配作用的是舵面偏转产生的操纵力。忽略 $D_{\omega i}$、$D_{\alpha i}$ 可得

$$q_i(s) = \frac{D_{\delta i} + D_{\ddot{\delta} i}s^2}{s^2 + 2\xi_i\omega_i s + \omega_i^2}\delta_z(s) \quad (3-57)$$

仅考虑一阶、二阶和三阶弹性振型，忽略三阶以上弹性振型，速率陀螺和加速度计在弹体弹性基准坐标系 $O_e x_e$ 轴的坐标为 x_A。

式（3-53）可写为

$$\dot{\vartheta}_s(t) = \dot{\vartheta}(t) - \dot{q}_1(t)\left.\frac{\partial\phi_1(x)}{\partial x}\right|_{x=x_A} - \dot{q}_2(t)\left.\frac{\partial\phi_2(x)}{\partial x}\right|_{x=x_A} -$$
$$\dot{q}_3(t)\left.\frac{\partial\phi_3(x)}{\partial x}\right|_{x=x_A}$$

$$(3-58)$$

式（3-54）可写为

$$a_{y_s}(t) = a_y(t) + \ddot{q}_1(t)\phi_1(x)|_{x=x_A} + \ddot{q}_2(t)\phi_2(x)|_{x=x_A} +$$
$$\ddot{q}_3(t)\phi_3(x)|_{x=x_A}$$

$$(3-59)$$

由式（3-58）和式（3-59），可得简化的弹性弹体传递函数

$$\frac{\dot{\vartheta}_s(s)}{\delta_z(s)} = \frac{\dot{\vartheta}(s)}{\delta_z(s)} - \frac{(D_{\delta 1} + D_{\ddot{\delta} 1}s^2)s}{s^2 + 2\xi_1\omega_1 s + \omega_1^2}\left.\frac{\partial\phi_1(x)}{\partial x}\right|_{x=x_A} -$$
$$\frac{(D_{\delta 2} + D_{\ddot{\delta} 2}s^2)s}{s^2 + 2\xi_2\omega_2 s + \omega_2^2}\left.\frac{\partial\phi_2(x)}{\partial x}\right|_{x=x_A} - \frac{(D_{\delta 3} + D_{\ddot{\delta} 3}s^2)s}{s^2 + 2\xi_3\omega_3 s + \omega_3^2}\left.\frac{\partial\phi_3(x)}{\partial x}\right|_{x=x_A}$$

$$\frac{a_{y_s}(s)}{\delta_z(s)} = \frac{a_y(s)}{\delta_z(s)} + \frac{(D_{\delta 1} + D_{\ddot{\delta} 1}s^2)s^2}{s^2 + 2\xi_1\omega_1 s + \omega_1^2}\phi_1(x)|_{x=x_A} +$$
$$\frac{(D_{\delta 2} + D_{\ddot{\delta} 2}s^2)s^2}{s^2 + 2\xi_2\omega_2 s + \omega_2^2}\phi_2(x)|_{x=x_A} + \frac{(D_{\delta 3} + D_{\ddot{\delta} 3}s^2)s^2}{s^2 + 2\xi_3\omega_3 s + \omega_3^2}\phi_3(x)|_{x=x_A}$$

3.6.2　弹性弹体传递函数分析

刚体弹体动力系数来自参考文献 [10] 中的某正常式布局面空导弹，在空域点 ($H=1\,500$ m、$V=467$ m/s)，在零攻角和零舵偏角平衡状态下，俯仰方向的刚性弹体动力系数见表 3-1。假定俯仰方向的弹性动力系数见表 3-2。假定弹性弹体前三阶振型函数及振型函数斜率见表 3-3。假定弹性弹体前三阶振型的固有频率和阻尼比见表 3-4。

表 3-1　俯仰方向的刚性弹体动力系数

a_a /s^{-2}	a_δ /s^{-2}	a_ω /s^{-1}	b_a /s^{-1}	b_δ /s^{-1}
144.3	534	2.89	2.74	0.42

表 3-2　俯仰方向的弹性动力系数

$D_{\delta 1}$ /(m/s)	$D_{\delta 2}$ /(m/s)	$D_{\delta 3}$ /(m/s)	$D_{\ddot\delta 1}$ /m	$D_{\ddot\delta 2}$ /m	$D_{\ddot\delta 3}$ /m
800	900	1 000	0.001	0.002	0.003

表 3-3　弹性弹体前三阶振型函数及振型函数斜率

$\phi_1(x_A)$	$\phi_2(x_A)$	$\phi_3(x_A)$	$\phi_1'(x_A)$	$\phi_2'(x_A)$	$\phi_3'(x_A)$
-0.1	0.4	0.6	-0.5	-1.2	-1.5

表 3-4　弹性弹体前三阶振型的固有频率和阻尼比

ω_1 /Hz	ω_2 /Hz	ω_3 /Hz	ξ_1	ξ_2	ξ_3
30	70	100	0.01	0.02	0.03

由以上数据，可得俯仰舵偏角到俯仰角速度的简化弹性弹体传递函数

$$\frac{\dot\vartheta_s(s)}{\delta_z(s)} = \frac{-534s-1\,403}{s^2+5.63s+152.2} + \frac{(400+0.000\,5s)s}{s^2+3.77s+35\,530.57} +$$

$$\frac{(1\,080+0.002\,4s)s}{s^2+17.59s+193\,444.24} + \frac{(1\,500+0.004\,5s)s}{s^2+37.70s+394\,784.18}$$

为了方便表示相频特性，上述传递函数乘以 -1 后的 Bode 图如

图 3-5 所示。

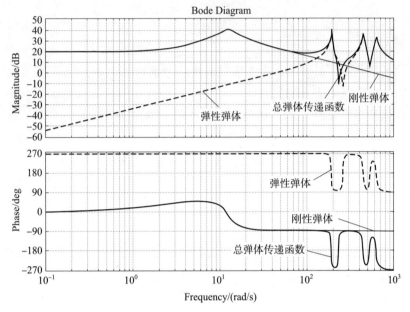

图 3-5　俯仰舵偏角到俯仰角速度的弹体传递函数 Bode 图

同样由以上数据，可得俯仰舵偏角到法向加速度的简化弹性弹体传递函数

$$\frac{a_{y_s}(s)}{\delta_z(s)} = \frac{196.1s^2 + 566.8s - 655\,000}{s^2 + 5.63s + 152.2} - \frac{(80 + 0.000\,1s^2)\,s^2}{s^2 + 3.77s + 35\,530.57} +$$
$$\frac{(360 + 0.000\,8s^2)\,s^2}{s^2 + 17.59s + 193\,444.24} + \frac{(600 + 0.001\,8s^2)\,s^2}{s^2 + 37.70s + 394\,784.18}$$

为了方便表示相频特性，上述传递函数乘以 -1 后的 Bode 图如图 3-6 所示。

由图 3-5 和图 3-6 可知，在弹性振型固有频率处，存在俯仰角速度和法向加速度的幅值尖峰。另外，在弹性振型固有频率处，弹性导致弹体的相位滞后增大。

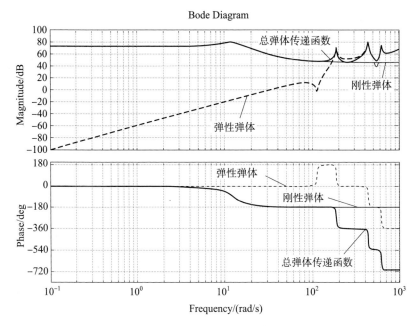

图 3 - 6　俯仰舵偏角到法向加速度的弹体传递函数 Bode 图

3.6.3　弹性弹体传递函数选用

在设计自动驾驶仪的结构凹陷滤波器时，可先采用简化的弹性弹体传递函数进行初步设计，初步设计完成后，采用完整的弹性弹体传递函数进行校核。

3.7　气动伺服弹性稳定性

由图 3-5 和图 3-6 可知，弹体的弹性响应由于其阻尼很小，故其频率响应的幅特性很尖、很高。当舵机频带很宽，不能对这一高频幅特性的尖幅进行足够滤波时，自动驾驶仪回路的开环传递函数频率响应在弹体弹性频率处的幅特性就可能高过 0 dB，从而引起回路的失稳，即出现气动伺服弹性不稳定现象。同时，舵机对弹体弹性运动的响应还会加剧舵机的磨损，而且当舵对弹性高频输入有响应时，叠加在它上面的高频响应会造成舵机双向饱和区不对称。经弹体滤波后，其有效舵偏角将不同于舵指令，从而出现舵机的响应误差[11]。

为此，在自动驾驶仪的设计中，都会在舵机前加入结构凹陷滤波器，以避免回路弹性失稳及其对舵机的负面影响[11]。

关于面空导弹气动伺服弹性稳定性的分析和自动驾驶仪结构凹陷滤波器的设计，读者可参考相关文献。

参 考 文 献

［1］ 张望根. 寻的防空导弹总体设计［M］. 北京：宇航出版社，1991.

［2］ 彭冠一. 防空导弹武器系统制导控制系统设计（上）［M］. 北京：宇航出版社，1996.

［3］ 李俊峰. 理论力学［M］. 北京：清华大学出版社，2001.

［4］ 杨绪灿，金建三. 弹性力学［M］. 北京：高等教育出版社，1987.

［5］ 邹经湘. 结构动力学［M］. 哈尔滨：哈尔滨工业大学出版社，1996.

［6］ 张亚辉，林家浩. 结构动力学基础［M］. 大连：大连理工大学出版社，2007.

［7］ D H PLATUS. Aeroelastic Stability of Slender Spinning Missiles［J］. Journal of Guidance，1992，15（1）：144-151.

［8］ 刘莉，喻秋利. 导弹结构分析与设计［M］. 北京：北京理工大学出版社，1999.

［9］ 钱杏芳，林瑞雄，赵亚男. 导弹飞行力学［M］. 北京：北京理工大学出版社，2000.

［10］ GARNELL P. Guided Weapon Control Systems［M］. Second Revision by Qi Zai-kang，Xia Qun-li. Beijing：Beijing Institute of Technology，2004.

［11］ 祁载康. 战术导弹制导控制系统设计［M］. 北京：中国宇航出版社，2008.

［12］ DEWEY H HODGES，G ALVIN PIERCE. Introduction to Structural Dynamics and Aeroelasticity［M］. 2nd ed. Cambridge University Press，2014.

［13］ 程云龙. 防空导弹自动驾驶仪设计［M］. 北京：宇航出版社，1993.

［14］ 张有济. 战术导弹飞行力学设计［M］. 北京：宇航出版社，1998.

［15］ 戈罗别夫，斯维特洛夫. 防空导弹设计［M］. 北京：宇航出版社，2004.

［16］ 陈桂彬，邹丛青，杨超. 气动弹性设计基础［M］. 北京：北京航空航天大学出版社，2004.

[17] 朱敬举，王军素．导弹控制系统设计中的弹体弹性振动问题及陷波滤波器设计［J］．邢台师范学院学报，2005，22（5）：1-10.

[18] 杨超，吴志刚．导弹气动伺服弹性稳定性分析［J］．飞行力学，2000，18（4）：1-5.

[19] RAY W CLOUGH，JOSEPH PENZIEN. Dynamics of Structures［M］. 3rd ed. Computers&.Structures，Inc. 2003.

第 4 章　遥控指令制导面空导弹制导律

4.1　引言

遥控指令制导是由制导站向导弹发出指令信号，将导弹引向目标的一种制导方式，可用于中近程面空导弹。遥控指令制导的制导设备包括制导站设备和弹上控制设备两部分。制导站设备包括目标/导弹观测跟踪装置、指令形成装置和指令发射装置。弹上控制设备包括指令接收装置和弹上控制系统。

本章给出了三种遥控制导方法及其对应的需用加速度，介绍了三种遥控制导方法的工程应用，建立了遥控指令制导面空导弹制导回路数学模型，并对制导回路进行了分析。

4.2　坐标系和角度的定义

4.2.1　坐标系定义

（1）导弹测量坐标系 $O_c x_{mc} y_{mc} z_{mc}$

O_c 取在制导站。$O_c x_{mc}$ 轴与从测量点到导弹质心的矢径一致。$O_c y_{mc}$ 轴在包含 $O_c x_{mc}$ 轴的铅垂面内，垂直于 $O_c x_{mc}$ 轴，指向上方为正。$O_c z_{mc}$ 轴垂直于 $O_c x_{mc} y_{mc}$ 平面，其正向按右手法则定义。

（2）目标测量坐标系 $O_c x_{tc} y_{tc} z_{tc}$

O_c 取在制导站。$O_c x_{tc}$ 轴与从测量点到目标质心的矢径一致。$O_c y_{tc}$ 轴在包含 $O_c x_{tc}$ 轴的铅垂面内，垂直于 $O_c x_{tc}$ 轴，指向上方为正。$O_c z_{tc}$ 轴垂直于 $O_c x_{tc} y_{tc}$ 平面，其正向按右手法则定义。

（3）目标航迹坐标系 $O_t x_{tt} y_{tt} z_{tt}$

O_t 取在目标质心。$O_t x_{tt}$ 轴沿目标速度方向。$O_t y_{tt}$ 轴在包含

$O_t x_{tt}$ 轴的铅垂面内，垂直于 $O_t x_{tt}$ 轴，指向上方为正。$O_t z_{tt}$ 轴垂直于 $O_t x_{tt} y_{tt}$ 平面，其正向按右手法则定义。

4.2.2　角度定义

（1）导弹高低角 ε_M

导弹测量坐标系 $O_c x_{mc}$ 轴与水平面之间的夹角。

（2）导弹方位角 β_M

导弹测量坐标系 $O_c x_{mc}$ 轴在水平面上的投影与发射坐标系 $A x_g$ 轴之间的夹角。

（3）目标高低角 ε_T

目标测量坐标系 $O_c x_{tc}$ 轴与水平面之间的夹角。

（4）目标方位角 β_T

目标测量坐标系 $O_c x_{tc}$ 轴在水平面上的投影与发射坐标系 $A x_g$ 轴之间的夹角。

（5）目标航迹倾角 θ_T

目标航迹坐标系 $O_t x_{tt}$ 轴与水平面之间的夹角。

（6）目标航迹偏角 ψ_T

目标航迹坐标系 $O_t x_{tt}$ 轴在水平面上的投影与发射坐标系 $A x_g$ 轴之间的夹角。

4.2.3　坐标系之间的关系

图 4-1 给出了各坐标系之间的综合关系。

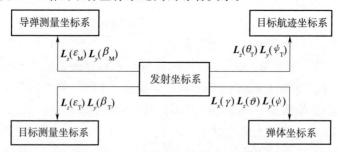

图 4-1　各坐标系之间的综合关系

4.3　遥控指令制导方法

4.3.1　三点法

三点法制导是指导弹在攻击目标过程中，导弹始终处于制导站与目标的连线上。若观察者从制导站上看目标，则目标的影像正好被导弹的影像所覆盖。因此，三点法又称为目标覆盖法或重合法[1]。

目标飞行速度和制导站到目标的视线构成了飞行平面，如图 4 - 2 所示。图 4 - 2 中，H 为目标的飞行高度，P 为航路捷径。

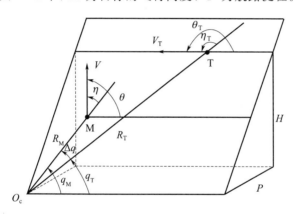

图 4 - 2　目标飞行速度和制导站到目标的视线构成的飞行平面

按照三点法制导，由于制导站与导弹的连线和制导站与目标的连线重合在一起。所以，三点法的制导关系方程为

$$q_M = q_T \tag{4 - 1}$$

4.3.2　前置点法

对于三点法制导，导弹弹道随时间的增大越来越弯曲，且需用加速度在弹目交会处达到最大。显然，若令导弹以超前于弹目视线的角度飞行，则其弹道会较为平直，在弹目交会处的需用加速度必然将有所减小。

前置点法是指导弹在整个制导过程中，导弹和制导站的连线始终超前于目标和制导站的连线，而这两条连线之间的夹角是按某种规律变化的[1]。

按照前置点法的定义有

$$q_M = q_T + \Delta q \tag{4-2}$$

式中　Δq ——前置角。

当导弹命中目标时，目标和导弹分别相对制导站的距离之差 ΔR 应为零，Δq 也应为零。为了满足以上两个条件，有

$$\Delta q = f(t) \Delta R$$

这样，式（4-2）可写为

$$q_M = q_T + f(t) \Delta R \tag{4-3}$$

为了减小弹目交会处导弹的需用加速度，要求导弹在接近目标时的 $\dot{q}_M$ 趋于零，根据这一要求，式（4-3）对时间 t 求导可得

$$\dot{q}_M = \dot{q}_T + \dot{f}(t) \Delta R + f(t) \Delta \dot{R}$$

当 $\Delta R = 0$ 时，$\dot{q}_M = 0$，可得

$$f(t) = -\frac{\dot{q}_T}{\Delta \dot{R}} = \frac{\dot{q}_T}{|\Delta \dot{R}|}$$

前置点法的制导关系方程为

$$q_M = q_T + \frac{\dot{q}_T}{|\Delta \dot{R}|} \Delta R \tag{4-4}$$

4.3.3　半前置点法

三点法和前置点法的制导关系方程可写为通式

$$q_M = q_T + A \frac{\dot{q}_T}{|\Delta \dot{R}|} \Delta R \tag{4-5}$$

式中，$A = 0$ 时，为三点法；$A = 1$ 时，为前置点法。

当 $A = \dfrac{1}{2}$ 时，对应的制导方法为半前置点法，即有

$$q_{\mathrm{M}} = q_{\mathrm{T}} + \frac{1}{2}\left(\frac{\dot{q}_{\mathrm{T}}}{|\Delta\dot{R}|}\right)\Delta R \qquad (4-6)$$

4.4　三种遥控指令制导方法对应的需用加速度

假设发射坐标系原点与导弹测量坐标系原点重合。在飞行平面下，建立发射坐标系 $O_{\mathrm{c}}x_{\mathrm{g}}y_{\mathrm{g}}$ 和导弹测量坐标系 $O_{\mathrm{c}}x_{\mathrm{mc}}y_{\mathrm{mc}}$，如图 4-3 所示。

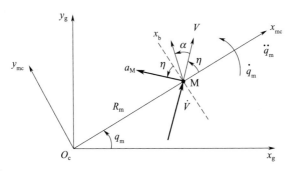

图 4-3　飞行平面相关参数定义

选择导弹测量坐标系作为参考坐标系，导弹质心相对导弹测量坐标系的速度，即相对速度，用 V 表示，相对加速度为 $\mathrm{d}V/\mathrm{d}t$。

导弹测量坐标系相对发射坐标系仅有转动运动而无平移运动。由理论力学中的加速度合成定理，导弹的绝对加速度 a 等于相对加速度 $\mathrm{d}V/\mathrm{d}t$、牵连加速度 a_{e} 和 Coriolis 加速度 a_{c} 之和，即有

$$a = \mathrm{d}V/\mathrm{d}t + a_{\mathrm{e}} + a_{\mathrm{c}} \qquad (4-7)$$

导弹的相对加速度在导弹测量坐标系 $O_{\mathrm{c}}y_{\mathrm{mc}}$ 轴方向的投影分量为零，在导弹飞行平面的牵连加速度 $a_{\mathrm{e}} = 2V\dot{q}_{\mathrm{M}}$，Coriolis 加速度 $a_{\mathrm{c}} = R_{\mathrm{M}}\ddot{q}_{\mathrm{M}}$，式（4-7）投影到 $O_{\mathrm{c}}y_{\mathrm{mc}}$ 轴方向可得

$$a_{\mathrm{M}}\cos\eta + \dot{V}\sin\eta = 2V\cos\eta\dot{q}_{\mathrm{M}} + R_{\mathrm{M}}\ddot{q}_{\mathrm{M}} \qquad (4-8)$$

由式（4-8）可得导弹在飞行平面的需用加速度

$$a_M = 2V\dot{q}_M + \frac{R_M}{\cos\eta}\ddot{q}_M - \dot{V}\tan\eta \qquad (4-9)$$

由式 (4-9) 可知，导弹在飞行平面的需用加速度由三部分组成，$2V\dot{q}_M$ 为由牵连加速度产生的需用加速度，$\frac{R_M}{\cos\eta}\ddot{q}_M$ 为由 Coriolis 加速度产生的需用加速度，$\dot{V}\tan\eta$ 为由导弹速度变化引起的需用加速度，在主动段，由于发动机的工作，$\dot{V} > 0$，可减小对导弹需用加速度的需求。

4.4.1　三点法

通过目标的运动参数表示导弹的需用加速度，由式 (4-1) 可得

$$\left.\begin{array}{l}\dot{q}_M = \dot{q}_T \\ \ddot{q}_M = \ddot{q}_T\end{array}\right\} \qquad (4-10)$$

对于三点法制导关系，由式 (4-9) 和式 (4-10) 可得导弹在飞行平面的需用加速度为

$$a_M = 2V\dot{q}_T + \frac{R_M}{\cos\eta}\ddot{q}_T - \dot{V}\tan\eta \qquad (4-11)$$

设目标加速度为 a_T，目标加速度的切向分量为 $\dot{V}_T$，法向分量为 $V_T\dot{\theta}_T$。

由图 4-2 可知

$$R_T\dot{q}_T = V_T\sin(\theta_T - q_T) \qquad (4-12)$$

式 (4-12) 两边对时间 t 求导，可得

$$R_T\ddot{q}_T + \dot{R}_T\dot{q}_T = V_T\cos(\theta_T - q_T)(\dot{\theta}_T - \dot{q}_T) + \dot{V}_T\sin(\theta_T - q_T)$$
$$= V_T\dot{\theta}_T\cos(\theta_T - q_T) - \dot{R}_T\dot{q}_T + \dot{V}_T\sin(\theta_T - q_T)$$
$$R_T\ddot{q}_T + 2\dot{R}_T\dot{q}_T = V_T\dot{\theta}_T\cos(\theta_T - q_T) + \dot{V}_T\sin(\theta_T - q_T)$$
$$= a_T\cos(\theta_T - q_T)$$
$$= a_T\cos\eta_T$$

$$(4-13)$$

由式（4 - 11）和式（4 - 13）可得

$$a_M = \frac{R_M a_T \cos\eta_T}{R_T \cos\eta} + \left(2V - \frac{R_M}{R_T}\frac{2\dot{R}_T}{\cos\eta}\right)\dot{q}_T - \dot{V}\tan\eta$$

在命中点，$R_M = R_T$，导弹的需用加速度为

$$a_M = \frac{a_T \cos\eta_T}{\cos\eta} + \left(2V - \frac{2\dot{R}_T}{\cos\eta}\right)\dot{q}_T - \dot{V}\tan\eta$$

4.4.2　前置点法

通过目标的运动参数表示导弹的需用加速度，由式（4 - 3）可得

$$\left.\begin{aligned}\dot{q}_M &= \dot{q}_T + \dot{f}(t)\Delta R + f(t)\Delta\dot{R} \\ \ddot{q}_M &= \ddot{q}_T + \ddot{f}(t)\Delta R + 2\dot{f}(t)\Delta\dot{R} + f(t)\Delta\ddot{R}\end{aligned}\right\} \qquad (4-14)$$

对于前置点法制导关系，有

$$f(t) = -\frac{\dot{q}_T}{\Delta\dot{R}}, \quad \dot{f}(t) = -\frac{\ddot{q}_T}{\Delta\dot{R}} + \frac{\Delta\ddot{R}\dot{q}_T}{\Delta\dot{R}^2}$$

由式（4 - 9）和式（4 - 14）可得导弹在飞行平面的需用加速度为

$$a_M = \frac{R_M \Delta\ddot{R}}{\Delta\dot{R}}\dot{q}_T - \frac{R_M}{\cos\eta}\ddot{q}_T - \dot{V}\tan\eta \qquad (4-15)$$

由式（4 - 13）和式（4 - 15）可得

$$a_M = \frac{R_M a_T \cos\eta_T}{R_T \cos\eta} + \frac{R_M}{R_T}\frac{3\dot{R}_T}{\cos\eta}\dot{q}_T + \frac{R_M \Delta\ddot{R}}{\Delta\dot{R}}\dot{q}_T - \dot{V}\tan\eta$$

在命中点，$R_M = R_T$，导弹的需用加速度为

$$a_M = \frac{a_T \cos\eta_T}{\cos\eta} + \left(\frac{2\dot{R}_T}{\cos\eta} + \frac{R_T \Delta\ddot{R}}{\Delta\dot{R}}\right)\dot{q}_T - \dot{V}\tan\eta$$

4.4.3　半前置点法

通过目标的运动参数表示导弹的需用加速度。

对于半前置点法制导关系，有

$$f(t) = -\frac{\dot{q}_T}{2\Delta\dot{R}} \ , \ \dot{f}(t) = -\frac{\ddot{q}_T}{2\Delta\dot{R}} + \frac{\Delta\ddot{R}\dot{q}_T}{2\Delta\dot{R}^2}$$

由式（4-9）和式（4-14）可得导弹在飞行平面的需用加速度为

$$a_M = \left(V + \frac{R_M\Delta\ddot{R}}{2\Delta\dot{R}}\right)\dot{q}_T - \dot{V}\tan\eta$$

在命中点，$R_M = R_T$，需用加速度为

$$a_M = \left(V + \frac{R_T\Delta\ddot{R}}{2\Delta\dot{R}}\right)\dot{q}_T - \dot{V}\tan\eta$$

在三点法中，导弹需用加速度的主要分量为牵连加速度产生的需用加速度，为 $2V\dot{q}_T$。在半前置点法中，牵连加速度产生的导弹需用加速度为 $V\dot{q}_T$。在前置点法中，牵连加速度产生的导弹需用加速度为零。故三点法的需用加速度最大，前置点法的需用加速度最小，半前置点法的需用加速度介于三点法和半前置点法之间。

为了阻止目标进入所保护的区域，面空导弹主要采用迎击方式。导弹在迎击目标的飞行过程中，随着目标的接近 $\dot{q}_T$ 不断增大，在导弹命中目标时，$\dot{q}_T$ 相对弹道其他位置达到最大，故三点法和半前置点法在命中目标时导弹的需用法向加速度为全弹道最大，这对于拦截高空、高速目标非常不利，这是三点法和半前置点法的缺点。

对于三点法和前置点法，在命中点处，导弹的需用加速度与目标机动有关。对于半前置点法，在命中点处，导弹的需用加速度与目标机动无关，这是半前置点法的优点。

4.5　三种遥控指令制导方法工程应用

前置点法虽然可消除牵连加速度产生的导弹需用加速度，但是受制导雷达波束宽度的限制，当 Δq 值较大时，导弹有可能会飞出波

束，故在工程实际中使用的是半前置点法，而不用前置点法。

在制导雷达受到电子干扰的条件下，测量目标的距离存在困难或者测量误差变得很大。故在干扰条件下通常不采用半前置点法，而采用三点法。

4.6   遥控指令制导面空导弹制导回路数学模型

4.6.1   弹道组成

遥控指令制导面空导弹的飞行弹道通常由引入段和制导段组成。

引入段为过渡段，从弹上设备接收指令开始控制导弹起，到导弹按制导规律正常飞行瞬时为止的一段弹道。导弹开始接收控制指令时，通常不处在制导规律要求的位置，需在指令控制下经过一段过渡过程，消除偏差后，方可按制导规律控制飞行。

制导段为导弹飞行的初始偏差基本被消除后，按制导规律受控飞行，直至命中目标为止的一段受控飞行弹道。

引入段弹道要求快速性好，以满足杀伤区近界的要求，同时要求超调量小，以免导弹飞出制导站的视场。制导段不仅要求快速性，更重要的是要求有小的脱靶量。

4.6.2   制导回路结构

遥控指令制导面空导弹制导回路的结构如图 4 - 4 所示，图中虚线包围的部分在导弹上，其余部分都位于制导站，实线包围的部分为指令形成装置。

（1）制导站

可认为制导站能够无惯性地测出导弹与目标的角偏差。设制导站的输入为 $\Delta\varepsilon$ 、$\Delta\beta$ ，输出为 $\Delta\varepsilon'$、$\Delta\beta'$。输入与输出的关系为

$$\Delta\varepsilon = \Delta\varepsilon'$$

$$\Delta\beta = \Delta\beta'$$

所以，制导站的传递函数为

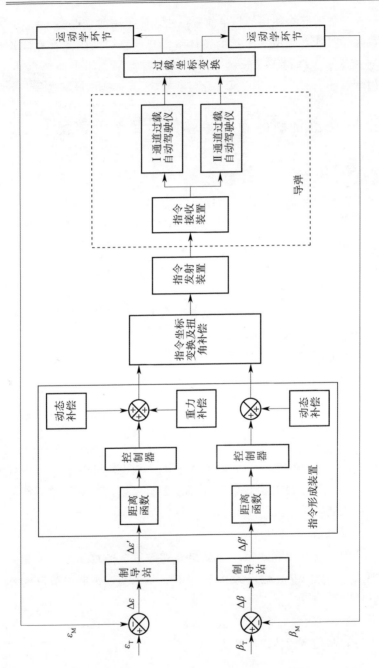

图 4 – 4　遥控指令制导面空导弹制导回路的结构（三点法）

$$W_k(s) = 1$$

注意此处的 $\Delta\beta$、$\Delta\beta'$ 为空间方位角的偏差，不是水平面方位角的偏差。

（2）指令形成装置

指令形成装置除根据制导方法形成误差信号外，还需形成动态误差补偿信号和重力补偿信号。其中，误差信号包括线偏差信号和前置信号。

①误差信号

导弹相对制导站的距离可由如下函数给出[2]

$$R_M(t) = a + bt \tag{4-16}$$

式中，参数 a 和 b 由大量弹道计算，按统计特性给定。

导弹偏离目标线的线偏差如图 4-5 和图 4-6 所示，可表示为

$$h_{\Delta\varepsilon} = R_M(t)\sin(\Delta\varepsilon) \approx R_M(t)\Delta\varepsilon$$

$$h_{\Delta\beta} = R_M(t)\sin(\Delta\beta) \approx R_M(t)\Delta\beta$$

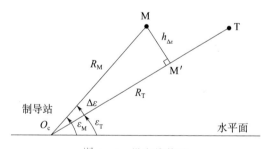

图 4-5　纵向线偏差

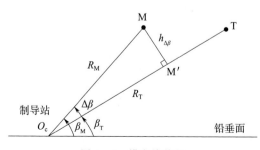

图 4-6　横向线偏差

对于半前置点法，要求导弹超前目标视线一个前置角。前置角对应的线偏差称为前置信号。前置角产生的线偏差，如图 4 - 7 和图 4 - 8 所示，可表示为

$$h_{q\epsilon} = R_M(t)\sin(\epsilon_q) \approx R_M(t)\epsilon_q = -R_M(t)\,\frac{\dot{\epsilon}_T}{2\Delta\dot{R}}\Delta R$$

$$h_{q\beta} = R_M(t)\sin(\beta_q) \approx R_M(t)\beta_q = -R_M(t)\,\frac{\dot{\beta}_T}{2\Delta\dot{R}}\Delta R$$

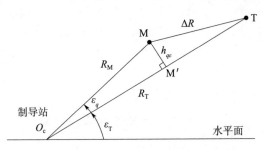

图 4 - 7　纵向前置线偏差

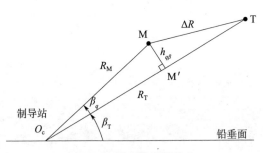

图 4 - 8　横向前置线偏差

三点法制导时，误差信号的表达式为

$$h_\epsilon = h_{\Delta\epsilon}$$

$$h_\beta = h_{\Delta\beta}$$

半前置点法制导时，误差信号的表达式为

$$h_\epsilon = h_{\Delta\epsilon} + h_{q\epsilon}$$

$$h_\beta = h_{\Delta\beta} + h_{q\beta}$$

②动态误差补偿

导弹实际飞行的弹道为动态弹道。动态弹道与理想弹道之间的线偏差为动态误差。

动态误差是由理想弹道的曲率、导弹本身及制导系统的惯性等原因造成的，其中最主要的因素是理想弹道的曲率。

为消除动态误差，可采用动态误差补偿的方法，产生所要求的法向加速度，使导弹沿理想弹道飞行。动态误差补偿通常用于制导段。动态误差补偿模型将在 4.6.3 节中详细推导。

③重力补偿

导弹本身有一定的质量 m，在地心引力的作用下，产生向下的重力 mg_0，如图 4-9 所示。将重力从发射坐标系变换到导弹测量坐标系，根据图 4-1，有

$$
\boldsymbol{L}_z(\varepsilon_M)\boldsymbol{L}_y(\beta_M)\begin{bmatrix} 0 \\ mg_0 \\ 0 \end{bmatrix} = \begin{bmatrix} \cos\varepsilon_M\cos\beta_M & \sin\varepsilon_M & -\cos\varepsilon_M\sin\beta_M \\ -\sin\varepsilon_M\cos\beta_M & \cos\varepsilon_M & \sin\varepsilon_M\sin\beta_M \\ \sin\beta_M & 0 & \cos\beta_M \end{bmatrix}\begin{bmatrix} 0 \\ mg_0 \\ 0 \end{bmatrix}
$$

$$
= \begin{bmatrix} mg_0\sin\varepsilon_M \\ mg_0\cos\varepsilon_M \\ 0 \end{bmatrix}
$$

$$(4-17)$$

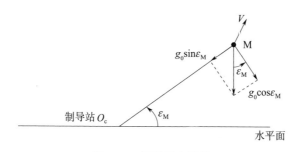

图 4-9 导弹重力补偿

对于三点法，由于 $\varepsilon_M = \varepsilon_T$，由式（4-17）可得重力补偿信号

$$a_g = g_0\cos\varepsilon_T$$

对于半前置点法，由于 $\varepsilon_M = \varepsilon_T + \Delta\varepsilon$ ，由式（4-17）可得重力补偿信号

$$a_g = g_0 \cos(\varepsilon_T + \Delta\varepsilon)$$

④指令坐标变换及扭角补偿

通常面空导弹采用"×"字舵面布局，导弹的执行坐标系和制导站的测量坐标系成45°，需要对控制指令进行坐标变换，坐标变换的作用是将测量坐标系下的控制指令，变换为导弹执行坐标系下的控制指令，如图4-10所示。

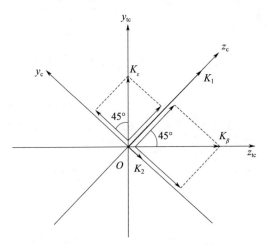

图4-10　控制指令的坐标变换

控制指令的坐标变换公式为

$$\begin{bmatrix} K_1 \\ K_2 \end{bmatrix} = \begin{bmatrix} \sin 45° & \cos 45° \\ \cos 45° & -\sin 45° \end{bmatrix} \begin{bmatrix} K_\varepsilon \\ K_\beta \end{bmatrix} \tag{4-18}$$

式（4-18）为未考虑扭角补偿的坐标变换公式，考虑扭角补偿的控制指令坐标变换如图4-11所示，对应的坐标变换公式为

$$\begin{bmatrix} K_1 \\ K_2 \end{bmatrix} = \begin{bmatrix} \sin(45°-\tau_\square) & \cos(45°-\tau_\square) \\ \cos(45°-\tau_\square) & -\sin(45°-\tau_\square) \end{bmatrix} \begin{bmatrix} K_\varepsilon \\ K_\beta \end{bmatrix} \tag{4-19}$$

式中　$\tau_\square$——平面扭角。

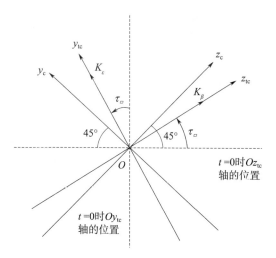

图 4 - 11　考虑扭角补偿控制指令的坐标变换

扭角补偿模型将在 4.6.4 节中详细推导。

（3）指令传输装置

指令传输装置包括指令发射装置和指令接收装置。

指令发射装置将指令电压 u_k 经编码变成指令 $\mathbf{K}$，$\mathbf{K}$ 与输入电压 u_k 成比例，指令发射装置的传递函数可表示为[3]

$$W_m(s) = \frac{K}{u_k} = K_m$$

弹上指令接收装置接收指令 $\mathbf{K}$，并对其进行译码，输出量是控制电压 u_k'。指令接收装置的传递函数可用惯性加延迟环节表示[3]

$$W_\omega(s) = \frac{u_k'}{K} = \frac{K_\omega e^{-\tau_\omega s}}{T_\omega s + 1} \tag{4 - 20}$$

式中　K_ω ——传递系数；

　　　　T_ω ——时间常数；

　　　　τ_ω ——延迟时间。

通常系统延迟时间只有数十毫秒，可忽略延迟的影响，指令接收装置的传递函数可简化为惯性环节

$$W_\omega(s) = \frac{K_\omega}{T_\omega s + 1}$$

(4) 运动学环节

采用遥控指令制导时，弹体输出参数与制导站测量的导弹高低角、方位角偏差（这里是输入信号）之间存在着固有的耦合关系[4]。导弹的运动学环节即为描述这一耦合关系的环节。

这里的运动学环节，以导弹法向加速度 a_y 作为输入，以导弹的高低角 ε_M 作为输出，如图 4-12 所示[5]。

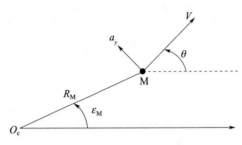

图 4-12 导弹与制导站的关系

由图 4-12 可知

$$V\cos(\theta - \varepsilon_M) = \dot{R}_M \qquad (4-21)$$

$$V\sin(\theta - \varepsilon_M) = R_M \dot{\varepsilon}_M \qquad (4-22)$$

式 (4-22) 两边对时间 t 求导可得

$$\dot{V}\sin(\theta - \varepsilon_M) + V\cos(\theta - \varepsilon_M)(\dot{\theta} - \dot{\varepsilon}_M) = \dot{R}_M\dot{\varepsilon}_M + R_M\ddot{\varepsilon}_M \qquad (4-23)$$

式 (4-21) 和式 (4-22) 代入式 (4-23)，可得

$$\frac{\dot{V}}{V}R_M\dot{\varepsilon}_M + \dot{R}_M(\dot{\theta} - \dot{\varepsilon}_M) = \dot{R}_M\dot{\varepsilon}_M + R_M\ddot{\varepsilon}_M \qquad (4-24)$$

式 (4-24) 整理可得

$$\ddot{\varepsilon}_M + \left(\frac{2\dot{R}_M}{R_M} - \frac{\dot{V}}{V}\right)\dot{\varepsilon}_M = \frac{\dot{R}_M}{R_M}\dot{\theta}$$

法向加速度

$$a_y = V\dot{\theta}$$

故有

$$\ddot{\varepsilon}_M + \left(\frac{2\dot{R}_M}{R_M} - \frac{\dot{V}}{V}\right)\dot{\varepsilon}_M = \frac{\dot{R}_M}{R_M V}a_y$$

导弹运动学环节的传递函数为

$$\frac{\varepsilon_M(s)}{a_y(s)} = \frac{\dfrac{\dot{R}_M}{R_M V}}{s\left[s + \left(\dfrac{2\dot{R}_M}{R_M} - \dfrac{\dot{V}}{V}\right)\right]} \qquad (4-25)$$

对式（4-25）进行简化，可得运动学环节的传递函数为

$$\frac{\varepsilon_M(s)}{a_y(s)} = \frac{1}{R_M s^2}$$

若输入为 a_z，输出为 β_M，则运动学环节的传递函数为

$$\frac{\beta_M(s)}{a_z(s)} = \frac{1}{R_M s^2}$$

注意此处的 β_M 为空间方位角，不是水平面方位角。

（5）侧向自动驾驶仪

侧向自动驾驶仪为过载自动驾驶仪。

4.6.3 动态误差补偿模型

导弹测量坐标系如图 4-13 所示。下面推导导弹沿理想弹道飞行所需的横向加速度在导弹测量坐标系的表达式。设某时刻导弹位于点 M，其矢径为 $\boldsymbol{R}_M$，地速矢量为 $\boldsymbol{V}$，导弹的方位角速度矢量 $\dot{\boldsymbol{\beta}}_M$ 沿 Ay_g 轴方向，导弹的高低角速度矢量 $\dot{\boldsymbol{\varepsilon}}_M$ 沿 $O_c z_{mc}$ 轴方向，如图 4-14 所示。设 $\boldsymbol{i}$、$\boldsymbol{j}$ 和 $\boldsymbol{k}$ 为沿导弹测量坐标系各轴的单位矢量，则导弹的角速度矢量 $\boldsymbol{\omega}$ 为

$$\boldsymbol{\omega} = \dot{\beta}_M \sin\varepsilon_M \boldsymbol{i} + \dot{\beta}_M \cos\varepsilon_M \boldsymbol{j} + \dot{\varepsilon}_M \boldsymbol{k}$$

导弹的地速矢量 $\boldsymbol{V}$ 为

$$\boldsymbol{V} = \dot{\boldsymbol{R}}_M = \dot{R}_M \boldsymbol{i} + R_M \dot{\boldsymbol{i}}$$

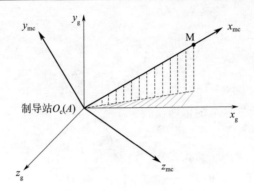

图 4 - 13　导弹测量坐标系

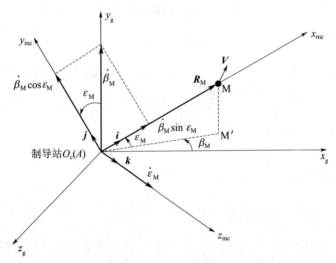

图 4 - 14　导弹横向加速度在导弹测量坐标系的分解[6]

由于

$$\dot{\boldsymbol{i}} = \boldsymbol{\omega} \times \boldsymbol{i} = \begin{vmatrix} \boldsymbol{i} & \boldsymbol{j} & \boldsymbol{k} \\ \dot{\beta}_M \sin\varepsilon_M & \dot{\beta}_M \cos\varepsilon_M & \dot{\varepsilon}_M \\ 1 & 0 & 0 \end{vmatrix} = \dot{\varepsilon}_M \boldsymbol{j} - \dot{\beta}_M \cos\varepsilon_M \boldsymbol{k}$$

$$(4 - 26)$$

导弹的加速度矢量 $\boldsymbol{a}_M$ 为

$$a_M = \dot{V} = \ddot{R}_M i + (2\dot{R}_M \dot{\varepsilon}_M + R_M \ddot{\varepsilon}_M)j + R_M \dot{\varepsilon}_M \dot{j} -$$

$$(2\dot{R}_M \dot{\beta}_M \cos\varepsilon_M + R_M \ddot{\beta}_M \cos\varepsilon_M - R_M \dot{\varepsilon}_M \dot{\beta}_M \sin\varepsilon_M)k - R_M \dot{\beta}_M \cos\varepsilon_M \dot{k}$$

仿照式（4-26），可得

$$\dot{j} = \dot{\beta}_M \sin\varepsilon_M k - \dot{\varepsilon}_M i$$

$$\dot{k} = \dot{\beta}_M \cos\varepsilon_M i - \dot{\beta}_M \sin\varepsilon_M j$$

则 a_M 在导弹测量坐标系的表达式为

$$a_M = (\ddot{R}_M - R_M \dot{\varepsilon}_M^2 - R_M \dot{\beta}_M^2 \cos^2\varepsilon_M)i +$$

$$(2\dot{R}_M \dot{\varepsilon}_M + R_M \ddot{\varepsilon}_M + R_M \dot{\beta}_M^2 \cos\varepsilon_M \sin\varepsilon_M)j -$$

$$(2\dot{R}_M \dot{\beta}_M \cos\varepsilon_M + R_M \ddot{\beta}_M \cos\varepsilon_M - 2R_M \dot{\varepsilon}_M \dot{\beta}_M \sin\varepsilon_M)k$$

$$(4-27)$$

设导弹的切向加速度矢量为 a_{M_t}，V 的单位矢量为 V°，则

$$a_{M_t} = \dot{V}V^\circ = \dot{V}\frac{V_M}{V} = \frac{\dot{V}}{V}\dot{R}_M = \frac{\dot{V}}{V}(\dot{R}_M i + R_M \dot{i})$$

$$= \frac{\dot{V}}{V}(\dot{R}_M i + R_M \dot{\varepsilon}_M j - R_M \dot{\beta}_M \cos\varepsilon_M k)$$

$$(4-28)$$

设导弹的法向加速度矢量为 a_{M_n}，则

$$a_{M_n} = a_M - a_{M_t}$$

由式（4-27）、式（4-28）可得 a_{M_n} 在导弹测量坐标系的表达式为

$$a_{M_n} = \left(-\frac{\dot{V}}{V}\dot{R}_M + \ddot{R}_M - R_M \dot{\varepsilon}_M^2 - R_M \dot{\beta}_M^2 \cos^2\varepsilon_M\right)i +$$

$$\left[\left(2\dot{R}_M - \frac{\dot{V}}{V}R_M\right)\dot{\varepsilon}_M + R_M(\ddot{\varepsilon}_M + \dot{\beta}_M^2 \cos\varepsilon_M \sin\varepsilon_M)\right]j -$$

$$\left[\left(2\dot{R}_M - \frac{\dot{V}}{V}R_M\right)\dot{\beta}_M \cos\varepsilon_M + R_M(\ddot{\beta}_M \cos\varepsilon_M - 2\dot{\varepsilon}_M \dot{\beta}_M \sin\varepsilon_M)\right]k$$

可见，a_{M_n} 在导弹测量坐标系 $O_c y_{mc}$、$O_c z_{mc}$ 轴上的投影分量 $a_{M_{ny}}$、$a_{M_{nz}}$ 为

$$
\left.
\begin{aligned}
a_{M_{ny}} &= \left(2\dot{R}_M - \frac{\dot{V}}{V}R_M\right)\dot{\varepsilon}_M + R_M(\ddot{\varepsilon}_M + \dot{\beta}_M^2\cos\varepsilon_M\sin\varepsilon_M) \\
a_{M_{nz}} &= -\left(2\dot{R}_M - \frac{\dot{V}}{V}R_M\right)\dot{\beta}_M\cos\varepsilon_M - R_M(\ddot{\beta}_M\cos\varepsilon_M - 2\dot{\varepsilon}_M\dot{\beta}_M\sin\varepsilon_M)
\end{aligned}
\right\}
$$

$$(4-29)$$

对于三点法，由于 $\varepsilon_M = \varepsilon_T$，$\beta_M = \beta_T$，由式（4-29）可得，$\boldsymbol{a}_{M_n}$ 在导弹测量坐标系 $O_c y_{mc}$、$O_c z_{mc}$ 轴上的投影分量 $a_{M_{ny}}$、$a_{M_{nz}}$ 为

$$
\left.
\begin{aligned}
a_{M_{ny}} &= \left(2\dot{R}_M - \frac{\dot{V}}{V}R_M\right)\dot{\varepsilon}_T + R_M(\ddot{\varepsilon}_T + \dot{\beta}_T^2\cos\varepsilon_T\sin\varepsilon_T) \\
a_{M_{nz}} &= -\left(2\dot{R}_M - \frac{\dot{V}}{V}R_M\right)\dot{\beta}_T\cos\varepsilon_T - R_M(\ddot{\beta}_T\cos\varepsilon_T - 2\dot{\varepsilon}_T\dot{\beta}_T\sin\varepsilon_T)
\end{aligned}
\right\}
$$

$$(4-30)$$

对于半前置点法，由于 $\varepsilon_M = \varepsilon_T + \Delta\varepsilon$，$\beta_M = \beta_T + \Delta\beta$，由式（4-29）可得，$\boldsymbol{a}_{M_n}$ 在导弹测量坐标系 $O_c y_{mc}$、$O_c z_{mc}$ 轴上的投影分量 $a_{M_{ny}}$、$a_{M_{nz}}$ 为

$$
\left.
\begin{aligned}
a_{M_{ny}} = &\left(2\dot{R}_M - \frac{\dot{V}}{V}R_M\right)(\dot{\varepsilon}_T + \Delta\dot{\varepsilon}) + \\
&R_M[\ddot{\varepsilon}_T + \Delta\ddot{\varepsilon} + (\dot{\beta}_T + \Delta\dot{\beta})^2\cos(\varepsilon_T + \Delta\varepsilon)\sin(\varepsilon_T + \Delta\varepsilon)] \\
a_{M_{nz}} = &-\left(2\dot{R}_M - \frac{\dot{V}}{V}R_M\right)(\dot{\beta}_T + \Delta\dot{\beta})\cos(\varepsilon_T + \Delta\varepsilon) - \\
&R_M[(\ddot{\beta}_T + \Delta\ddot{\beta})\cos(\varepsilon_T + \Delta\varepsilon) - 2(\dot{\varepsilon}_T + \Delta\dot{\varepsilon})(\dot{\beta}_T + \Delta\dot{\beta})\sin(\varepsilon_T + \Delta\varepsilon)]
\end{aligned}
\right\}
$$

$$(4-31)$$

采用式（4-30）和式（4-31）作为实际引入制导回路的动态补偿函数，习惯上称其为开路过载直接补偿[7]。

式（4-30）和式（4-31）为动态补偿函数最完整的形式，在实际的使用过程中可根据制导站的测量信息进行适当的简化。

4.6.4　扭角补偿模型

制导站在目标测量坐标系下测量导弹的位置坐标，即制导指令是在目标测量坐标系形成的。若目标测量坐标系与弹道坐标系不一致，在测量导弹的坐标信号时，相当于自动进行了一次坐标变换。若测量得到的信号形成误差信号后，不经过一次坐标反变换而直接发送到弹上去，会造成控制误差和制导回路稳定裕度下降。所以，空间扭角是由于目标测量坐标系和弹道坐标系的不一致造成的。而在实际中，由于导弹攻角、侧滑角和速度倾斜角未知，只能考虑目标测量坐标系与弹体坐标系的不一致。即认为空间扭角是目标测量坐标系三个轴与弹体坐标系三个轴的夹角。故空间扭角可通过目标测量坐标系与弹体坐标系之间的关系求得。

在通常情况下，三个轴都会发生扭转，即目标测量坐标系任一轴的指向与弹体坐标系的相对应轴都不重合，这样的扭转称为空间扭转。但是，在实际的遥控指令制导系统中，控制指令的形成和实施均是两维状态，可近似认为目标测量坐标系的 $O_c x_{tc}$ 轴和弹体坐标系的 Ox_b 轴平行，只是 $O_c y_{tc}$ 和 $O_c z_{tc}$ 轴与 Oy_b 和 Oz_b 轴有相对扭转，这样的扭转称为平面扭转。

因为 $O_c x_{tc}$ 轴和 Ox_b 轴平行，所以，平面扭角

$$\tau_\square = \tau_2 - \tau_1 \tag{4·32}$$

式中　τ_1——目标测量坐标系绕 $O_c x_{tc}$ 轴的扭角；

τ_2——弹体坐标系绕 Ox_b 轴的扭角。

在导弹发射瞬时有 $\tau_2 = \tau_1 = 0$，在导弹飞行过程中，弹体坐标系自身不绕 Ox_b 轴转动，因此有 $\tau_2 = 0$ 及 $\tau_\square = -\tau_1$。为便于计算，应求出目标测量坐标系绕 $O_c x_{tc}$ 轴的角速度 $\dot{\tau}_\square$，目标测量坐标系以角速度 $\dot{\varepsilon}_T$ 和 $\dot{\beta}_T$ 旋转，如图 4-15 所示，故目标测量坐标系绕 $O_c x_{tc}$ 轴的角速度为

$$\dot{\tau}_\square = \dot{\varepsilon}_{Tx} + \dot{\beta}_{Tx} \tag{4-33}$$

式中，$\dot{\varepsilon}_{Tx}$、$\dot{\beta}_{Tx}$ 为 $\dot{\varepsilon}_T$ 和 $\dot{\beta}_T$ 在 $O_c x_{tc}$ 轴上的投影分量。由于 $\dot{\varepsilon}_T$ 垂直于 $O_c x_{tc}$ 轴，故 $\dot{\varepsilon}_{Tx} = 0$，而 $\dot{\beta}_{Tx} = \dot{\beta}_T \sin\varepsilon_T$，所以有

$$\dot{\tau}_\square = \dot{\beta}_T \sin\varepsilon_T \tag{4-34}$$

式（4-34）积分可得平面扭角的表达式

$$\tau_\square = \tau_0 + \int_0^t \dot{\beta}_T \sin\varepsilon_T \mathrm{d}t \tag{4-35}$$

在导弹发射时刻的平面扭角为零，则式（4-35）可表示为

$$\tau_\square = \int_0^t \dot{\beta}_T \sin\varepsilon_T \mathrm{d}t \tag{4-36}$$

由式（4-36）可知，当目标高低角 ε_T 最大时，平面扭角 $\tau_\square$ 最大。

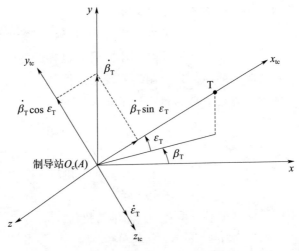

图 4-15   目标测量坐标系的转动

4.6.5   制导回路模型

不考虑扭角补偿，以纵向制导为例的遥控指令制导面空导弹制导回路模型如图 4-16 所示。

不考虑动态误差补偿和重力补偿，指令传输装置的延迟和惯性，

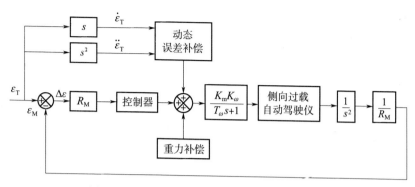

图 4 - 16 遥控指令制导面空导弹制导回路模型

侧向自动驾驶仪简化为二阶环节，回路中同时存在 R_M 及 $1/R_M$，可略去 R_M 的影响，制导回路的模型可简化，如图 4 - 17 所示。

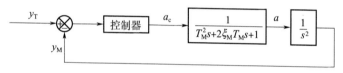

图 4 - 17 遥控指令制导面空导弹制导回路简化模型

4.7 遥控指令制导面空导弹制导回路分析

由图 4 - 16 可知，遥控指令制导系统是一种前馈-反馈复合控制系统，由动态误差补偿实现前馈控制。反馈控制器实现基本的闭环负反馈，前馈控制器实现对输入信号的补偿，由于负反馈的作用使得前馈未补偿部分的影响大大减小，从而对前馈控制器的要求降低，前馈控制的及时以及反馈控制的精确使得复合控制的效果更好[8]。

由图 4 - 17 可知，在遥控指令制导面空导弹制导回路中，存在两个积分环节，会带来 $-180°$ 相移，考虑过载自动驾驶仪引起的相位滞后，在回路没有控制器的情况下系统是不稳定的。为了使系统稳定，必须在回路中引入控制器，对系统进行相位校正，系统可获得的相位裕度为截止频率处控制器提供的超前相校正 $\Delta\phi$ 减去过载自动驾驶仪产生的相位滞后[9]。

4.8　遥控指令制导面空导弹制导回路设计

遥控指令制导面空导弹制导回路的设计即为回路中控制器的设计，控制器可采用校正网络或者 PID 控制器。关于回路中控制器的设计，读者可参考相关文献。

参 考 文 献

[1] 钱杏芳，林瑞雄，赵亚男. 导弹飞行力学 ［M］. 北京：北京理工大学出版社，2000.

[2] 张有济. 战术导弹飞行力学设计 ［M］. 北京：宇航出版社，1996.

[3] 孟秀云. 导弹制导与控制系统原理 ［M］. 北京：北京理工大学出版社，2003.

[4] 杨建军. 地空导弹武器系统概论 ［M］. 北京：国防工业出版社，2006.

[5] 罗霄. 法国"海响尾蛇"导弹对付机动目标的能力估计 ［J］. 现代防御技术，2002，28（1）：35 - 41.

[6] 娄寿春. 导弹制导技术 ［M］. 北京：宇航出版社，1989.

[7] 彭冠一. 防空导弹武器制导控制系统设计（上）［M］. 北京：宇航出版社，1996.

[8] 王海涛，李为吉，李小朋，等. 前馈反馈控制在主动控制起落架中的应用 ［J］. 测试技术，2004，23（1）：31 - 33.

[9] 祁载康. 战术导弹制导控制系统设计 ［M］. 北京：中国宇航出版社，2018.

[10] 孙冀伟，刘丹，祁载康. 三点法制导回路无量纲参数最优设计 ［J］. 弹箭与制导学报，2003，23（1）：31 - 34.

[11] 夏群力，魏先利，祁载康. 地空导弹视线指令制导系统目标跟踪装置模型研究 ［J］. 弹箭与制导学报，2004，24（3）：1 - 4.

[12] A A 列别捷夫，B A 卡拉巴诺夫. 无人驾驶飞行器控制系统动力学 ［M］. 哈尔滨：哈尔滨工业大学出版社，1990.

[13] GENE F FRANKLIN，J DVAVID POWELL，ABBAS EMAMI - NAEINI. Feedback Control of Dynamic Systems ［M］. 4th ed. Prentice - Hall，2002.

第 5 章　寻的制导面空导弹制导律

5.1　引言

在面空导弹中，除了采用本书上一章介绍的遥控指令制导外，寻的制导是另外一种常用的制导方式。寻的制导利用装在弹上的导引头接收目标辐射或反射的能量，确定目标和导弹的相对位置，在弹上形成控制信号，自动将导弹导向目标。寻的制导面空导弹采用导引头测量弹目视线角速度，实现比例导引制导律或者在其基础上扩展的制导律。

本章给出了比例导引制导律、增强比例导引制导律和最优制导律的制导回路结构及实现方法。

5.2　坐标系和角度的定义

5.2.1　坐标系定义

（1）视线坐标系 $Ox_sy_sz_s$

视线坐标系 $Ox_sy_sz_s$ 与导弹弹体固联。O 点取在导弹质心。Ox_s 轴与导弹质心和目标质心的连线重合，指向目标为正。Oy_s 轴在包含视线的铅垂面内，垂直于 Ox_s 轴，指向上方为正。Oz_s 轴垂直于 Ox_sy_s 平面，其正向按右手法则定义。

（2）导引头天线坐标系 $Ox_ay_az_a$

导引头天线坐标系 $Ox_ay_az_a$ 与导弹弹体固联。O 点取在导引头天线的回转中心。Ox_a 轴与导引头的天线轴重合，指向前方为正。Oy_a 轴与导引头的内框轴重合，垂直于 Ox_a 轴，指向上方为正。Oz_a

轴垂直于 $Ox_a y_a$ 平面，其正向按右手法则定义。

5.2.2　角度定义

（1）高低视线角 q_ε

导弹质心与目标质心连线与水平面 $Ax_g z_g$ 之间的夹角。

（2）方位视线角 q_β

导弹质心与目标质心连线在水平面 $Ax_g z_g$ 上的投影与 Ax_g 轴之间的夹角。

（3）俯仰框架角 ϕ_z

导引头的外框架角。

（4）方位框架角 ϕ_y

导引头的内框架角。

（5）y 向角误差 ε_y

视线与导引头天线轴的夹角在 y 方向的分量。

（6）z 向角误差 ε_z

视线与导引头天线轴的夹角在 z 方向的分量。

5.2.3　坐标系之间的关系

（1）发射坐标系和视线坐标系

发射坐标系与视线坐标系通过 2 个 Euler 角相联系：

$$S_g \xrightarrow{\boldsymbol{L}_y(q_\beta)} \xrightarrow{\boldsymbol{L}_z(q_\varepsilon)} S_s$$

（2）弹体坐标系和导引头天线坐标系

弹体坐标系与导引头天线坐标系通过 2 个 Euler 角相联系：

$$S_b \xrightarrow{\boldsymbol{L}_y(\phi_y)} \xrightarrow{\boldsymbol{L}_z(\phi_z)} S_a$$

（3）视线坐标系和导引头天线坐标系

视线坐标系与导引头天线坐标系通过 2 个 Euler 角相联系：

$$S_s \xrightarrow{\boldsymbol{L}_y(\varepsilon_{zH})} \xrightarrow{\boldsymbol{L}_z(\varepsilon_y)} S_a$$

视线坐标系与导引头天线坐标系也可通过另外 2 个 Euler 角相

联系:

$$S_s \xrightarrow{\boldsymbol{L}_z(\varepsilon_yV)} \xrightarrow{\boldsymbol{L}_z(\varepsilon_z)} S_a$$

各坐标系之间的综合关系如图 5-1 所示。

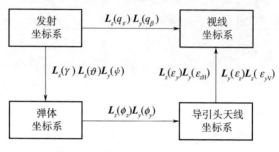

图 5-1　各坐标系之间的综合关系

5.3　比例导引制导律

5.3.1　制导回路结构

不失一般性,假设在末制导段导弹与目标之间的相对几何关系如图 5-2 所示。

设导弹和目标已经在飞行交会的轨迹上,V_m 和 V_t 分别为导弹和目标的速度,均为常值。导弹和目标在上述轨迹上均出现扰动, y_m 是导弹垂直于弹目视线方向的扰动量,y_t 是目标垂直于弹目视线方向的扰动量,两者相对位置的误差为 $y = y_t - y_m$,有 $\ddot{y} = a_t - a_m$,注意这里的导弹加速度方向和目标加速度方向均垂直于弹目视线。q 为由导弹和目标扰动而产生的弹目视线角。

比例导引制导律的形式为 $a_c = NV_r\dot{q}$, a_c 为导弹加速度指令,N 为导航比,V_r 为弹目相对速度。

由图 5-2 和比例导引制导律的形式,可建立比例导引制导律的制导回路结构,如图 5-3 所示。回路中存在 3 个动力学环节,分别为导引头动力学环节、制导滤波器动力学环节和过载自动驾驶仪动力学环节。

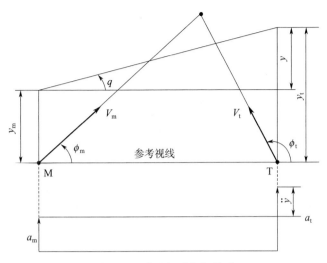

图 5-2　弹目相对几何关系

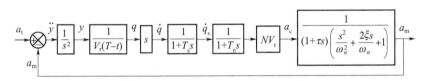

图 5-3　比例导引制导律的制导回路结构

导引头可由一阶系统表示，其动力学模型为 $1/(1+T_s s)$ ，T_s 为导引头时间常数。制导滤波器可由一阶系统表示，其动力学模型为 $1/(1+T_n s)$ ，T_n 为制导滤波器时间常数。过载自动驾驶仪采用三回路过载自动驾驶仪，可由三阶系统表示，其动力学模型为

$$\dfrac{1}{(1+\tau s)\left(\dfrac{s^2}{\omega_n^2}+\dfrac{2\xi s}{\omega_n}+1\right)}。$$

由图 5-3 可知，制导回路动力学的传递函数为

$$G(s)=\dfrac{1}{(1+T_s s)(1+T_n s)(1+\tau s)\left(\dfrac{s^2}{\omega_n^2}+\dfrac{2\xi s}{\omega_n}+1\right)} \quad (5-1)$$

由图 5-3 可知，寻的制导面空导弹的制导回路为线性时变系统，这一点与遥控指令制导面空导弹制导回路是不同的。

制导回路动力学简化为一阶滞后环节

$$G(s) = \frac{1}{T_g s + 1} \qquad (5-2)$$

式中　　T_g——制导回路等效时间常数。

制导回路结构可简化为图 5-4。

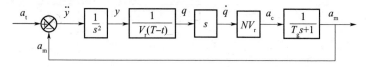

图 5-4　制导回路动力学简化为一阶滞后环节的制导回路结构

5.3.2　初始航向误差影响

5.3.2.1　无限控制刚度

考虑控制刚度无限大，即末制导时间与制导回路等效时间常数的比值 T/T_g 为无穷大，制导回路无动力学滞后，$T_g = 0$。

比例导引末制导开始时刻，垂直于弹目视线的弹目相对速度 $V(0)$ 为比例导引的初始航向误差，如图 5-5 所示，可知

$$V(0) = V_m \varepsilon' \cos\phi_m$$

令 $\varepsilon = \varepsilon' \cos\phi_m$，可得

$$V(0) = V_m \varepsilon$$

考虑初始航向误差无动力学滞后的制导回路结构如图 5-6 所示，简化后的结构如图 5-7 所示。

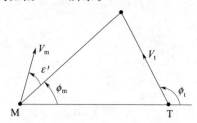

图 5-5　考虑初始航向误差的弹目相对几何关系

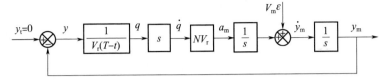

图 5 - 6　考虑初始航向误差无动力学滞后的制导回路结构

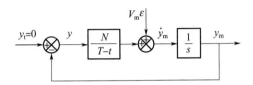

图 5 - 7　考虑初始航向误差无动力学滞后的制导回路简化结构

由图 5 - 7 可得 $V_m\varepsilon$ 与 y_m 之间的传递函数

$$\frac{y_m}{V_m\varepsilon}=\frac{\dfrac{1}{s}}{1+\left(\dfrac{1}{s}\right)\left(\dfrac{N}{T-t}\right)}=\frac{1}{s+\dfrac{N}{T-t}} \qquad (5-3)$$

式 （5 - 3） 表示为线性时变微分方程

$$\dot{y}_m+\left(\frac{N}{T-t}\right)y_m=V_m\varepsilon \qquad (5-4)$$

微分方程 （5 - 4） 的解为

$$y_m=V_m\varepsilon\,\frac{T\left(1-\dfrac{t}{T}\right)}{(N-1)}\left[1-\left(1-\frac{t}{T}\right)^{N-1}\right] \qquad (5-5)$$

这里直接给出结果，详细的求解过程见附录。

由式 （5 - 5） 可得导弹的无量纲位移

$$\frac{y_m}{V_m\varepsilon T}=\frac{\left(1-\dfrac{t}{T}\right)}{(N-1)}\left[1-\left(1-\frac{t}{T}\right)^{N-1}\right] \qquad (5-6)$$

式 （5 - 6） 中的 y_m 对时间 t 求导可得

$$\frac{\dot{y}_m}{V_m\varepsilon}=-\frac{1}{(N-1)}\left[1-N\left(1-\frac{t}{T}\right)^{N-1}\right] \qquad (5-7)$$

式（5－7）中的 $\dot{y}_{\mathrm{m}}$ 对时间 t 求导可得

$$-\frac{\ddot{y}_{\mathrm{m}}T}{V_{\mathrm{m}}\varepsilon}=N\left(1-\frac{t}{T}\right)^{N-2} \tag{5-8}$$

由于 $\ddot{y}_{\mathrm{m}}=a_{\mathrm{m}}$ ，由式（5－8）可得导弹无量纲加速度

$$-\frac{a_{\mathrm{m}}T}{V_{\mathrm{m}}\varepsilon}=N\left(1-\frac{t}{T}\right)^{N-2} \tag{5-9}$$

由式（5－9）可得考虑初始航向误差不同导航比对应的无量纲加速度，如图5－8所示。由图5－8可知，当 $N<2$ 时，导弹的需用加速度发散；当 $N=2$ 时，导弹的需用加速度为常值；当 $N=3$ 时，导弹的需用加速度随时间按直线减小；当 $N>3$ 以后，随着 N 增加初始需用加速度增大，但后期需用加速度减小。

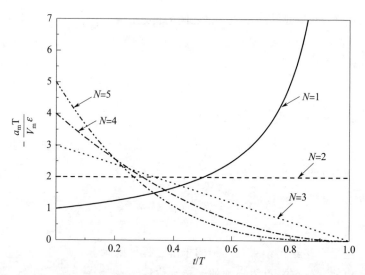

图5－8　考虑初始航向误差不同导航比对应的无量纲加速度

5.3.2.2　有限控制刚度

考虑控制刚度有限，即存在制导回路的动力学滞后。考虑初始航向误差存在动力学滞后的制导回路结构如图5－9所示。

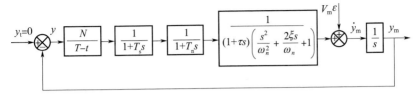

图 5 - 9　考虑初始航向误差存在动力学滞后的制导回路结构

研究考虑初始航向误差导弹加速度的变化规律。由图 5 - 9 可得该问题对应的制导回路结构如图 5 - 10 所示。

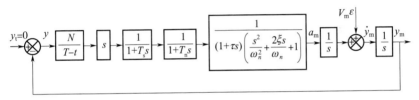

图 5 - 10　考虑初始航向误差存在动力学滞后的制导回路结构

图 5 - 10 及本章后面相关内容的仿真条件为 $T_s = 0.15\text{s}$，$T_n = 0.15\text{s}$，$\tau = 0.3\text{s}$，$\omega_n = 35\text{rad/s}$，$\xi = 0.7$。

由式（5 - 1）可知，制导回路动力学为五阶系统。将五阶系统的等效时间常数定义为动态响应达到其稳态值 63.2% 所需要的时间。在此定义下，该时间常数并不能准确地等于所谓"一阶时间常数"，但能较好地近似表征实际响应[1]。制导回路动力学五阶系统和等效一阶系统的单位阶跃响应如图 5 - 11 所示。由图 5 - 11 可知，五阶系统的动态响应达到其稳态值 63.2% 所需要的时间为 0.683 8 s，从而可得等效一阶系统的时间常数 $T_g = 0.683\ 8\text{s}$。

定义无量纲加速度为 $-\dfrac{a_m T}{V_m \varepsilon}$，定义无量纲末制导时间为 T/T_g。由图 5 - 10 可得 $N = 4$ 时考虑初始航向误差不同无量纲末制导时间对应的无量纲加速度，如图 5 - 12 所示。由图 5 - 12 可知，随着无量纲末制导时间 T/T_g 的加长，加速度更加接近于无动力学滞后的加速度，无量纲末制导时间 T/T_g 越小，最大加速度越大。

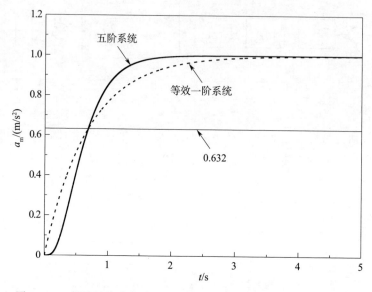

图 5 - 11　制导回路动力学五阶系统和等效一阶系统的单位阶跃响应

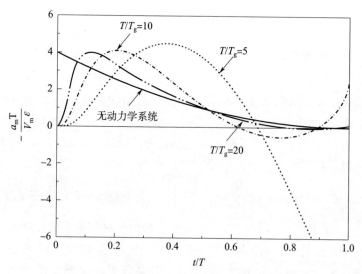

图 5 - 12　$N = 4$ 时考虑初始航向误差不同无量纲末制导时间对应的无量纲加速度

制导终端脱靶量为 y_{miss}，定义无量纲脱靶量为 $\dfrac{y_{miss}}{V_m T_g \epsilon}$。由图 5 - 9 可得考虑初始航向误差不同导航比对应的无量纲脱靶量，如图 5 - 13 所示。由图5 - 13 可知，存在动力学滞后的情况下，末制导时间对脱靶量影响很大，为了保证脱靶量收敛，末制导时间 T 应大于制导回路等效时间常数 T_g 的 10 倍。

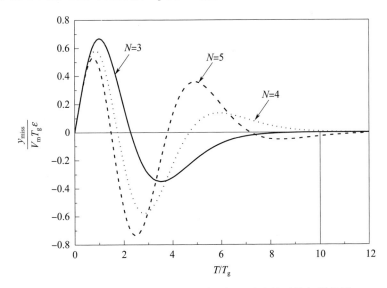

图 5 - 13　考虑初始航向误差不同导航比对应的无量纲脱靶量

5.3.3　目标机动影响

5.3.3.1　无限控制刚度

当目标存在垂直于弹目视线的常值机动时，无动力学滞后的制导回路结构如图 5 - 14 所示。图 5 - 14 等效后的结构如图 5 - 15 所示。

由图 5 - 15 可得线性时变微分方程

$$\dot{y} + \left(\frac{N}{T-t}\right)y = a_t t \qquad (5-10)$$

微分方程（5 - 10）的解为

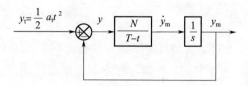

图 5-14　考虑目标常值机动无动力学滞后的制导回路结构

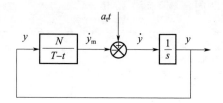

图 5-15　考虑目标常值机动无动力学滞后的制导回路等效结构

$$y = \frac{a_t \left(1 - \dfrac{t}{T}\right) T^2}{(N-1)(N-2)} \left[(N-1) \frac{t}{T} - 1 + \left(1 - \frac{t}{T}\right)^{N-1} \right]$$
$$(5-11)$$

这里直接给出结果，详细的求解过程见附录。

式（5-11）两次对时间 t 求导可得

$$\ddot{y} = \frac{a_t}{(N-2)} \left[N \left(1 - \frac{t}{T}\right)^{N-2} - 2 \right] \qquad (5-12)$$

由于

$$y_m = \frac{1}{2} a_t t^2 - y \qquad (5-13)$$

式（5-13）两次对时间 t 求导可得

$$\ddot{y}_m = a_t - \ddot{y} \qquad (5-14)$$

由于

$$\ddot{y}_m = a_m \qquad (5-15)$$

由式（5-12）、式（5-14）和式（5-15）可得导弹无量纲加速度

$$\frac{a_m}{u_t} = \left(\frac{N}{N-2}\right) \left[1 - \left(1 - \frac{t}{T}\right)^{N-2} \right] \qquad (5-16)$$

当 $t = T$ 时，有

$$\frac{a_m}{a_t} = \frac{N}{N-2}$$

由式（5-16）可得考虑目标常值机动不同导航比对应的无量纲加速度，如图 5-16 所示。

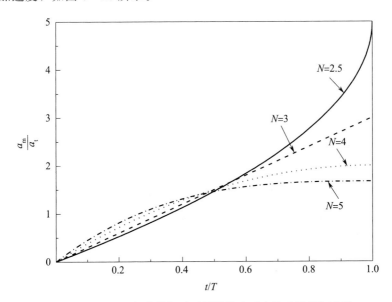

图 5-16 考虑目标常值机动不同导航比对应的无量纲加速度

由图 5-16 可知，当 $N < 3$ 时，在制导末端导弹的需用加速度发散；当 $N = 3$ 时，在制导末端导弹的需用加速度是目标机动加速度的 3 倍；当 $N = 4$ 时，在制导末端导弹的需用加速度是目标机动加速度的 2 倍；当 $N > 3$ 时，随着 N 的增加，导弹初始需用加速度增大，但末端需用加速度减小。美国 RAM 舰空导弹采用红外成像导引头，测角噪声小，为了增强拦截机动目标的能力，在末制导段采用大导航比的比例导引制导律[2]。

5.3.3.2 有限控制刚度

考虑控制刚度有限，即存在制导回路的动力学滞后。考虑目标常值机动存在动力学滞后的制导回路结构如图 5 - 17 所示。

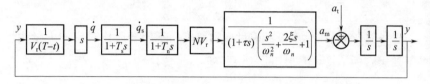

图 5 - 17　考虑目标常值机动存在动力学滞后的制导回路结构

　　研究考虑目标常值机动导弹加速度的变化规律。定义无量纲加速度为 $\dfrac{a_m}{a_t}$ ，由图 5 - 17 可得 $N = 4$ 时考虑目标常值机动不同无量纲末制导时间对应的无量纲加速度，如图 5 - 18 所示。由图 5 - 18 可知，当末制导时间小于 10 倍制导回路等效时间常数 T_g 时，导弹加速度会偏离无动力滞后的导弹加速度，从而造成脱靶量增大。因此，在存在动力学滞后的情况下攻击机动目标时，为了保证脱靶量收敛，同样末制导时间 T 应大于制导回路等效时间常数 T_g 的 10 倍[3]。

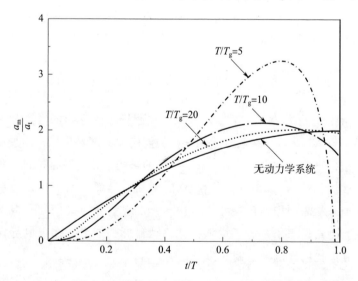

图 5 - 18　$N = 4$ 时考虑目标常值机动不同无量纲末制导时间对应的无量纲加速度

由图 5-17 可得 $T/T_g = 10$ 时考虑目标常值机动不同导航比对应的无量纲加速度，如图 5-19 所示。由图 5-19 可知，攻击机动目标时，导航比 N 应大于 3。否则，在制导末端，导弹的需用加速度会发散，从而产生较大的脱靶量[3]。

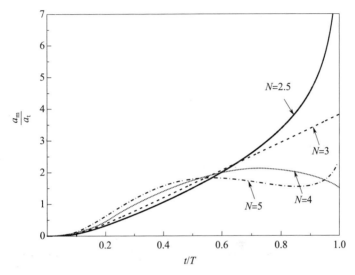

图 5-19　$T/T_g = 10$ 时考虑目标常值机动不同导航比对应的无量纲加速度

定义无量纲脱靶量为 $\dfrac{y_{\text{miss}}}{a_t T_g^2}$，由图 5-17 可得考虑目标常值机动不同导航比对应的无量纲脱靶量，如图 5-20 所示。由图 5-20 可知，目标常值机动时，为保证脱靶量收敛，导航比 N 应大于 3，末制导时间 T 应大于制导回路等效时间常数 T_g 的 10 倍[3]。

5.3.4　末制导时间和导航比要求

由前面两节的分析结论，考虑初始航向误差和目标机动对比例导引制导律的影响，在使用比例导引制导律时，要求末制导时间 T 大于 10 倍制导回路等效时间常数 T_g，末制导导航比 N 大于 3。

对于复合制导面空导弹，为了减小中制导段导弹的速度损失，

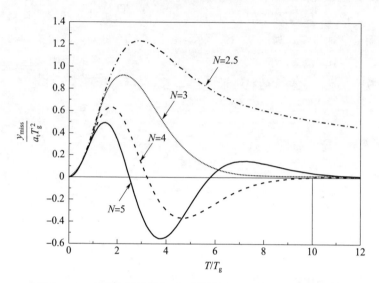

图 5-20　考虑目标常值机动不同导航比对应的无量纲脱靶量

通常中制导的导航比小于末制导的导航比，美国"爱国者-2"地空导弹中制导的导航比为 2，末制导的导航比为 3.5[4]，RAM 舰空导弹中制导的导航比也小于末制导的导航比[2]。

5.3.5　工程实现

比例导引制导律中加速度指令 a_c 的方向垂直于弹目视线，有的文献也称之为真比例导引制导律（True Proportional Navigation, TPN）。导弹的弹体纵轴方向与弹目视线方向是不一致的，为了实现比例导引制导律，需要将弹目视线方向的加速度指令变换到弹体坐标系下。

由于导引头稳定跟踪目标过程中，y 向角误差 ε_y 和 z 向角误差 ε_z 较小，可近似认为 5.2 节中的视线坐标系与导引头天线坐标系重合，利用导引头天线坐标系与弹体坐标系之间的关系即可近似得到视线坐标系与弹体坐标系之间的关系。导引头天线坐标系与弹体坐标系之间的关系可通过导引头的两个框架角获得。

由 5.2 节导引头天线坐标系与弹体坐标系之间的关系，可得导引头天线坐标系和弹体坐标系下导弹加速度的关系

$$\begin{bmatrix} a_{LOS_x} \\ a_{LOS_y} \\ a_{LOS_z} \end{bmatrix} = \begin{bmatrix} \cos\phi_y\cos\phi_z & \sin\phi_z & -\sin\phi_y\cos\phi_z \\ -\cos\phi_y\sin\phi_z & \cos\phi_z & \sin\phi_y\sin\phi_z \\ \sin\phi_y & 0 & \cos\phi_y \end{bmatrix} \begin{bmatrix} a_x \\ a_y \\ a_z \end{bmatrix}$$

$$(5-17)$$

式中　a_{LOS_x}、a_{LOS_y} 和 a_{LOS_z}——导弹加速度在导引头天线坐标系各轴上的投影分量；

　　a_x、a_y 和 a_z——导弹加速度在弹体坐标系各轴上的投影分量。

由于

$$\begin{bmatrix} a_{LOS_y} \\ a_{LOS_z} \end{bmatrix} = \begin{bmatrix} NV_r\dot{q}_z \\ NV_r\dot{q}_y \end{bmatrix}$$

展开式（5-17）中的第三式，可得

$$a_z = \frac{NV_r\dot{q}_y}{\cos\phi_y} - a_x\tan\phi_y \qquad (5-18)$$

式（5-18）代入式（5-17）中的第二式，可得

$$a_y = \frac{NV_r\dot{q}_z}{\cos\phi_z} - NV_r\dot{q}_y\tan\phi_y\tan\phi_z + a_x\frac{\tan\phi_z}{\cos\phi_y} \qquad (5-19)$$

由于导弹在弹体坐标系 x 向的加速度不进行控制，由式（5-18）和式（5-19）可得导弹的加速度指令

$$\begin{cases} a_{cy} = \dfrac{NV_r\dot{q}_z}{\cos\phi_z} - NV_r\dot{q}_y\tan\phi_y\tan\phi_z + a_x\dfrac{\tan\phi_z}{\cos\phi_y} \\ a_{cz} = \dfrac{NV_r\dot{q}_y}{\cos\phi_y} - a_x\tan\phi_y \end{cases}$$

5.4　增强比例导引制导律

由图 5-16 可知，在只考虑目标机动而不对其进行补偿的情况下，比例导引制导律的需用加速度是逐渐增大的。为了减小导弹拦

截机动目标的需用加速度，需要对目标机动进行补偿，由此人们提出了增强比例导引制导律（Augmented Proportional Navigation，APN），其形式为

$$a_c = N\left(V_r\dot{q} + \frac{1}{2}a_t\right)$$

5.4.1　无限控制刚度

当目标存在垂直于弹目视线的常值机动时，无动力学滞后的制导回路结构如图 5-21 所示。图 5-21 简化后的结构如图 5-22 所示。

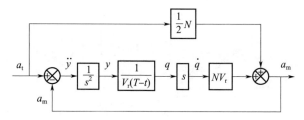

图 5-21　考虑目标常值机动无动力学滞后的制导回路结构

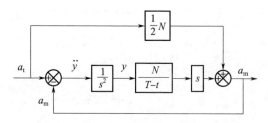

图 5-22　考虑目标常值机动无动力学滞后的制导回路简化结构

由图 5-22 可得线性时变微分方程

$$\dot{y} + \left(\frac{N}{T-t}\right)y = \left(1 - \frac{N}{2}\right)a_t t \tag{5-20}$$

微分方程（5-20）与微分方程（5-10）的解法相同，书中不再重复，直接给出微分方程（5-20）的解

$$y = -\frac{a_t\left(1-\dfrac{t}{T}\right)T^2}{2(N-1)}\left[(N-1)\frac{t}{T}-1+\left(1-\frac{t}{T}\right)^{N-1}\right] \quad (5-21)$$

式（5-21）两次对时间 t 求导可得

$$\ddot{y} = -\frac{a_t}{2}\left[N\left(1-\frac{t}{T}\right)^{N-2}-2\right] \quad (5-22)$$

由于

$$y_m = \frac{1}{2}a_t t^2 - y \quad (5-23)$$

式（5-23）两次对时间 t 求导可得

$$\ddot{y}_m = a_t - \ddot{y} \quad (5-24)$$

由于

$$\ddot{y}_m = a_m \quad (5-25)$$

由式（5-22）、式（5-24）和式（5-25）可得导弹无量纲加速度

$$\frac{a_m}{a_t} = \frac{N}{2}\left(1-\frac{t}{T}\right)^{N-2} \quad (5-26)$$

当 $t=T$ 时，有

$$\frac{a_m}{a_t} = 0$$

由式（5-26）可得考虑目标常值机动不同导航比对应的无量纲加速度，如图 5-23 所示。由图 5-23 可知，与比例导引制导律不同，无论导航比多大，增强比例导引制导律的导弹需用加速度随时间单调下降[5]，制导末端导弹的需用加速度为零。增加导航比，制导开始导弹的需用加速度增大，导弹的最大需用加速度为 $0.5Na_t$。当 $N=3$ 时，制导开始的最大需用加速度也仅为目标机动加速度的 1.5 倍[3]，增强比例导引制导律的导弹最大需用加速度是比例导引制导律的一半。增强比例导引制导律的优点在于对付机动目标，制导开始导弹的需用加速度最大而末端需用加速度最小，而比例导引制导律与之恰恰相反。

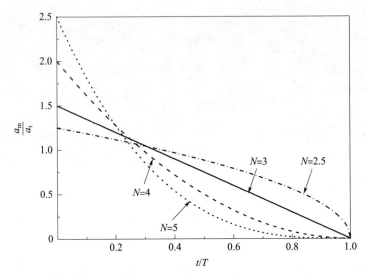

图 5 - 23　考虑目标常值机动不同导航比对应的无量纲加速度

5.4.2　有限控制刚度

控制刚度有限，即存在制导回路的动力学滞后。考虑目标常值机动存在动力学滞后的制导回路结构如图 5 - 24 所示。

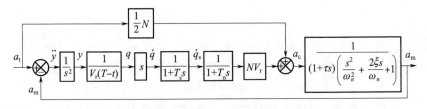

图 5 - 24　考虑目标常值机动存在动力学滞后的制导回路结构

由图 5 - 24 可得考虑目标常值机动不同导航比对应的无量纲脱靶量，如图 5 - 25 所示。由图 5 - 25 可知，与比例导引制导律相同，对于增强比例导引制导律，目标常值机动时，为保证脱靶量收敛，导航比 N 应大于 3，末制导时间 T 应大于制导回路等效时间常数 T_{g} 的 10 倍。与比例导引制导律相比，在降低由目标常值机动引起的脱靶量方面，增强比例导引制导律并没有优势。

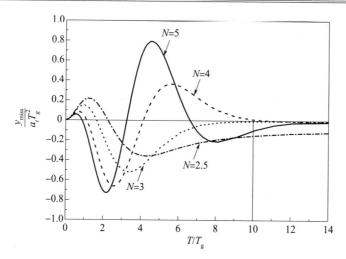

图 5-25 考虑目标常值机动不同导航比对应的无量纲脱靶量

由图 5-24 可得 $T/T_g=10$ 时考虑目标常值机动不同导航比对应的无量纲需用加速度，如图 5-26 所示。对比图 5-23 和图 5-26 可知，考虑制导回路的动力学滞后，导弹的需用加速度在末端会大幅度提高。

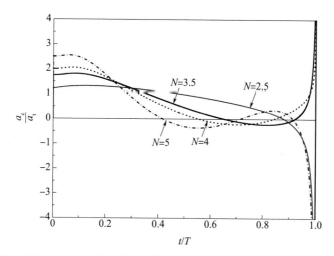

图 5-26 $T/T_g=10$ 时考虑目标常值机动不同导航比对应的无量纲需用加速度

5.5　最优制导律

对于比例导引制导律，只要目标不机动且不考虑制导回路的动力学滞后，完全可获得零脱靶量并且保证制导末端的导弹需用过载为零。但是，目标的机动和制导回路的动力学滞后总是客观存在的，在末制导时间和导弹可用过载受限并且目标进行大机动的情况下，比例导引制导律很难获得满足高精度要求的脱靶量。虽然增强比例导引制导律对目标机动进行了补偿，但在存在制导动力学的情况下，对导弹的机动性要求在末端仍是大幅度提高。是否存在一种能够在较短的末制导时间内，获得满足高精度要求的脱靶量，同时导弹过载能力满足机动需求的制导律？答案是肯定的[6]。

5.5.1　目标常值机动一阶动力学最优制导律[5]

图 5 - 4 可等效为图 5 - 27。

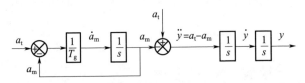

图 5 - 27　等效一阶动力学制导模型方框图

线性微分方程组可由状态方程表示

$$\dot{X} = F\dot{X} + Gu$$

由图 5 - 27 可得系统的状态方程

$$
\begin{bmatrix} \dot{y} \\ \ddot{y} \\ \dot{a}_t \\ \dot{a}_m \end{bmatrix} =
\begin{bmatrix} 0 & 1 & 0 & 0 \\ 0 & 0 & 1 & -1 \\ 0 & 0 & 0 & 0 \\ 0 & 0 & 0 & -\dfrac{1}{T_g} \end{bmatrix}
\begin{bmatrix} y \\ \dot{y} \\ a_t \\ a_m \end{bmatrix} +
\begin{bmatrix} 0 \\ 0 \\ 0 \\ \dfrac{1}{T_g} \end{bmatrix} a_c
\tag{5-27}
$$

状态方程（5 - 27）在终点时刻 T 的解为

$$X(T) = \boldsymbol{\Phi}(T-t)X(t) + \int_t^T \boldsymbol{\Phi}(T-\tau)\boldsymbol{G}u(\tau)\mathrm{d}\tau \qquad (5-28)$$

式（5-28）中，$\boldsymbol{\Phi}$ 为状态转移矩阵

$$\boldsymbol{\Phi}(t) = L^{-1}[(s\boldsymbol{I} - \boldsymbol{F})^{-1}] \qquad (5-29)$$

由式（5-29）可得状态转移矩阵

$$\boldsymbol{\Phi}(t) = \begin{bmatrix} 1 & t & 0.5t^2 & -tT_g + T_g^2(1 - \mathrm{e}^{-t/T_g}) \\ 0 & 1 & t & -T_g(1 - \mathrm{e}^{-t/T_g}) \\ 0 & 0 & 1 & 0 \\ 0 & 0 & 0 & \mathrm{e}^{-t/T_g} \end{bmatrix}$$

将状态转移矩阵代入状态方程中，第一个状态量为

$$y(T) = f(T-t) - \int_t^T h(T-\tau)a_c(\tau)\mathrm{d}\tau \qquad (5-30)$$

式（5-30）中

$$f(T-t) = y(t) + \dot{y}(t)(T-t) + 0.5a_t(T-t)^2 -$$
$$T_g^2 a_m[\mathrm{e}^{-(T-t)/T_g} + (T-t)/T_g - 1]$$
$$h(T-\tau) = T - \tau - T_g[1 - \mathrm{e}^{-(T-\tau)/T_g}]$$

在脱靶量为零的情况下，即 $y(T) = 0$，式（5-30）可写为

$$f(T-t) = \int_t^T h(T-\tau)a_c(\tau)\mathrm{d}\tau \qquad (5-31)$$

式（5-31）应用 Schwartz 不等式有

$$\int_t^T h^2(T-\tau)\mathrm{d}\tau \int_t^T a_c^2(\tau)\mathrm{d}\tau \geqslant \left[\int_t^T h(T-\tau)a_c(\tau)\mathrm{d}\tau\right]^2 = f^2(T-t)$$
$$(5-32)$$

式（5-32）表达为加速度指令的形式，有

$$\int_t^T a_c^2(\tau)\mathrm{d}\tau \geqslant \frac{f^2(T-t)}{\int_t^T h^2(T-\tau)\mathrm{d}\tau} \qquad (5-33)$$

根据 Schwartz 不等式，式（5-33）等号成立的条件为

$$a_c(\tau) = \left[\frac{f(T-\tau)}{\int_t^T h^2(T-\tau)\mathrm{d}\tau}\right]h(T-\tau) \qquad (5-34)$$

此时，加速度指令平方的积分最小。

通过计算可得

$$\int_t^T h^2(T-\tau)\,d\tau = T_g^3\left(0.5 - 0.5e^{-2t_{go}/T_g} - \frac{2t_{go}e^{-t_{go}/T_g}}{T_g} - \frac{t_{go}^2}{T_g^2} + \frac{t_{go}}{T_g} + \frac{t_{go}^3}{3T_g^3}\right)$$

(5-35)

其中

$$t_{go} = T - \tau$$

由式（5-34）可得最优制导律的表达式

$$a_c(t) = \frac{N(x)}{t_{go}^2}\left[y(t) + \dot{y}(t)t_{go} + 0.5a_t t_{go}^2 - a_m T_g^2(e^{-x} + x - 1)\right]$$

(5-36)

其中

$$N(x) = \frac{6x^2(e^{-x} - 1 + x)}{2x^3 - 6x^2 + 6x + 3 - 12xe^{-x} - 3e^{-2x}}$$

(5-37)

$$x = t_{go}/T_g$$

式（5-37）分子分母同时除以 x^3，可得有效导航比

$$N(x) = \frac{6 - 6/x + 6e^{-x}/x}{2 - 6/x + 6/x^2 + 3/x^3 - 12e^{-x}/x^2 - 3e^{-2x}/x^3}$$

若制导回路无动力学滞后，即 $T_g \to 0$，此时 $x = \frac{t_{go}}{T_g} \to \infty$，故有 $\frac{1}{x} \to 0$，$\frac{1}{x^2} \to 0$，$\frac{1}{x^3} \to 0$，$\frac{e^{-x}}{x} \to 0$，$\frac{e^{-x}}{x^2} \to 0$，$\frac{e^{-2x}}{x^3} \to 0$。因而，$N$ 的极限值为[6]

$$N\big|_{x\to\infty} = 3$$

最优制导律的有效导航比如图5-28所示。由图5-28可知，随着 T_g 减小，N 向3逼近。另外，在开始时刻，有效导航比近似为常值且接近3，接近拦截时刻，有效导航比将增大很多[5]。

由最优制导律的表达式（5-36）可知，沿视线法向的弹目相对位移和相对位移的导数不容易直接准确测量。但人们发现利用导引头输出的 $\dot{q}$，可将最优制导律进一步简化，适合工程应用[3]。

在小扰动条件下，弹目视线角为

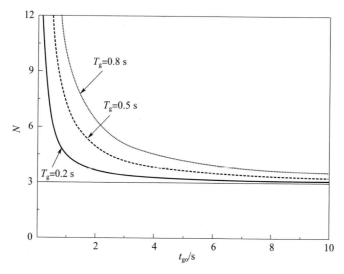

图 5 - 28　最优制导律的有效导航比

$$q = \frac{y(t)}{V_r t_{go}} \quad (5-38)$$

式 (5 - 38) 对时间 t 求导可得

$$\dot{q} = \frac{y(t)}{V_r t_{go}^2} + \frac{\dot{y}(t)}{V_r t_{go}} \quad (5-39)$$

式 (5 - 39) 代入式 (5 - 36)，可得

$$a_c(t) = N(x)V_r\dot{q} + \frac{1}{2}N(x)a_t + \left[\frac{N(x)T_g^2(1-x-e^{-x})}{t_{go}^2} \right]a_m$$

$$= N(x)V_r\dot{q} + \frac{1}{2}N(x)a_t + C(x)a_m$$

$$(5-40)$$

式 (5 - 40) 为工程上可实现的目标常值机动一阶动力学最优制导律表达式。

在工程应用中，与指令加速度相关的 $\dot{q}$ 只能是制导滤波器的输出，式 (5 - 40) 对应的制导回路结构如图 5 - 29 所示。

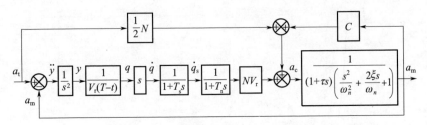

图 5 - 29　目标常值机动一阶动力学最优制导律的制导回路结构

5.5.2　目标正弦机动一阶动力学最优制导律

螺旋机动是战术弹道导弹（Tactical Ballistic Missile，TBM）再入大气层后有意或无意的一种机动模式，在经典文献中也定义为穿梭机动目标（Weaving Targets），在反舰导弹中通常认为是蛇形机动，在数学建模时，均将其等效为正弦机动模型[7]。

机动目标在平面内的表达式为

$$目标机动 = a_t \sin\omega t \tag{5-41}$$

式中　a_t——目标正弦机动的幅值；

ω——目标正弦机动的角频率。

由图 5 - 27 可得系统的状态方程

$$
\begin{bmatrix} \dot{y} \\ \ddot{y} \\ \dot{a}_t \\ \ddot{a}_t \\ \dot{a}_m \end{bmatrix} =
\begin{bmatrix}
0 & 1 & 0 & 0 & 0 \\
0 & 0 & 1 & 0 & -1 \\
0 & 0 & 0 & 1 & 0 \\
0 & 0 & -\omega^2 & 0 & 0 \\
0 & 0 & 0 & 0 & -\dfrac{1}{T_g}
\end{bmatrix}
\begin{bmatrix} y \\ \dot{y} \\ a_t \\ \dot{a}_t \\ a_m \end{bmatrix} +
\begin{bmatrix} 0 \\ 0 \\ 0 \\ 0 \\ \dfrac{1}{T_g} \end{bmatrix} a_c \tag{5-42}
$$

与 5.5.1 节同理，可得状态转移矩阵

$$\boldsymbol{\Phi}(t) = \begin{bmatrix} 1 & t & \dfrac{1-\cos\omega t}{\omega^2} & \dfrac{\omega t - \sin\omega t}{\omega^3} & -tT_g + T_g^2(1-e^{-t/T_g}) \\ 0 & 1 & \dfrac{\sin\omega t}{\omega} & \dfrac{1-\cos\omega t}{\omega^2} & -T_g(1-e^{-t/T_g}) \\ 0 & 0 & \cos\omega t & \dfrac{\sin\omega t}{\omega} & 0 \\ 0 & 0 & -\omega\sin\omega t & \cos\omega t & 0 \\ 0 & 0 & 0 & 0 & e^{-t/T_g} \end{bmatrix}$$

将状态转移矩阵代入状态方程中，第一个状态量为

$$y(T) = f(T-t) - \int_t^T h(T-\tau)a_c(\tau)d\tau \qquad (5-43)$$

其中

$$f(T-t) = y(t) + \dot{y}(t)(T-t) + \frac{1-\cos\omega(T-t)}{\omega^2}a_t +$$

$$\frac{\omega(T-t)-\sin\omega(T-t)}{\omega^3}\dot{a}_t -$$

$$T_g^2 a_m [e^{-(T-t)/T_g} + (T-t)/T_g - 1]$$

$$h(T-\tau) = T - \tau - T_g[1-e^{-(T-\tau)/T_g}]$$

在脱靶量为零的情况下，即 $y(T)=0$，式（5-43）可写为

$$f(T-t) = \int_t^T h(T-\tau)a_c(\tau)d\tau \qquad (5-44)$$

式（5-44）应用 Schwartz 不等式有

$$\int_t^T h^2(T-\tau)d\tau \int_t^T a_c^2(\tau)d\tau \geqslant \left[\int_t^T h(T-\tau)a_c(\tau)d\tau\right]^2 = f^2(T-t)$$

$$(5-45)$$

式（5-45）表达为加速度指令的形式，有

$$\int_t^T a_c^2(\tau)d\tau \geqslant \frac{f^2(T-t)}{\int_t^T h^2(T-\tau)d\tau} \qquad (5-46)$$

根据 Schwartz 不等式，式（5-46）等号成立的条件为

$$a_c(\tau) = \left[\frac{f(T-\tau)}{\int_t^T h^2(T-\tau)\,\mathrm{d}\tau}\right] h(T-\tau) \qquad (5-47)$$

此时，加速度指令平方的积分最小。

通过计算可得

$$\int_t^T h^2(T-\tau)\,\mathrm{d}\tau =$$

$$T_g^3\left(0.5 - 0.5\mathrm{e}^{-2t_{go}/T_g} - \frac{2t_{go}\mathrm{e}^{-t_{go}/T_g}}{T_g} - \frac{t_{go}^2}{T_g^2} + \frac{t_{go}}{T_g} + \frac{t_{go}^3}{3T_g^3}\right)$$

由式（5-47）可得最优制导律的表达式

$$a_c(t) = \frac{N(x)}{t_{go}^2}\left[y(t) + \dot{y}(t)t_{go} + \frac{1-\cos\omega t_{go}}{\omega^2}a_t + \right.$$

$$\left. \frac{\omega t_{go} - \sin\omega t_{go}}{\omega^3}\dot{a}_t - a_m T_g^2(\mathrm{e}^{-x} + x - 1)\right]$$

$$(5-48)$$

式（5-39）代入式（5-48），可得

$$a_c(t) = N(x)V_r\dot{q} + N(x)\frac{1-\cos\omega t_{go}}{t_{go}^2\omega^2}a_t +$$

$$N(x)\frac{\omega t_{go} - \sin\omega t_{go}}{t_{go}^2\omega^3}\dot{a}_t + \left[\frac{N(x)T_g^2(1-x-\mathrm{e}^{-x})}{t_{go}^2}\right]a_m$$

$$= N(x)V_r\dot{q} + N(x)\frac{1-\cos\omega t_{go}}{t_{go}^2\omega^2}a_t +$$

$$N(x)\frac{\omega t_{go} - \sin\omega t_{go}}{t_{go}^2\omega^3}\dot{a}_t + C(x)a_m$$

$$(5-49)$$

式（5-49）为工程上可实现的目标正弦机动一阶动力学最优制导律表达式。

在工程应用中，与指令加速度相关的 $\dot{q}$ 只能是制导滤波器的输出，式（5-49）对应的制导回路结构如图5-30所示。

由式（5-49）可得，不考虑制导回路动力学特性，目标正弦机动一阶动力学最优制导律的表达式为

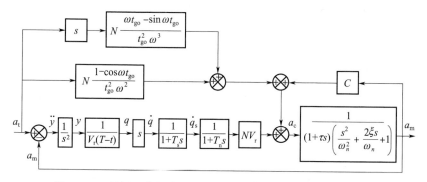

图 5 - 30　目标正弦机动一阶动力学最优制导律的制导回路结构

$$a_c(t) = 3\left(V_r \dot{q} + \frac{1 - \cos\omega t_{go}}{t_{go}^2 \omega^2} a_t + \frac{\omega t_{go} - \sin\omega t_{go}}{t_{go}^2 \omega^3} \dot{a}_t\right)$$

5.5.3　最优制导律实现

为了实现目标常值机动一阶动力学最优制导律，需要获得弹目相对速度、视线角速度、制导回路等效时间常数、导弹加速度、目标加速度和剩余飞行时间。而实现目标正弦机动一阶动力学最优制导律，还需要获得目标的机动频率和加加速度。

弹目相对速度和视线角速度可通过雷达导引头测量得到。制导回路等效时间常数可通过弹上计算机计算得到。导弹加速度可通过弹上的加速度计测量得到。目标加速度、剩余飞行时间、目标机动频率和目标加加速度可通过计算得到，有的文献提出了采用 Kalman 滤波方法。

5.5.4　最优制导律简化

5.5.4.1　不考虑动力学、考虑目标常值机动的最优制导律

若不考虑制导回路的动力学特性，制导回路的等效时间常数 $T_g = 0$，有 $x \to \infty$，$N(x) \to 3$，式（5 - 40）可写为

$$a_c = 3(V_r \dot{q} + a_t/2)$$

故不考虑制导回路的动力学特性、考虑目标机动后，最优制导律退化为导航比 N 为 3 的增强比例导引制导律。

5.5.4.2　考虑动力学、不考虑目标机动的最优制导律

若考虑制导回路的动力学特性，不考虑目标机动，式（5-40）可写为

$$a_c = N(x)V_r\dot{q} + C(x)a_m$$

5.5.4.3　不考虑动力学和目标机动的最优制导律

若不考虑制导回路的动力学特性和目标机动，式（5-40）可写为 $a_c = 3V_r\dot{q}$。故不考虑制导回路的动力学特性和目标机动后，最优制导律退化为导航比 N 为 3 的比例导引制导律。

5.5.5　最优制导律特性分析

对于最优制导律，考虑制导回路的动力学特性，参考文献 [3] 提出了两种补偿方案。方案一为全部补偿，考虑整个制导回路的动力学特性，即式（5-40）式（5-49）中与 N 和 C 相关的 T_g 为整个制导回路的等效时间常数。方案二为部分补偿，仅考虑自动驾驶仪的动力学特性，即式（5-40）和式（5-49）中与 N 和 C 相关的 T_g 为自动驾驶仪的等效时间常数。

自动驾驶仪动力学为三阶系统。将三阶系统的等效时间常数定义为动态响应达到其稳态值 63.2% 所需要的时间。自动驾驶仪动力学三阶系统和等效一阶系统的单位阶跃响应如图 5-31 所示。由图 5-31 可知，三阶系统的动态响应达到其稳态值 63.2% 所需要的时间为 0.339 7 s，从而可得等效一阶系统的时间常数 $T_g = 0.339\ 7$ s。

5.5.5.1　初始航向误差影响

考虑初始航向误差最优制导律的制导回路结构如图 5-32 所示。

由图 5-32 和式（5-9）可得考虑初始航向误差最优制导律和无制导动力学比例导引制导律（$N = 3$）的无量纲加速度，如图 5-33 所示。由图 5-33 可知，由于存在制导动力学，最优制导律的加速度从

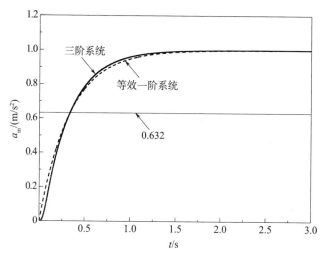

图 5-31　自动驾驶仪动力学三阶系统和等效一阶系统的单位阶跃响应

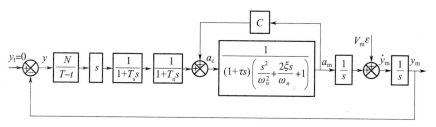

图 5-32　考虑初始航向误差最优制导律的制导回路结构

零开始增大。对于相同的无量纲末制导时间，全部补偿的最大加速度小于部分补偿的最大加速度。最优制导律的无量纲末制导时间 T/T_g 越小，最大加速度越大。

由图 5-32 和图 5-9 可得考虑初始航向误差最优制导律和比例导引制导律（$N=3$）的无量纲脱靶量，如图 5-34 所示。由图 5-34 可知，最优制导律的脱靶量小于比例导引制导律（$N=3$）的脱靶量，全部补偿最优制导律的脱靶量小于部分补偿最优制导律的脱靶量，全部补偿和部分补偿最优制导律，其脱靶量收敛时间均可由比例导引制导律的 $T/T_g > 10$ 缩小为 $T/T_g > 6$，且在同样的 T/T_g 下小于比例导引制导律的脱靶量[3]。

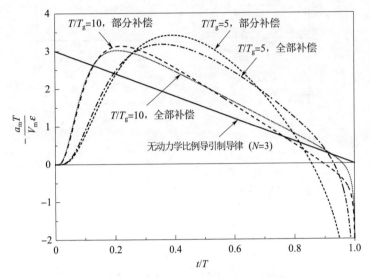

图 5 - 33　考虑初始航向误差最优制导律和无制导动力学
比例导引制导律（$N = 3$）的无量纲加速度

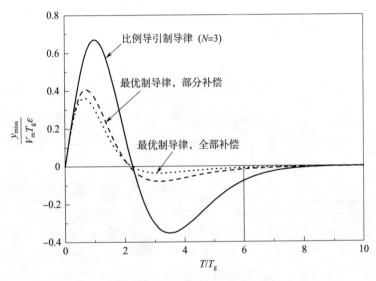

图 5 - 34　考虑初始航向误差最优制导律和比例导
引制导律（$N = 3$）的无量纲脱靶量

5.5.5.2　目标机动影响

考虑目标常值机动最优制导律的制导回路结构如图 5 - 35 所示。

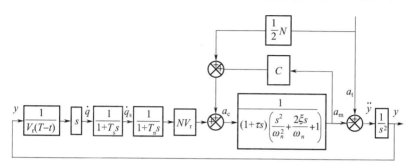

图 5 - 35　考虑目标常值机动最优制导律的制导回路结构

由图 5 - 35 和式（5 - 26）可得 $T/T_g = 10$ 时考虑目标常值机动最优制导律和无制导动力学增强比例导引制导律（$N=3$）的无量纲加速度，如图 5 - 36 所示。由图 5 - 36 可知，由于存在制导动力学，最优制导律的加速度从零开始增大。全部补偿最优制导律的最大加速度小于部分补偿最优制导律的最大加速度。

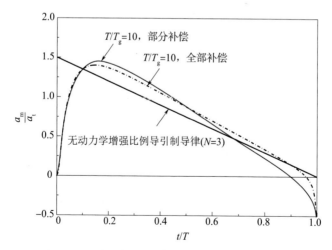

图 5 - 36　$T/T_g = 10$ 时考虑目标常值机动最优制导律和无制导动力学增强比例导引制导律（$N=3$）的无量纲加速度

由图 5-35 和图 5-17 可得考虑目标常值机动最优制导律和比例导引制导律（$N=3$）的无量纲脱靶量，如图 5-37 所示。由图 5-37 可知，在目标常值机动作用下，最优制导律的脱靶量小于比例导引制导律（$N=3$）的脱靶量，全部补偿最优制导律的脱靶量小于部分补偿最优制导律的脱靶量，全部补偿和部分补偿最优制导律，其脱靶量收敛时间均可由比例导引制导律的 $T/T_g > 10$ 缩小为 $T/T_g > 7$，且在同样的 T/T_g 下小于比例导引制导律的脱靶量[3]。

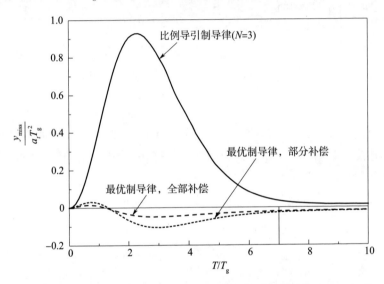

图 5-37　考虑目标常值机动最优制导律和比例导引制导律（$N=3$）的
无量纲脱靶量

考虑目标正弦机动，最优制导律的制导回路结构如图 5-38 所示。

定义无量纲加速度为 $\dfrac{a_m}{a_t}$，注意这里的 a_t 是指目标正弦机动的幅值，目标机动角频率取 2 rad/s。由图 5-38 和图 5-17 可得 T/T_g $=10$ 时考虑目标正弦机动最优制导律和比例导引制导律的无量纲加速度，如图 5-39 所示。由图 5-39 可知，与比例导引制导律相比，

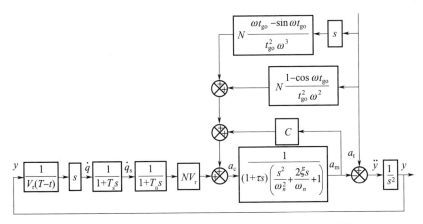

图 5 - 38　考虑目标正弦机动最优制导律的制导回路结构

在制导初期最优制导律对应的导弹就开始机动以应对目标的正弦机动。在目标正弦机动时，最优制导律的最大加速度小于比例导引制导律的最大加速度，全部补偿最优制导律的最大加速度小于部分补偿最优制导律的最大加速度。

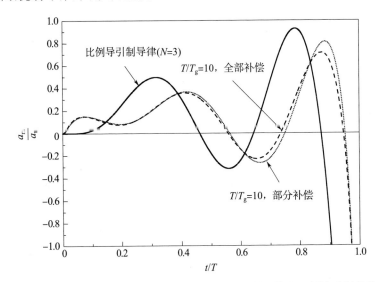

图 5 - 39　$T / T_g = 10$ 时考虑目标正弦机动最优制导律和比例导引制导律
（$N = 3$）的无量纲加速度

定义无量纲脱靶量为 $\dfrac{y_{\text{miss}}}{a_t T_g^2}$，注意这里的 a_t 是指目标正弦机动
的幅值，目标机动角频率取 2 rad/s。由图 5 - 38 和图 5 - 17 可得考虑目标正弦机动最优制导律和比例导引制导律的无量纲脱靶量，如图 5 - 40 所示。由图 5 - 40 可知，在目标正弦机动作用下，最优制导律的脱靶量小于比例导引制导律（$N = 3$）的脱靶量，全部补偿最优制导律的脱靶量小于部分补偿最优制导律的脱靶量。

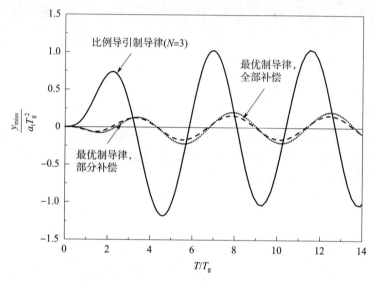

图 5 - 40　考虑目标正弦机动最优制导律和比例导引制
导律（$N = 3$）的无量纲脱靶量

全部补偿和部分补偿最优制导律相比较，首先，部分补偿最优制导律实现起来简单，只需知道自动驾驶仪的等效时间常数。其次，全部补偿最优制导律，由初始航向误差导致的无量纲加速度和无量纲脱靶量小，但相差并不大，由目标机动导致的无量纲加速度和无量纲脱靶量也小，但相差也不大。在工程上需要综合考虑导引头、制导滤波器和自动驾驶仪实际的动力学模型，折中选择采用全部补偿最优制导律还是部分补偿最优制导律。

　　目标常值机动和目标正弦机动最优制导律相比较，目标正弦机动最优制导律，除了估计目标正弦机动的幅值大小，还需要估计目标正弦机动的频率及目标加加速度。若新增状态的估计精度差，同样会导致使用效果变差。所以，目标正弦机动最优制导律和目标常值机动最优制导律的选择，需要结合目标机动状态估计的精度和目标类型折中考虑。对于确定的战术弹道导弹螺旋机动和反舰导弹蛇形机动，可考虑采用目标正弦机动最优制导律，对于机动形式不确定的有人驾驶飞机类目标，可考虑采用目标常值机动最优制导律。

5.6　寻的制导面空导弹制导回路设计

　　寻的制导面空导弹制导回路的设计即为回路中导航比和制导滤波器的设计，制导滤波器的设计与导引头的测角噪声相关。关于回路中导航比和制导滤波器的设计，读者可参考相关文献。

参 考 文 献

［1］ 约瑟 J 哲尔格尔. 系统工程初步设计 ［M］. 北京：国防工业出版社，1965.

［2］ R F WALTER. Free Gyro Imaging IR Senser in Rolling Airframe Missile Application ［R］. ADA390349，1999.

［3］ 祁载康. 战术导弹制导控制系统设计 ［M］. 北京：中国宇航出版社，2018.

［4］ 吴加望. "爱国者" TVM 制导体制分析 ［J］. 现代防御技术，1992，1：49-59.

［5］ PAUL ZARCHAN. Tactical and Strategic Missile Guidance ［M］. 6th ed. Washington D C：American Institute of Aeronautics and Astronautics，2012.

［6］ 刘德忠. 改进比例导引制导律研究 ［D］. 北京：北京理工大学，2006.

［7］ 刘德忠. 防空导弹高精度末制导总体技术研究 ［D］. 北京：中国航天科工集团第二研究院，2016.

［8］ 温求遒，刘大卫. 导弹精确制导控制原理与设计方法 ［M］. 北京：北京理工大学出版社，2021.

［9］ GARNELL P. Guided Weapon Control Systems ［M］. Second Revision by Qi Zai-kang，Xia Qun-li. Beijing：Beijing Institute of Technology，2004.

［10］ N A Shneydor. Missiles Guidance and Pursuit Kinematics，Dynamics and control ［M］. Woodhead Publishing Ltd，2011.

［11］ RAFAEL YANUSHEVSKY. Modern Missile Guidance ［M］. CRC Press，2007.

［12］ RAFAEL YANUSHEVSKY. Guidance of Unmanned Aerial Vehicles ［M］. CRC Press，2011.

第6章 面空导弹三自由度弹道模型

6.1 引言

在不同研制阶段面空导弹设计的弹道模型详尽程度是不同的，通常有三自由度模型和六自由度模型。在方案设计阶段，通常采用三自由度模型。三自由度模型可完成导弹动力射程、导弹机动能力等总体性能参数的计算与分析。

本章给出了面空导弹三自由度弹道模型及其闭合过程。

6.2 质心运动的动力学方程

对于面空导弹的三自由度弹道模型，质心运动动力学方程的标量形式建立在弹道坐标系下较为方便。

在面空导弹的三自由度弹道模型中，将发射坐标系视为惯性坐标系，地球参考模型视为平面模型或圆球形模型。

将发射坐标系视为惯性坐标系，弹道坐标系相对发射坐标系既有位移运动，又有转动运动，转动角速度为 $\boldsymbol{\Omega}$ 。

由矢量绝对导数和相对导数的关系，可得

$$\frac{\mathrm{d}\boldsymbol{V}}{\mathrm{d}t} = \frac{\delta\boldsymbol{V}}{\delta t} + \boldsymbol{\Omega} \times \boldsymbol{V} \qquad (6-1)$$

式中　$\mathrm{d}\boldsymbol{V}/\mathrm{d}t$ ——发射坐标系下地速矢量 $\boldsymbol{V}$ 的绝对导数；

$\delta\boldsymbol{V}/\delta t$ ——弹道坐标系下地速矢量 $\boldsymbol{V}$ 的相对导数。

由牛顿第二定律可得在弹道坐标系下质心运动的动力学方程

$$m\frac{\mathrm{d}\boldsymbol{V}}{\mathrm{d}t} = m\left(\frac{\delta\boldsymbol{V}}{\delta t} + \boldsymbol{\Omega} \times \boldsymbol{V}\right) = \boldsymbol{R} + \boldsymbol{P} + \boldsymbol{G} \qquad (6-2)$$

设 i_t、j_t 和 k_t 为沿弹道坐标系各轴的单位矢量，V_{x_t}、V_{y_t} 和 V_{z_t} 为地速矢量 V 在弹道坐标系各轴上的投影分量，Ω_{x_t}、Ω_{y_t} 和 Ω_{z_t} 为转动角速度 Ω 在弹道坐标系各轴上的投影分量。从而有

$$V = V_{x_t} i_t + V_{y_t} j_t + V_{z_t} k_t$$

$$\Omega = \Omega_{x_t} i_t + \Omega_{y_t} j_t + \Omega_{z_t} k_t$$

$$\frac{\delta V}{\delta t} = \dot{V}_{x_t} i_t + \dot{V}_{y_t} j_t + \dot{V}_{z_t} k_t$$

由弹道坐标系的定义可知

$$\begin{bmatrix} V_{x_t} \\ V_{y_t} \\ V_{z_t} \end{bmatrix} = \begin{bmatrix} V \\ 0 \\ 0 \end{bmatrix}$$

于是有

$$\frac{\delta V}{\delta t} = \dot{V} i_t \qquad (6-3)$$

$$\Omega \times V = \begin{vmatrix} i_t & j_t & k_t \\ \Omega_{x_t} & \Omega_{y_t} & \Omega_{z_t} \\ V_{x_t} & V_{y_t} & V_{z_t} \end{vmatrix} = \begin{vmatrix} i_t & j_t & k_t \\ \Omega_{x_t} & \Omega_{y_t} & \Omega_{z_t} \\ V & 0 & 0 \end{vmatrix} \qquad (6-4)$$

$$= V\Omega_{z_t} j_t - V\Omega_{y_t} k_t$$

由弹道坐标系与发射坐标系之间的关系可得

$$\Omega = \dot{\psi}_V + \dot{\theta} \qquad (6-5)$$

式中，$\dot{\psi}_V$、$\dot{\theta}$ 分别在发射坐标系 Ay_g 轴上和弹道坐标系 Oz_t 轴上。

式（6-5）投影到弹道坐标系上，有

$$\begin{bmatrix} \Omega_{x_t} \\ \Omega_{y_t} \\ \Omega_{z_t} \end{bmatrix} = L_z(\theta) L_y(\psi_V) \begin{bmatrix} 0 \\ \dot{\psi}_V \\ 0 \end{bmatrix} + \begin{bmatrix} 0 \\ 0 \\ \dot{\theta} \end{bmatrix} = \begin{bmatrix} \dot{\psi}_V \sin\theta \\ \dot{\psi}_V \cos\theta \\ \dot{\theta} \end{bmatrix} \qquad (6-6)$$

式（6-6）代入式（6-4），可得

$$\Omega \times V = V\dot{\theta} j_t - V\dot{\psi}_V \cos\theta \, k_t \qquad (6-7)$$

式（6-3）和式（6-7）代入式（6-2）可得

$$
\left.\begin{array}{l}
m \dfrac{\mathrm{d}V}{\mathrm{d}t} = X_{\mathrm{t}} + P_{x_{\mathrm{t}}} + m g_{x_{\mathrm{t}}} \\[2mm]
m V \dfrac{\mathrm{d}\theta}{\mathrm{d}t} = Y_{\mathrm{t}} + P_{y_{\mathrm{t}}} + m g_{y_{\mathrm{t}}} \\[2mm]
- m V \cos\theta \dfrac{\mathrm{d}\psi_{V}}{\mathrm{d}t} = Z_{\mathrm{t}} + P_{z_{\mathrm{t}}} + m g_{z_{\mathrm{t}}}
\end{array}\right\}
\qquad (6-8)
$$

式中，阻力 X_{t}、弹道升力 Y_{t} 和弹道侧向力 Z_{t} 为气动力 $\boldsymbol{R}$ 在弹道坐标系各轴上的投影分量，$P_{x_{\mathrm{t}}}$、$P_{y_{\mathrm{t}}}$ 和 $P_{z_{\mathrm{t}}}$ 为发动机推力 $\boldsymbol{P}$ 在弹道坐标系各轴上的投影分量，$g_{x_{\mathrm{t}}}$、$g_{y_{\mathrm{t}}}$ 和 $g_{z_{\mathrm{t}}}$ 为重力加速度 $\boldsymbol{g}$ 在弹道坐标系各轴上的投影分量。

弹道坐标系下导弹的需用加速度为

$$
\begin{bmatrix} a_{y_{\mathrm{t}}} \\[2mm] a_{z_{\mathrm{t}}} \end{bmatrix} =
\begin{bmatrix} \dfrac{Y_{\mathrm{t}} + P_{y_{\mathrm{t}}}}{m} \\[4mm] \dfrac{Z_{\mathrm{t}} + P_{z_{\mathrm{t}}}}{m} \end{bmatrix}
\qquad (6-9)
$$

对于遥控指令制导，在弹道坐标系下导弹的需用加速度可由本章后面的式（6-42）和式（6-43）求出。对于寻的制导，在弹道坐标系下导弹的需用加速度可由本章后面的式（6-44）和式（6-45）求出。

气动力 $\boldsymbol{R}$ 在气动固联坐标系各轴上的投影分量为

$$
\begin{bmatrix} X_{\mathrm{a}} \\ Y_{\mathrm{a}} \\ Z_{\mathrm{a}} \end{bmatrix} =
\begin{bmatrix} -qSC_{x}(Ma, \alpha_{y}, \alpha_{z}, \delta_{y}, \delta_{z}) \\ qSC_{y}(Ma, \alpha_{y}, \delta_{z}) \\ qSC_{z}(Ma, \alpha_{z}, \delta_{y}) \end{bmatrix}
\qquad (6-10)
$$

式中　q——动压；

　　　S——参考面积；

　　　Ma——马赫数；

　　　C_{x}、C_{y} 和 C_{z}——气动力系数；

　　　α_{y}、α_{z}——气动固联坐标系下的平衡攻角；

　　　δ_{y}、δ_{z}——气动固联坐标系下的平衡舵偏角。

气动固联坐标系下的平衡攻角 α_y、α_z 和平衡舵偏角 δ_y、δ_z 通过本章后面的平衡攻角和平衡舵偏角计算方法求出。

由弹道坐标系与气动固联坐标系之间的关系，可得气动力 **R** 在弹道坐标系各轴上的投影分量

$$
\begin{bmatrix} X_t \\ Y_t \\ Z_t \end{bmatrix} = \boldsymbol{L}_x(-\gamma_V)\boldsymbol{L}_y(-\beta)\boldsymbol{L}_z(-\alpha)\boldsymbol{L}_x(-45°) \begin{bmatrix} X_a \\ Y_a \\ Z_a \end{bmatrix}
$$

$$
= \boldsymbol{L}_x(-\gamma_V)\boldsymbol{L}_y(-\beta)\boldsymbol{L}_z(-\alpha)\boldsymbol{L}_x(-45°)
$$

$$
\begin{bmatrix} -qSC_x(Ma,\alpha_y,\alpha_z,\delta_y,\delta_z) \\ qSC_y(Ma,\alpha_y,\delta_z) \\ qSC_z(Ma,\alpha_z,\delta_y) \end{bmatrix}
$$

$$(6-11)$$

式中，弹体坐标系下的攻角 α 和侧滑角 β 可由本章后面的式（6-46）求出，速度倾斜角 γ_V 可由本章后面的式（6-47）求出。

由式（6-11）第一式可求得导弹所受的阻力 X_t。

若地球模型选择平面模型，重力加速度 **g** 在发射坐标系各轴上的投影分量为

$$
\begin{bmatrix} g_x \\ g_y \\ g_z \end{bmatrix} = \begin{bmatrix} 0 \\ -g_0 \\ 0 \end{bmatrix}
$$

若地球模型选择圆球形模型，由第 1 章，重力加速度 **g** 在发射坐标系各轴上的投影分量为

$$
\begin{bmatrix} g_x \\ g_y \\ g_z \end{bmatrix} = \begin{bmatrix} -\dfrac{GM}{r^2}\dfrac{x}{r} \\ -\dfrac{GM}{r^2}\dfrac{y+R_e}{r} \\ -\dfrac{GM}{r^2}\dfrac{z}{r} \end{bmatrix} \quad (6-12)
$$

其中

$$r = \sqrt{x^2 + (y + R_e)^2 + z^2}$$

式中　R_e——地球半径。

式（6-12）投影到弹道坐标系 $Ox_t y_t z_t$ 上，由发射坐标系与弹道坐标系之间的关系，可得

$$\begin{bmatrix} g_{x_t} \\ g_{y_t} \\ g_{z_t} \end{bmatrix} = \boldsymbol{L}_z(\theta)\boldsymbol{L}_y(\psi_V) \begin{bmatrix} g_x \\ g_y \\ g_z \end{bmatrix} \tag{6-13}$$

发动机的推力沿弹体纵轴方向，可得

$$\begin{bmatrix} P_{x_b} \\ P_{y_b} \\ P_{z_b} \end{bmatrix} = \begin{bmatrix} P \\ 0 \\ 0 \end{bmatrix}$$

将其投影到弹道坐标系 $Ox_t y_t z_t$ 上，由弹体坐标系与弹道坐标系之间的关系可得

$$\begin{bmatrix} P_{x_t} \\ P_{y_t} \\ P_{z_t} \end{bmatrix} = \boldsymbol{L}_x(-\gamma_V)\boldsymbol{L}_y(-\beta)\boldsymbol{L}_z(-\alpha) \begin{bmatrix} P_{x_b} \\ P_{y_b} \\ P_{z_b} \end{bmatrix} \tag{6-14}$$

$$= \begin{bmatrix} P\cos\alpha\cos\beta \\ P(\sin\alpha\cos\gamma_V + \cos\alpha\sin\beta\sin\gamma_V) \\ P(\sin\alpha\sin\gamma_V - \cos\alpha\sin\beta\cos\gamma_V) \end{bmatrix}$$

式（6-9）和式（6-14）第一式代入式（6-8），可得在弹道坐标系下质心运动的动力学方程

$$\left. \begin{aligned} m\frac{\mathrm{d}V}{\mathrm{d}t} &= X_t + P\cos\alpha\cos\beta + mg_{x_t} \\ V\frac{\mathrm{d}\theta}{\mathrm{d}t} &= a_{y_t} + g_{y_t} \\ -V\cos\theta\frac{\mathrm{d}\psi_V}{\mathrm{d}t} &= a_{z_t} + g_{z_t} \end{aligned} \right\} \tag{6-15}$$

6.3　质心运动的运动学方程

导弹质心相对发射坐标系运动的运动学方程为

$$\begin{bmatrix} \dot{x} \\ \dot{y} \\ \dot{z} \end{bmatrix} = \begin{bmatrix} V_{x_g} \\ V_{y_g} \\ V_{z_g} \end{bmatrix} \tag{6-16}$$

由弹道坐标系的定义可知

$$\begin{bmatrix} V_{x_t} \\ V_{y_t} \\ V_{z_t} \end{bmatrix} = \begin{bmatrix} V \\ 0 \\ 0 \end{bmatrix} \tag{6-17}$$

由发射坐标系与弹道坐标系之间的关系可得

$$\begin{bmatrix} V_{x_g} \\ V_{y_g} \\ V_{z_g} \end{bmatrix} = \begin{bmatrix} \cos\theta\cos\psi_V & \sin\theta & -\cos\theta\sin\psi_V \\ -\sin\theta\cos\psi_V & \cos\theta & \sin\theta\sin\psi_V \\ \sin\psi_V & 0 & \cos\psi_V \end{bmatrix} \begin{bmatrix} V_{x_t} \\ V_{y_t} \\ V_{z_t} \end{bmatrix} \tag{6-18}$$

式（6-17）代入式（6-18），并将结果代入式（6-16），可得在弹道坐标系下质心运动的运动学方程

$$\left. \begin{aligned} \dot{x} &= V\cos\theta\cos\psi_V \\ \dot{y} &= V\sin\theta \\ \dot{z} &= -V\cos\theta\sin\psi_V \end{aligned} \right\}$$

6.4　遥控指令制导面空导弹制导方法

遥控指令制导面空导弹和目标在垂直平面的制导关系如图 6-1 所示。

遥控指令制导面空导弹制导关系方程为

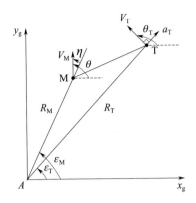

图 6 - 1　遥控指令制导面空导弹和目标在垂直平面的制导关系

$$\left.\begin{array}{l} \varepsilon_M = \varepsilon_T + \Delta\varepsilon = \varepsilon_T + f_\varepsilon(t)\Delta R \\ \beta_M = \beta_T + \Delta\beta = \beta_T + f_\beta(t)\Delta R \end{array}\right\} \qquad (6-19)$$

式中　ε_M——导弹高低角；

　　　ε_T——目标高低角；

　　　β_M——导弹方位角；

　　　β_T——目标方位角；

　　　ΔR——弹目距离；

　　　$f_\varepsilon(t)$，$f_\beta(t)$——前置量函数。

注意这里的导弹方位角和目标方位角是指在水平面的方位角。

当式（6 - 19）中的前置量函数为零时，对应的制导方法为三点法。

$$\left.\begin{array}{l} \varepsilon_M = \varepsilon_T \\ \beta_M = \beta_T \end{array}\right\} \qquad (6-20)$$

当前置量函数为

$$\left.\begin{array}{l} f_\varepsilon(t) = -\dfrac{1}{2\Delta\dot{R}}\dot{\varepsilon}_T \\[4mm] f_\beta(t) = -\dfrac{1}{2\Delta\dot{R}}\dot{\beta}_T \end{array}\right\}$$

对应的制导方法为半前置点法。

$$
\left.\begin{array}{l}
\varepsilon_{\mathrm{M}} = \varepsilon_{\mathrm{T}} - \dfrac{\Delta R}{2\Delta \dot{R}}\dot{\varepsilon}_{\mathrm{T}} \\[4mm]
\beta_{\mathrm{M}} = \beta_{\mathrm{T}} - \dfrac{\Delta R}{2\Delta \dot{R}}\dot{\beta}_{\mathrm{T}}
\end{array}\right\}
\qquad (6-21)
$$

6.5　寻的制导面空导弹制导方法

由第 1 章发射坐标系和第 5 章视线坐标系的定义，可得发射坐标系与视线坐标系之间的关系，如图 6 - 2 所示。

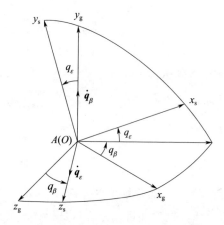

图 6 - 2　发射坐标系与视线坐标系之间的关系

弹目距离及其在发射坐标系下的三个分量分别为

$$
\left\{\begin{array}{l}
\Delta x = x_{\mathrm{t}} - x_{\mathrm{m}} \\
\Delta y = y_{\mathrm{t}} - y_{\mathrm{m}} \\
\Delta z = z_{\mathrm{t}} - z_{\mathrm{m}} \\
\Delta R = \sqrt{\Delta x^2 + \Delta y^2 + \Delta z^2}
\end{array}\right.
$$

从而有

$$\begin{cases} \Delta\dot{x} = \dot{x}_t - \dot{x}_m \\ \Delta\dot{y} = \dot{y}_t - \dot{y}_m \\ \Delta\dot{z} = \dot{z}_t - \dot{z}_m \\ \Delta\dot{R} = (\Delta x\,\Delta\dot{x} + \Delta y\,\Delta\dot{y} + \Delta z\,\Delta\dot{z})/\Delta R \end{cases}$$

由图 6 - 2 可得

$$\begin{cases} q_\varepsilon = \arctan\left(\Delta y/\sqrt{\Delta x^2 + \Delta z^2}\right) \\ q_\beta = \arctan\left(-\Delta z/\Delta x\right) \end{cases} \qquad (6-22)$$

式中　q_ε——高低视线角；

　　　q_β——方位视线角。

式（6 - 22）对时间 t 求导，可得

$$\begin{cases} \dot{q}_\varepsilon = \dfrac{\Delta R\,\Delta\dot{y} - \Delta y\,\Delta\dot{R}}{\Delta R\,\sqrt{\Delta x^2 + \Delta z^2}} \\[3mm] \dot{q}_\beta = \dfrac{\Delta z\,\Delta\dot{x} - \Delta x\,\Delta\dot{z}}{\Delta x^2 + \Delta z^2} \end{cases} \qquad (6-23)$$

由理论力学中的刚体运动学知识可知

$$\Delta\dot{\boldsymbol{R}} = \dot{\boldsymbol{q}} \times \Delta\boldsymbol{R} \qquad (6-24)$$

式中　$\Delta\dot{\boldsymbol{R}}$——弹目相对速度矢量；

　　　$\dot{\boldsymbol{q}}$——弹目视线角速度矢量；

　　　$\Delta\boldsymbol{R}$——弹目相对距离矢量。

由式（6 - 24）可得

$$\Delta\boldsymbol{R} \times \Delta\dot{\boldsymbol{R}} = \Delta\boldsymbol{R} \times (\dot{\boldsymbol{q}} \times \Delta\boldsymbol{R}) = \Delta R^2\,\dot{\boldsymbol{q}}$$

最终可得

$$\dot{\boldsymbol{q}} = \frac{\Delta\boldsymbol{R} \times \Delta\dot{\boldsymbol{R}}}{\Delta R^2} \qquad (6-25)$$

在发射坐标系下有

$$\Delta\boldsymbol{R}_g = [\Delta x \quad \Delta y \quad \Delta z]^{\mathrm{T}}$$

$$\Delta\dot{\boldsymbol{R}}_g = [\Delta\dot{x} \quad \Delta\dot{y} \quad \Delta\dot{z}]^{\mathrm{T}}$$

在视线坐标系下有

$$\Delta \boldsymbol{R}_s = [\Delta R \quad 0 \quad 0]^T$$

由发射坐标系与视线坐标系之间的关系，在视线坐标系下可得

$$\Delta \dot{\boldsymbol{R}}_s = \boldsymbol{L}_z(q_\epsilon)\boldsymbol{L}_y(q_\beta)\,[\Delta \dot{x} \quad \Delta \dot{y} \quad \Delta \dot{z}]^T$$

$$= \begin{bmatrix} \cos q_\epsilon & \sin q_\epsilon & 0 \\ -\sin q_\epsilon & \cos q_\epsilon & 0 \\ 0 & 0 & 1 \end{bmatrix} \begin{bmatrix} \cos q_\beta & 0 & -\sin q_\beta \\ 0 & 1 & 0 \\ \sin q_\beta & 0 & \cos q_\beta \end{bmatrix} \begin{bmatrix} \Delta \dot{x} \\ \Delta \dot{y} \\ \Delta \dot{z} \end{bmatrix}$$

$$= \begin{bmatrix} \cos q_\epsilon \cos q_\beta & \sin q_\epsilon & -\cos q_\epsilon \sin q_\beta \\ -\sin q_\epsilon \cos q_\beta & \cos q_\epsilon & \sin q_\epsilon \sin q_\beta \\ \sin q_\beta & 0 & \cos q_\beta \end{bmatrix} \begin{bmatrix} \Delta \dot{x} \\ \Delta \dot{y} \\ \Delta \dot{z} \end{bmatrix}$$

$$= \begin{bmatrix} \cos q_\epsilon \cos q_\beta \Delta \dot{x} + \sin q_\epsilon \Delta \dot{y} - \cos q_\epsilon \sin q_\beta \Delta \dot{z} \\ -\sin q_\epsilon \cos q_\beta \Delta \dot{x} + \cos q_\epsilon \Delta \dot{y} + \sin q_\epsilon \sin q_\beta \Delta \dot{z} \\ \sin q_\beta \Delta \dot{x} + \cos q_\beta \Delta \dot{z} \end{bmatrix}$$

由式（6-25）可得弹目视线角速度矢量 $\dot{\boldsymbol{q}}$ 在视线坐标系各轴上的投影分量

$$\dot{\boldsymbol{q}} = \frac{1}{\Delta R} \begin{bmatrix} 0 \\ -\sin q_\beta \Delta \dot{x} - \cos q_\beta \Delta \dot{z} \\ -\sin q_\epsilon \cos q_\beta \Delta \dot{x} + \cos q_\epsilon \Delta \dot{y} + \sin q_\epsilon \sin q_\beta \Delta \dot{z} \end{bmatrix}$$

$$(6-26)$$

由式（6-23），式（6-26）可进一步写为

$$\dot{\boldsymbol{q}} = \frac{1}{\Delta R} \begin{bmatrix} 0 \\ \dfrac{\Delta z \Delta \dot{x} - \Delta x \Delta \dot{z}}{\sqrt{\Delta x^2 + \Delta z^2}} \\ \dfrac{\Delta \dot{y}(\Delta x^2 + \Delta z^2) - \Delta y(\Delta x \Delta \dot{x} + \Delta z \Delta \dot{z})}{\Delta R \sqrt{\Delta x^2 + \Delta z^2}} \end{bmatrix} = \begin{bmatrix} 0 \\ \dot{q}_\beta \cos q_\epsilon \\ \dot{q}_\epsilon \end{bmatrix}$$

$$(6-27)$$

在寻的制导面空导弹的三自由度弹道模型中，采用第 5 章的比例导引制导律，注意这里比例导引制导律的使用是近似的，需用加

速度矢量 $\boldsymbol{a}_c$ 的方向未垂直于弹目视线,而是垂直于导弹的速度矢量,有

$$\boldsymbol{a}_c = \begin{bmatrix} a_{y_t} \\ a_{z_t} \end{bmatrix} = \begin{bmatrix} NV_r\dot{q}_\varepsilon \\ NV_r\dot{q}_\beta\cos q_\varepsilon \end{bmatrix} \qquad (6-28)$$

式中,a_{y_t}、a_{z_t} 为需用加速度矢量 $\boldsymbol{a}_c$ 在弹道坐标系 y 轴和 z 轴上的投影分量。

6.6 平衡攻角和平衡舵偏角的计算

6.6.1 遥控指令制导导弹在弹道坐标系下的需用加速度

由 4.6.3 节可知,导弹加速度 $\boldsymbol{a}_M$ 在导弹测量坐标系的表达式为

$$\boldsymbol{a}_M = \begin{bmatrix} a_{x_{mc}} \\ a_{y_{mc}} \\ a_{z_{mc}} \end{bmatrix} = \begin{bmatrix} \ddot{R}_M - R_M\dot{\varepsilon}_M^2 - R_M\dot{\beta}_M^2\cos^2\varepsilon_M \\ 2\dot{R}_M\dot{\varepsilon}_M + R_M\ddot{\varepsilon}_M + R_M\dot{\beta}_M^2\sin\varepsilon_M\cos\varepsilon_M \\ -2\dot{R}_M\dot{\beta}_M\cos\varepsilon_M - R_M\ddot{\beta}_M\cos\varepsilon_M + 2R_M\dot{\varepsilon}_M\dot{\beta}_M\sin\varepsilon_M \end{bmatrix}$$

$$(6-29)$$

通过目标的运动参数表示导弹的加速度。

对于三点法制导关系,由式 (6-20),导弹加速度 $\boldsymbol{a}_M$ 在导弹测量坐标系的表达式为

$$\boldsymbol{a}_M = \begin{bmatrix} a_{x_{mc}} \\ a_{y_{mc}} \\ a_{z_{mc}} \end{bmatrix} = \begin{bmatrix} \ddot{R}_M - R_M\dot{\varepsilon}_T^2 - R_M\dot{\beta}_T^2\cos^2\varepsilon_T \\ 2\dot{R}_M\dot{\varepsilon}_T + R_M\ddot{\varepsilon}_T + R_M\dot{\beta}_T^2\cos\varepsilon_T\sin\varepsilon_T \\ -2\dot{R}_M\dot{\beta}_T\cos\varepsilon_T - R_M\ddot{\beta}_T\cos\varepsilon_T + 2R_M\dot{\varepsilon}_T\dot{\beta}_T\sin\varepsilon_T \end{bmatrix}$$

$$(6-30)$$

对于半前置点法制导关系,由式 (6-21),导弹加速度 $\boldsymbol{a}_M$ 在导弹测量坐标系的表达式为

$$\boldsymbol{a}_M = \begin{bmatrix} a_{x_{mc}} \\ a_{y_{mc}} \\ a_{z_{mc}} \end{bmatrix}$$

$$= \begin{bmatrix} \ddot{R}_M - R_M(\dot{\epsilon}_T + \Delta\dot{\epsilon})^2 - R_M(\dot{\beta}_T + \Delta\dot{\beta})^2 \cos^2(\epsilon_T + \Delta\epsilon) \\ 2\dot{R}_M(\dot{\epsilon}_T + \Delta\dot{\epsilon}) + R_M(\ddot{\epsilon}_T + \Delta\ddot{\epsilon}) + R_M(\dot{\beta}_T + \Delta\dot{\beta})^2 \cos(\epsilon_T + \Delta\epsilon)\,\sin(\epsilon_T + \Delta\epsilon) \\ -2\dot{R}_M(\dot{\beta}_T + \Delta\dot{\beta}) \cos(\epsilon_T + \Delta\epsilon) - R_M(\ddot{\beta}_T + \Delta\ddot{\beta}) \cos(\epsilon_T + \Delta\epsilon) + 2R_M(\dot{\epsilon}_T + \Delta\dot{\epsilon})(\dot{\beta}_T + \Delta\dot{\beta}) \sin(\epsilon_T + \Delta\epsilon) \end{bmatrix}$$

$$(6-31)$$

由图 1-5 和图 4-1，可得发射坐标系、弹道坐标系和导弹测量坐标系之间的关系，如图 6-3 所示。

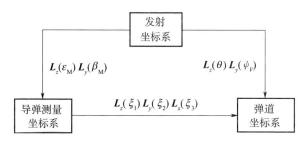

图 6-3　发射坐标系、弹道坐标系和导弹测量坐标系之间的关系

导弹测量坐标系变换到弹道坐标系的旋转变换矩阵为

$$L_z\left(\xi_1\right)L_y\left(\xi_2\right)L_x\left(\xi_3\right)$$

由图 6-3 可知，导弹测量坐标系变换到弹道坐标系的旋转变换矩阵也可写为

$$L_z\left(\theta\right)L_y\left(\psi_V-\beta_M\right)L_z\left(-\varepsilon_M\right)$$

从而可得

$$L_z\left(\xi_1\right)L_y\left(\xi_2\right)L_x\left(\xi_3\right)=L_z\left(\theta\right)L_y\left(\psi_V-\beta_M\right)L_z\left(-\varepsilon_M\right)$$

$$(6-32)$$

由式（6-32）可得

$$\tan\xi_1=\frac{\sin\theta\cos\varepsilon_M\cos\left(\psi_V-\beta_M\right)-\cos\theta\sin\varepsilon_M}{\cos\theta\cos\varepsilon_M\cos\left(\psi_V-\beta_M\right)+\sin\theta\sin\varepsilon_M}\qquad(6-33)$$

$$\left.\begin{array}{c}\cos\xi_2=\dfrac{\cos\theta\cos\varepsilon_M\cos\left(\psi_V-\beta_M\right)+\sin\theta\sin\varepsilon_M}{\cos\xi_1}\\[2mm]\sin\xi_2=\cos\varepsilon_M\sin\left(\psi_V-\beta_M\right)\end{array}\right\}\qquad(6-34)$$

$$\cos\xi_3=\cos\left(\psi_V-\beta_M\right)/\cos\xi_2\qquad(6-35)$$

由式（6-33）可得

$$\xi_1=\arctan\left[\frac{\sin\theta\cos\varepsilon_M\cos\left(\psi_V-\beta_M\right)-\cos\theta\sin\varepsilon_M}{\cos\theta\cos\varepsilon_M\cos\left(\psi_V-\beta_M\right)+\sin\theta\sin\varepsilon_M}\right]\qquad(6-36)$$

由式（6-34）可得

$$\xi_2 = \begin{cases} \arcsin(\sin\xi_2), & \cos\xi_2 \geqslant 0 \\ \pi - \arcsin(\sin\xi_2), & \cos\xi_2 < 0 \end{cases} \tag{6-37}$$

由式（6-35）可得

$$\xi_3 = \frac{\pi}{2} - \arcsin\left[\cos(\psi_V - \beta_M)/\cos\xi_2\right] \tag{6-38}$$

导弹加速度 $\boldsymbol{a}_M$ 在弹道坐标系下可表示为

$$\boldsymbol{a}_M = \begin{bmatrix} a_{x_t} \\ a_{y_t} \\ a_{z_t} \end{bmatrix} = \begin{bmatrix} \dot{V} \\ V\dot{\theta} \\ -V\dot{\psi}_V \end{bmatrix}$$

由导弹测量坐标系与弹道坐标系之间的关系，可得

$$\boldsymbol{a}_M = \begin{bmatrix} a_{x_{mc}} \\ a_{y_{mc}} \\ a_{z_{mc}} \end{bmatrix} = \boldsymbol{L}_x(-\xi_3)\boldsymbol{L}_y(-\xi_2)\boldsymbol{L}_z(-\xi_1) \begin{bmatrix} \dot{V} \\ V\dot{\theta} \\ -V\dot{\psi}_V \end{bmatrix}$$

$$\tag{6-39}$$

式（6-39）可写为

$$a_{x_{mc}} = \dot{V}\cos\xi_1\cos\xi_2 - V\dot{\theta}\sin\xi_1\sin\xi_2 - V\dot{\psi}_V\cos\theta\sin\xi_2$$

$$a_{y_{mc}} = \dot{V}(\sin\xi_1\cos\xi_3 + \cos\xi_1\sin\xi_2\sin\xi_3) +$$
$$V\dot{\theta}(\cos\xi_1\cos\xi_3 - \sin\xi_1\sin\xi_2\sin\xi_3) + V\dot{\psi}_V\cos\theta\cos\xi_2\sin\xi_3$$

$$a_{z_{mc}} = \dot{V}(\sin\xi_1\sin\xi_3 - \cos\xi_1\sin\xi_2\cos\xi_3) +$$
$$V\dot{\theta}(\cos\xi_1\sin\xi_3 + \sin\xi_1\sin\xi_2\cos\xi_3) - V\dot{\psi}_V\cos\theta\cos\xi_2\cos\xi_3$$

$$\tag{6-40}$$

由式（6-40）可得

$$V\dot{\theta} = (a_{y_{mc}}\cos\xi_3 + a_{z_{mc}}\sin\xi_3 - \dot{V}\sin\xi_1)/\cos\xi_1$$

$$V\dot{\psi}_V\cos\theta = (a_{y_{mc}}\sin\xi_3 - a_{z_{mc}}\cos\xi_3 - \dot{V}\cos\xi_1\sin\xi_2 + V\dot{\theta}\sin\xi_1\sin\xi_2)/\cos\xi_2$$

$$\tag{6-41}$$

由式（6-41），补偿重力的影响，可得导弹在垂直平面的需用加速度

$$a_{y_t} = (a_{y_{mc}}\cos\xi_3 + a_{z_{mc}}\sin\xi_3 - \dot{V}\sin\xi_1)/\cos\xi_1 + g\cos\theta$$

$$(6-42)$$

导弹在倾斜平面的需用加速度

$$a_{z_t} = \begin{pmatrix} -a_{y_{mc}}(\sin\xi_3 + \tan\xi_1\sin\xi_2\cos\xi_3) + \\ a_{z_{mc}}(\cos\xi_3 - \tan\xi_1\sin\xi_2\sin\xi_3) + \\ \dot{V}(\cos\xi_1\sin\xi_2 + \sin\xi_1\tan\xi_1\sin\xi_2) \end{pmatrix} /\cos\xi_2 \quad (6-43)$$

6.6.2　寻的制导导弹在弹道坐标系下的需用加速度

由式（6-28），补偿重力的影响，可得导弹在垂直平面的需用加速度

$$a_{y_t} = NV_r\dot{q}_\epsilon + g\cos\theta \quad (6-44)$$

导弹在倾斜平面的需用加速度

$$a_{z_t} = NV_r\dot{q}_\beta\cos q_\epsilon \quad (6-45)$$

6.6.3　导弹在气动固联坐标系下的需用加速度

由弹道坐标系下的需用加速度求气动固联坐标系下气动力产生的需用加速度。

由弹道坐标系与弹体坐标系之间的关系，可得发动机推力在弹道坐标系下 y 和 z 向产生的加速度

$$\begin{bmatrix} \dfrac{P(\sin\alpha\cos\gamma_V + \cos\alpha\sin\beta\sin\gamma_V)}{m} \\ \dfrac{P(\sin\alpha\sin\gamma_V - \cos\alpha\sin\beta\cos\gamma_V)}{m} \end{bmatrix}$$

导弹的加速度由气动力和发动机推力产生。气动力在弹道坐标系下 y 和 z 向需要产生的加速度为

$$\begin{bmatrix} a_{y_t} - \dfrac{P}{m}(\sin\alpha\cos\gamma_V + \cos\alpha\sin\beta\sin\gamma_V) \\[3mm] a_{z_t} - \dfrac{P}{m}(\sin\alpha\sin\gamma_V - \cos\alpha\sin\beta\cos\gamma_V) \end{bmatrix}$$

由图 $1-5$，弹道坐标系变换到气动固联坐标系的旋转变换矩阵为

$$\boldsymbol{L}_x(45°)\boldsymbol{L}_z(\alpha)\boldsymbol{L}_y(\beta)\boldsymbol{L}_x(\gamma_V)$$

由弹道坐标系与气动固联坐标系之间的关系，可得气动力在气动固联坐标系下需要产生的加速度

$$\begin{bmatrix} a_{x_a} \\[2mm] a_{y_a} \\[2mm] a_{z_a} \end{bmatrix} = \boldsymbol{L}_x(45°)\boldsymbol{L}_z(\alpha)\boldsymbol{L}_y(\beta)\boldsymbol{L}_x(\gamma_V) \begin{bmatrix} a_{x_t} - \dfrac{P}{m}\cos\alpha\cos\beta - g_{x_t} \\[3mm] a_{y_t} - \dfrac{P}{m}(\sin\alpha\cos\gamma_V + \cos\alpha\sin\beta\sin\gamma_V) \\[3mm] a_{z_t} - \dfrac{P}{m}(\sin\alpha\sin\gamma_V - \cos\alpha\sin\beta\cos\gamma_V) \end{bmatrix}$$

式中，a_{x_t}、g_{x_t}、α、β 和 γ_V 采用上一时刻的数据。

6.6.4　导弹在气动固联坐标系下的平衡攻角和平衡舵偏角

导弹在气动固联坐标系下 y 和 z 向需要产生的气动力为

$$\begin{bmatrix} Y_a \\ Z_a \end{bmatrix} = \begin{bmatrix} ma_{y_a} \\ ma_{z_a} \end{bmatrix}$$

通过迭代算法，由导弹在气动固联坐标系下需要产生的气动力可求出气动固联坐标系下的平衡攻角 α_y、α_z 和平衡舵偏角 δ_y、δ_z。进一步可求出 4 个舵偏角的值，$\delta_1 = \delta_3 = \delta_z$，$\delta_2 = \delta_4 = \delta_y$，注意这里舵偏角极性的定义为导弹气动专业的定义。

6.7　模型中的角度计算公式

（1）倾斜角 γ

在三自由度弹道中，忽略了自动驾驶仪滚转通道的过渡过程，认为倾斜角 $\gamma = 0$。

（2）弹体坐标系下的攻角 α 和侧滑角 β

由气动固联坐标系下的平衡攻角 α_y、α_z，如图 6 - 4 所示，可得地速矢量在气动固联坐标系各轴上的投影分量

$$
\left.
\begin{aligned}
V_{x_a} &= V / \sqrt{1 + \tan^2 \alpha_y + \tan^2 \alpha_z} \\
V_{y_a} &= -V_{x_a} \tan \alpha_y \\
V_{z_a} &= V_{x_a} \tan \alpha_z
\end{aligned}
\right\}
$$

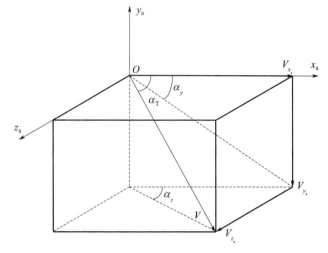

图 6 - 4　气动固联坐标系中攻角的定义

由弹体坐标系与气动固联坐标系之间的关系可得

$$
\begin{bmatrix} V_{x_b} \\ V_{y_b} \\ V_{z_b} \end{bmatrix} = \boldsymbol{L}_x(-45°) \begin{bmatrix} V_{x_a} \\ V_{y_a} \\ V_{z_a} \end{bmatrix}
$$

弹体坐标系下的攻角和侧滑角为

$$
\left.
\begin{aligned}
\alpha &= \arctan(-V_{y_b} / V_{x_b}) \\
\beta &= \arcsin(V_{z_b} / V)
\end{aligned}
\right\}
\tag{6-46}
$$

（3）姿态角 ϑ、ψ

由图 1-5 可知，发射坐标系变换到弹道坐标系的旋转变换矩阵为

$$L_z(\theta)L_y(\psi_V)$$

发射坐标系变换到速度坐标系的旋转变换矩阵为

$$L_y(-\beta)L_z(-\alpha)L_x(\gamma)L_z(\vartheta)L_y(\psi)$$

由于在三自由度模型中 $\gamma=0$，发射坐标系变换到速度坐标系的旋转变换矩阵可变为

$$L_y(-\beta)L_z(-\alpha)L_z(\vartheta)L_y(\psi)$$

由于弹道坐标系和速度坐标系的 x 轴相同，皆为速度矢量方向，所以上述两个转换矩阵的第一行三个元素对应相等，由此可得姿态角 ϑ、ψ 的计算公式

$$\left.\begin{array}{l}\vartheta=\arcsin(\sin\theta/\cos\beta)+\alpha\\\psi=\arcsin(\sin\beta/\cos\theta)+\psi_V\end{array}\right\}$$

（4）速度倾斜角 γ_V

由图 1-5 可知，弹道坐标系变换到速度坐标系有两条途径，一条途径对应的旋转变换矩阵为

$$L_x(\gamma_V)$$

另一条途径对应的旋转变换矩阵为

$$L_y(-\beta)L_z(-\alpha)L_x(\gamma)L_z(\vartheta)L_y(\psi)L_y(-\psi_V)L_z(-\theta)$$

由于在三自由度模型中 $\gamma=0$，另一条途径对应的旋转变换矩阵可变为

$$L_y(-\beta)L_z(-\alpha)L_z(\vartheta)L_y(\psi)L_y(-\psi_V)L_z(-\theta)$$

有

$$L_x(\gamma_V)=L_y(-\beta)L_z(-\alpha)L_z(\vartheta)L_y(\psi)L_y(-\psi_V)L_z(-\theta)$$

由此关系可得速度倾斜角 γ_V 的计算公式

$$\gamma_V=\arcsin\left[\frac{\sin\vartheta\sin(\psi-\psi_V)}{\cos\beta}\right] \tag{6-47}$$

参 考 文 献

［1］ 钱杏芳，林瑞雄，赵亚男.导弹飞行力学［M］.北京：北京理工大学出版社，2015.

［2］ 戈罗别夫，斯维特洛夫.防空导弹设计［M］.北京：中国宇航出版社，2004.

［3］ 张有济.战术导弹飞行力学设计［M］.北京：宇航出版社，1996.

［4］ 樊会涛.空空导弹方案设计原理［M］.北京：航空工业出版社，2013.

第 7 章 基于飞行包线的面空导弹性能分析

7.1 引言

面空导弹性能分析通常选择典型弹道，并对典型弹道上的特征点进行性能分析，按照这种方法，典型弹道的选取尤为重要。选取的弹道数量过少，不足以覆盖导弹的全部飞行状态，从而造成性能分析不全面；选取的弹道数量过多，由于不同弹道之间存在不可避免的状态重叠部分，从而带来不必要的工作量。基于飞行包线的面空导弹性能分析方法可覆盖导弹的整个飞行包线。另外，对于大攻角飞行的面空导弹，可对飞行包线中各个点上不同的攻角和舵偏角配平状态进行性能分析。

本章提出了面空导弹的性能分析内容和飞行包线确定方法，在此基础上，提出了基于飞行包线的面空导弹性能分析方法、弹体动力系数计算方法和铰链力矩计算方法。

7.2 面空导弹性能分析

对于倾斜稳定的轴对称面空导弹，其性能在气动固联坐标系的俯仰方向和偏航方向是相同的，故本节仅分析俯仰方向的性能。

7.2.1 静稳定性分析

静稳定性针对攻角和舵偏角处于配平状态下的弹体进行分析。

导弹受外界干扰作用偏离平衡状态后，外界干扰消失的瞬间，若导弹不经操纵能产生气动力矩，使导弹有恢复到原平衡状态的趋势，则称导弹是静稳定的；若产生的气动力矩，将使导弹更加偏离原来的平衡状态，则称导弹是静不稳定的；若是既无恢复的趋势，也不再继续偏离原平衡状态，则称导弹是静中立稳定的[1]。

通过动力系数 a_α 可判断导弹弹体的静稳定性。

若 $a_\alpha \big|_{\alpha_{\text{II}} = \alpha_{\text{B}}} = -m_z^\alpha qSL/J_z > 0$，导弹弹体处于静稳定状态。

若 $a_\alpha \big|_{\alpha_{\text{II}} = \alpha_{\text{B}}} = -m_z^\alpha qSL/J_z = 0$，导弹弹体处于静中立稳定状态。

若 $a_\alpha \big|_{\alpha_{\text{II}} = \alpha_{\text{B}}} = -m_z^\alpha qSL/J_z < 0$，导弹弹体处于静不稳定状态。

7.2.2　动稳定性分析

动稳定性针对攻角和舵偏角处于配平状态下的弹体进行分析。

由第 2 章，刚性弹体传递函数特征方程两个根的表达式为

$$s_{1,2} = \left[-(a_\omega + b_\alpha) \pm \sqrt{(a_\omega + b_\alpha)^2 - 4(a_\alpha + a_\omega b_\alpha)} \right] / 2$$

若 $a_\alpha \big|_{\alpha_{\text{II}} = \alpha_{\text{B}}} > -a_\omega b_\alpha \big|_{\alpha_{\text{II}} = \alpha_{\text{B}}}$，根的实部小于零，导弹弹体处于动稳定状态。

若 $a_\alpha \big|_{\alpha_{\text{II}} = \alpha_{\text{B}}} = -a_\omega b_\alpha \big|_{\alpha_{\text{II}} = \alpha_{\text{B}}}$，出现一个零根，导弹弹体处于动中立稳定状态。

若 $a_\alpha \big|_{\alpha_{\text{II}} = \alpha_{\text{B}}} < -a_\omega b_\alpha \big|_{\alpha_{\text{II}} = \alpha_{\text{B}}}$，出现一个正实根，导弹弹体处于动不稳定状态。

导弹弹体的静稳定性和动稳定性是不同的，当导弹弹体处于静稳定状态时，肯定处于动稳定状态，当导弹弹体处于静不稳定状态时，有可能处于动稳定状态。

7.2.3　快速性分析

快速性针对攻角和舵偏角处于配平状态下的弹体进行分析。

导弹弹体的无阻尼振荡频率反映了导弹弹体的快速性，可通过导弹弹体的无阻尼振荡频率分析导弹弹体的快速性。由第 2 章，导弹弹体的无阻尼振荡频率 ω_{m} 的表达式为

$$\omega_{\text{m}} \big|_{\alpha_{\text{II}} = \alpha_{\text{B}}} = \frac{1}{T_{\text{m}}} = \sqrt{a_\alpha + a_\omega b_\alpha} \approx \sqrt{a_\alpha} \big|_{\alpha_{\text{II}} = \alpha_{\text{B}}}$$

导弹弹体的无阻尼振荡频率 ω_{m} 越大，表明弹体的快速性越好。

7.2.4　操纵性分析

操纵性针对攻角和舵偏角处于配平状态下的弹体进行分析。

导弹弹体的操纵性用稳态的调整比 $\alpha_{\mathrm{II}}/\delta_z$ 表示，它表示单位舵偏角所产生的稳态攻角值，可通过稳态的调整比分析导弹弹体的操纵性。调整比的表达式为

$$\left.\frac{\alpha_{\mathrm{II}}}{\delta_z}\right|_{\alpha_{\mathrm{II}}=a_{\mathrm{B}}} = -\left.\frac{a_\delta}{a_\alpha}\right|_{\alpha_{\mathrm{II}}=a_{\mathrm{B}}}$$

导弹弹体的调整比越大，表明弹体的操纵性越好。

7.2.5　机动性分析

最大舵偏角产生的法向过载为导弹的可用过载，它确定了导弹的最大机动能力。导弹的可用过载表达式为

$$a_{y_{\max}} = \frac{P\sin\alpha_{\mathrm{II\,max}} + (C_y^\alpha \alpha_{\mathrm{II\,max}} + C_y^\delta \delta_{z_{\mathrm{B}}})qS}{mg} \tag{7-1}$$

式中　$\alpha_{\mathrm{II\,max}}$ ——II 通道的最大平衡攻角；

　　　$\delta_{z_{\mathrm{B}}}$ —— $\alpha_{\mathrm{II\,max}}$ 对应的俯仰平衡舵偏角；

　　　C_y^α ——升力系数对攻角的导数；

　　　$C_y^{\delta_z}$ ——升力系数对舵偏角的导数。

注意这里 C_y^α 和 $C_y^{\delta_z}$ 与第 2 章的定义是不同的。

当最大俯仰舵偏角对应的平衡攻角超过攻角的临界值时，$\alpha_{\mathrm{II\,max}}$ 等于攻角的临界值，$\delta_{z_{\mathrm{B}}}$ 为攻角临界值对应的俯仰平衡舵偏角。当最大俯仰舵偏角对应的平衡攻角小于等于攻角临界值时，$\delta_{z_{\mathrm{B}}}$ 为最大俯仰舵偏角，$\alpha_{\mathrm{II\,max}}$ 为最大俯仰舵偏角对应的平衡攻角。

在面空导弹杀伤区的高空远界点，由于导弹的飞行速度和空气密度较小，因此该点是可用过载的设计点。

7.2.6　各项性能之间的关系

对于静稳定导弹，随着 a_α 的增大，导弹弹体的稳定性变好，快

速性变好，操纵性变差，机动性变差。弹体的稳定性和操纵性是矛盾的，弹体的稳定性和机动性也是矛盾的。

7.2.7　过载自动驾驶仪对弹体性能的影响

过载自动驾驶仪可改变导弹的稳定性，可对静不稳定导弹进行稳定。过载自动驾驶仪也可改变导弹的快速性，但不会改变导弹的操纵性和机动性。所以，弹体的操纵性和机动性即为导弹的操纵性和机动性。关于过载自动驾驶仪的稳定性和快速性分析，读者可参考自动驾驶仪设计的相关文献。

7.3　飞行包线确定

将面空导弹的性能分析视为一个函数，这个函数的值便是静稳定性、动稳定性、快速性、操纵性、机动性等导弹性能分析结果，这个函数的自变量为导弹的飞行包线。显然，从导弹飞行包线到性能分析结果的函数不是一个单输入单输出的过程，而是一个多输入多输出的过程。本节讨论飞行包线中应包含哪些变量以及这些变量的取值范围。

面空导弹飞行性能与其质量参数（包括质量、质心、转动惯量）和气动参数相关。

导弹质量、质心、转动惯量等质量参数在被动段保持不变，在主动段随着发动机的工作会发生变化。其中，导弹质量、转动惯量随着发动机工作单调递减，导弹质心在通常情况下也随发动机工作单调变化，但在发动机质量较大的情况下，导弹质心会随发动机工作先前移再后移。导弹质量、质心和转动惯量三个量之间并不独立，均与发动机工作相关，可选择一个变量作为代表。理论上，选择导弹质量、x 向转动惯量、y 向转动惯量或 z 向转动惯量这些单调变化的变量均可代表特定状态下导弹的质量参数，但从方便直观的角度，通常选择导弹质量作为代表。

气动参数由飞行速度、飞行高度、攻角和舵偏角决定，对于面空导弹的性能分析，通常针对攻角和舵偏角处于配平状态下的弹体进行分析。因此，在飞行包线中就不再将攻角和舵偏角作为单独的变量考虑。

面空导弹的飞行包线中包含的变量只有 3 个，分别为导弹质量、飞行速度和飞行高度。

7.3.1　主动段

导弹质量的取值范围：导弹质量取值上限为导弹满载质量，导弹质量取值下限为导弹空载质量。

在某一特定导弹质量下，导弹的速度偏差和高度偏差是由于不同温度下发动机推力不同、不同弹道形式下气动阻力不同而导致。

飞行速度的取值范围：飞行速度取值上限为高温垂直向上飞行弹道的最大飞行速度，飞行速度取值下限为低温最低飞行高度平飞弹道的飞行速度。

飞行高度的取值范围：飞行高度取值上限为高温垂直向上飞行弹道在主动段的最大飞行高度，飞行高度取值下限为飞行低界。

找出导弹质量、飞行速度、飞行高度的边界值（m_{min}、m_{max}、V_{min}、V_{max}、H_{min}、H_{max}）后，在此范围内适当选取参数间隔 m_{step}、V_{step}、H_{step}，形成 $m - V - H$ 网格，主动段的飞行包线对应一个 $m - V - H$ 网格。

对于主动段的飞行包线，导弹质量、飞行速度和飞行高度不是独立的，具有相关性。通过导弹质量、飞行速度和飞行高度取值范围确定主动段飞行包线只是粗略的飞行包线，还需要通过高温、常温和低温的弹道计算进一步剔除主动段飞行包线中不可能出现的状态点。形成最终的 $m - V - H$ 网格，作为主动段的飞行包线。

假设导弹在主动段某个质量下飞行速度上限为 1 000 m/s，飞行速度下限为 800 m/s，飞行高度上限为 2 km，飞行高度下限为 0.5 km。主动段粗略的飞行包线网格如图 7 - 1 所示，图 7 - 1 中的飞行包线网格由 12 个点组成。

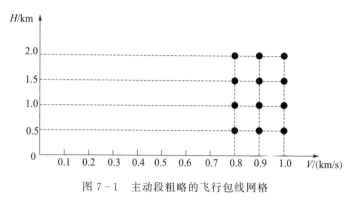

图 7 - 1　主动段粗略的飞行包线网格

7.3.2　被动段

导弹质量的取值范围：被动段导弹的质量特性不发生变化，导弹的质量为常值。

飞行速度的取值范围：飞行速度取值上限为高温高远弹道的最大速度，飞行速度取值下限为导弹能够作战的最低速度。

飞行高度的取值范围：飞行高度取值上限为设计的导弹最大飞行高度，飞行高度取值下限为飞行低界。

找出飞行速度、飞行高度的边界值（V_{min}、V_{max}、H_{min}、H_{max}）后，在此范围内适当选取参数间隔 V_{step}、H_{step}，形成 V-H 网格，被动段的飞行包线对应　个 V-H 网格。

对于被动段的飞行包线，飞行速度和飞行高度不是独立的，具有相关性。通过飞行速度和飞行高度取值范围确定被动段飞行包线也只是粗略的飞行包线，还需要通过高温、常温和低温的弹道计算进一步剔除被动段飞行包线中不可能出现的状态点，形成最终的 V-H 网格，作为被动段的飞行包线。

假设导弹在被动段飞行速度的上限为 1 000 m/s，飞行速度的下限为 400 m/s，飞行高度的上限为 3 km，飞行高度的下限为 0.5 km。被动段粗略的飞行包线网格如图 7 - 2 所示，图 7 - 2 中的飞行包线网格由 42 个点组成。

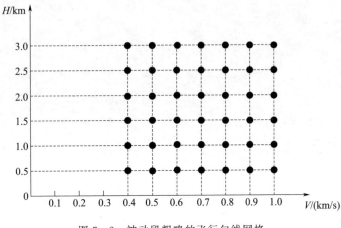

图 7-2　被动段粗略的飞行包线网格

7.4　基于飞行包线的性能分析

面空导弹的性能除了与飞行包线中的 3 个变量有关外，还与平衡攻角有关系，故还需要确定平衡攻角的取值范围。

平衡攻角的取值范围：在面空导弹性能分析时，正负攻角具有一定的对称性，通常用正攻角进行性能分析，因此平衡攻角的取值下限为 0°。平衡攻角的取值上限与导弹质量、飞行速度和飞行高度均相关，为导弹在飞行包线中每一个网格点最大可用过载对应的平衡攻角。

找出平衡攻角 α_B 的边界值（0，$\alpha_{B_{max}}$）后，在此范围内适当选取参数间隔 $\alpha_{B_{step}}$，形成 α_B 网格。

7.4.1　静稳定性分析

静稳定性通过动力系数 $a_\alpha \big|_{\alpha_{\mathrm{II}} = \alpha_B}$ 进行判断。

由第 2 章刚性弹体动力系数的定义 $a_\alpha = -\dfrac{m_z^\alpha qSL}{J_z}$，其中，$m_z^\alpha$ 可由飞行速度 V、飞行高度 H、质心位置 x_{cg} 和平衡攻角 α_B 确定，q 可由飞行速度 V 和飞行高度 H 确定，参考面积 S 和弹长 L 为常值，对于给定的导弹质量 m，可得到对应的质心位置 x_{cg} 和转动惯量 J_z，故 a_α 可由飞行包线的 3 个参数及平衡攻角 α_B 确定。因此，根据给定的飞行包线及平衡攻角 α_B，可得到导弹在整个飞行包线下、不同平衡攻角 α_B 的静稳定性分析结果。

7.4.2　动稳定性分析

动稳定性通过 $a_\alpha\big|_{\alpha_{\parallel}=\alpha_B}$ 与 $-a_\omega b_\alpha\big|_{\alpha_{\parallel}=\alpha_B}$ 的大小关系进行判断。

由 7.4.1 节，a_α 可由飞行包线的 3 个参数及平衡攻角 α_B 确定。

由第 2 章刚性弹体动力系数的定义 $a_\omega = -\dfrac{m_z^{\omega_z} qSL^2}{J_z V}$，$m_z^{\omega_z}$ 可由飞行速度 V 和飞行高度 H 确定，故 a_ω 可由飞行包线的 3 个参数确定。第 2 章刚性弹体动力系数的定义 $b_\alpha = \dfrac{C_y^\alpha qS}{mV}$，$C_y^\alpha$ 可由飞行速度 V、飞行高度 H 和平衡攻角 α_B 确定，故 b_α 可由飞行包线的 3 个参数及平衡攻角 α_B 确定。因此，根据给定的飞行包线及平衡攻角 α_B，可得到导弹在整个飞行包线下、不同平衡攻角 α_B 的动稳定性分析结果。

7.4.3　快速性分析

快速性通过 $\sqrt{a_\alpha + a_\omega b_\alpha}\,\big|_{\alpha_{\parallel}=\alpha_B}$ 进行判断。

由 7.4.1、7.4.2 节，a_α、a_ω 和 b_α 均可由飞行包线的 3 个参数及平衡攻角 α_B 确定。因此，根据给定的飞行包线及平衡攻角 α_B，可得到导弹在整个飞行包线下、不同平衡攻角 α_B 的快速性分析结果。

7.4.4　操纵性分析

操纵性通过 $-\dfrac{a_\delta}{a_\alpha}\bigg|_{\alpha_{\parallel}=\alpha_B}$ 进行判断。

由 7.4.1 节，a_α 可由飞行包线的 3 个参数及平衡攻角 α_B 确定。

由第 2 章刚性弹体动力系数的定义 $a_\delta = -\dfrac{m_z^{\delta_z} qSL^2}{J_z}$ ，$m_z^{\delta_z}$ 可由飞行速度 V、飞行高度 H、质心位置 x_{cg} 和平衡舵偏角 δ_B 确定，对于给定的导弹质量 m，可得到对应的质心位置 x_{cg} 和转动惯量 J_z，δ_B 和 α_B 存在对应关系，故 a_δ 可由飞行包线的 3 个参数及平衡攻角 α_B 确定。因此，根据给定的飞行包线及平衡攻角 α_B，可得到导弹在整个飞行包线下、不同平衡攻角 α_B 的操纵性分析结果。

7.4.5　机动性分析

机动性通过 $a_{y_{max}}$ 进行判断。

由式（7-1）可知，$a_{y_{max}}$ 与 P、$\alpha_{II_{max}}$、C_y^α、$C_y^{\delta_z}$、δ_{z_B}、q、S 和 m 相关。其中，C_y^α 可由飞行速度 V、飞行高度 H 和 II 通道的最大平衡攻角 $\alpha_{II_{max}}$ 确定，$C_y^{\delta_z}$ 可由飞行速度 V、飞行高度 H 和最大平衡攻角对应俯仰平衡舵偏角 δ_{z_B} 确定，由于分析状态为平衡状态，δ_{z_B} 和 $\alpha_{II_{max}}$ 存在对应关系，对于给定的导弹质量 m，可得到对应的发动机推力 P，故 $a_{y_{max}}$ 可由飞行包线的 3 个参数及 II 通道的最大平衡攻角 $\alpha_{II_{max}}$ 确定。因此，根据给定的飞行包线及 II 通道的最大平衡攻角 $\alpha_{II_{max}}$ 可得到导弹在整个飞行包线下的机动性分析结果。

7.5　基于飞行包线的弹体动力系数计算

第 2 章给出了面空导弹刚性弹体的动力系数。第 3 章给出了面空导弹弹性动力系数。在飞行包线确定后，飞行包线中每一点的导弹质量 m、飞行速度 V 和飞行高度 H 是确定的。对于给定的导弹质量 m，可得到相应的质心位置 x_{cg} 和转动惯量 J_x、J_z。最后可得到导弹在整个飞行包线下、不同平衡攻角 α_B 的刚性弹体和弹性动力系数。

7.6　基于飞行包线的铰链力矩计算

铰链力矩系数 m_h 可由飞行速度 V、飞行高度 H、攻角 α 和舵偏角 δ 确定。在飞行包线确定后，飞行包线中每一点的飞行速度 V 和飞行高度 H 是确定的，求得飞行包线每一点最大可用过载下对应的攻角 α 和舵偏角 δ 后，即可计算出飞行包线每一点的最大铰链力矩 M_h，从而可得到整个飞行包线中最大的铰链力矩，作为舵机设计的输入条件。

7.7　性能分析结果表达

导弹性能分析结果最终以数据的形式表达。常见的数据形式是二维数据表格，表格中每一行为一个典型的计算状态，表格中每一列为一个参数结果。这样的分析结果适合利用 Excel、MATLAB 等软件对导弹性能进行进一步分析和可视化显示。

基于飞行包线导弹性能分析结果的表达形式见表 7 - 1。

表 7 - 1　基于飞行包线导弹性能分析结果的表达形式

m/kg	$V/(\text{m/s})$	H/km	α_B (°)	a_α	a_ω	a_δ	b_α	b_δ	...	M_h	...
1 000	600	0	0	—	—	—					
1 000	600	0	10	—	—	—					
				...							
1 000	600	5	0	—	—	—	—	—		—	—
1 000	600	5	10	—	—	—	—	—		—	—
				...							
1 000	700	0	0	—	—	—	—	—		—	—
1 000	700	0	10	—	—	—	—	—		—	—
				...							
1 000	700	5	0	—	—	—	—	—		—	—

续表

m/kg	V/(m/s)	H/km	$\alpha_{\mathrm B}$ (°)	a_α	a_ω	a_δ	b_α	b_δ	⋯	$M_{\mathrm h}$	⋯
1 000	700	5	10	—	—	—	—	—	—	—	—
						⋯					
950	600	0	0	—	—	—	—	—	—	—	—
950	600	0	10	—	—	—	—	—	—	—	—
						⋯					
950	600	5	0	—	—	—	—	—	—	—	—
950	600	5	10	—	—	—	—	—	—	—	—
						⋯					
950	700	0	0	—	—	—	—	—	—	—	—
950	700	0	10	—	—	—	—	—	—	—	—
						⋯					
950	700	5	0	—	—	—	—	—	—	—	—
950	700	5	10	—	—	—	—	—	—	—	—

参 考 文 献

［1］ 钱杏芳，林瑞雄，赵亚男 . 导弹飞行力学 ［M］. 北京：北京理工大学出版社，2000.

［2］ 陈怀瑾 . 防空导弹武器系统总体设计和试验 ［M］. 北京：宇航出版社，1995.

［3］ 戈罗别夫，斯维特洛夫 . 防空导弹设计 ［M］. 北京：宇航出版社，2004.

第8章 面空导弹气动力基础

8.1 引言

面空导弹作为在大气层内运动的飞行器，其在飞行过程中与空气之间存在相对运动，空气施加给面空导弹的作用力，称之为气动力。另外，气动力作为一种力，在面空导弹上同样存在力的作用点，当力的作用点与导弹的质心不重合时，气动力对面空导弹的质心产生气动力矩。

本章介绍了气动力的来源，给出了轴向力、法向力、俯仰力矩、偏航力矩、滚转力矩、气动交叉耦合和铰链力矩产生的机理，分别介绍了工程计算、数值模拟和风洞实验三种面空导弹气动特性研究方法。

8.2 气动力来源

空气作用在物体上，会产生气动力。气动力有两个基本来源，分别是物面上的压力分布和物面上的切应力，如图 8-1 所示。

由图 8-1 可知，空气施加在物体表面的压力垂直于物体表面，如图中箭头方向所示。箭头的长度代表物体表面上每个点上的压力大小。不同位置表面压力不同。物体表面压力分布的不平衡产生了气动力，这是空气动力的第一个来源[1]。

气动力的第二个来源是物面的切应力，其来源是空气在物体周围移动时"摩擦"表面而产生的摩擦效应。切应力的定义是由于摩擦使物面上产生了沿切线的单位面积受力，不同位置物面的切应力

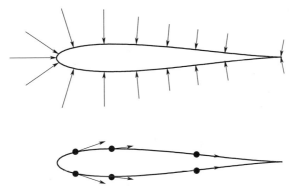

图 8 - 1　物面上的压力分布和切应力

不同，物面切应力分布的不平衡也会产生气动力[1]。

　　不论流场或物体形状有多复杂，大自然对物体施加气动力的唯一方式是通过表面上的压力和切应力施加，它们是所有气动力的最基本来源[1]。

8.3　气动力和气动力矩

8.3.1　气动力在气动固联坐标系的分解

　　气动力 **R** 在气动固联坐标系各轴上的投影分量为 X、Y 和 Z。其中，X 为轴向力，Y 为法向力，Z 为横向力。气动力的表达式为

$$\boldsymbol{R} = \begin{bmatrix} X \\ Y \\ Z \end{bmatrix} = \begin{bmatrix} -qSC_x \\ qSC_y \\ qSC_z \end{bmatrix} \tag{8-1}$$

式中　C_x、C_y 和 C_z——轴向力系数、法向力系数和横向力系数；

　　　　S——参考面积；

　　　　q——动压。

8.3.2　气动力矩在气动固联坐标系的分解

气动力矩 **M** 在气动固联坐标系各轴上的投影分量为 M_x、M_y 和 M_z。其中，M_x 为滚转力矩，M_y 为偏航力矩，M_z 为俯仰力矩。气动力矩的表达式为

$$\boldsymbol{M} = \begin{bmatrix} M_x \\ M_y \\ M_z \end{bmatrix} = \begin{bmatrix} qSLm_x \\ qSLm_y \\ qSLm_z \end{bmatrix} \qquad (8-2)$$

式中　m_x、m_y 和 m_z——滚转力矩系数、偏航力矩系数和俯仰力矩系数；

　　　　L——弹长。

8.4　面空导弹气动外形

8.4.1　面空导弹气动布局

面空导弹采用的气动布局主要有正常式、鸭式、旋转弹翼式和无翼式气动布局。其中，正常式、鸭式和旋转弹翼式均包括前翼和尾翼两组升力面。正常式布局的前翼为弹翼，尾翼为舵面。鸭式布局的前翼为舵面，尾翼为弹翼。旋转弹翼式布局的前翼为可偏转的弹翼，尾翼为固定弹翼。无翼式布局仅有尾翼一组升力面，尾翼为舵面。

面空导弹的前翼和尾翼通常为"××"布局，为轴对称导弹。

8.4.2　面空导弹几何形状和参数

（1）弹翼几何形状和参数

①弹翼剖面形状和参数

用一个平行于导弹纵向对称面的平面剖切弹翼所得的截面称为翼剖面，又称翼型。面空导弹主要在超声速飞行，超声速下常用的剖面有双凸形、六角形、菱形和钝后缘形，如图 8-2 所示。

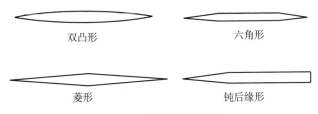

双凸形　　　　　　　　　　六角形

菱形　　　　　　　　　　　钝后缘形

图 8-2　弹翼的剖面形状

超声速翼型最重要的几何参数是翼弦 b 和相对厚度 $\bar{c}$ 。

翼弦 b 为连接翼型前后缘最远两点的直线段长度。

相对厚度 $\bar{c}$ 为翼型最大厚度 c 与翼弦 b 的比值，即 $\bar{c} = c/b$ 。

②弹翼平面形状和参数

面空导弹弹翼的平面形状有梯形、后掠形、矩形和三角形，如图 8-3 所示。

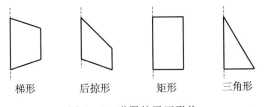

梯形　　　　后掠形　　　　矩形　　　　三角形

图 8-3　弹翼的平面形状

弹翼平面几何参数如图 8-4 所示。l_w 为翼展，b_0 为根弦，b_1 为梢弦，χ_0 为前缘后掠角，χ_1 为后缘后掠角。

描述弹翼平面形状特征的主要参数有平均几何弦 b_w 、展弦比 λ 和根梢比 η 。

平均几何弦 b_w 为弹翼面积 S_w 与翼展 l_w 的比值

$$b_w = S_w / l_w$$

展弦比 λ 为翼展 l_w 与平均几何弦 b_w 的比值

$$\lambda = l_w / b_w = l_w^2 / S_w$$

根梢比 η 为根弦 b_0 与梢弦 b_1 的比值

$$\eta = b_0 / b_1$$

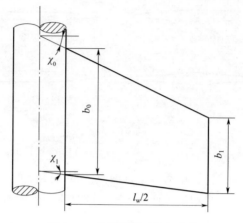

图 8-4　弹翼的平面几何参数

（2）弹身几何形状和参数

弹身通常由头部、圆柱段和尾部组成。

弹身的几何参数有弹身长度 L_b，头部长度 L_n，圆柱段长度 L_c，尾部长度 L_t，弹身直径 D_b，底部直径 d_b，如图 8-5 所示。

弹身长细比 $\lambda_b = L_b / D_b$，头部长细比 $\lambda_n = L_n / D_b$，圆柱段长细比 $\lambda_c = L_c / D_b$，尾部长细比 $\lambda_t = L_t / D_b$，尾部收缩比 $\eta_t = d_b / D_b$。

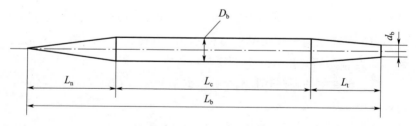

图 8-5　弹身的几何参数

8.5　轴向力

在空气中运动物体所受的轴向力可分为两部分：由于摩擦力而产生的轴向力和由于压力而产生的轴向力。

8.5.1　摩擦轴向力

当空气流经弹体表面时，在分子耦合力的作用下靠近弹体表面的那一层空气会受到阻滞，速度变为零，好像"附着"在物体的表面上一样。由于空气的黏性，阻滞效应会传到与其相邻的各层，于是，靠近弹体表面的地方形成了一层薄的边界层，如图 8-6 所示。在边界层中空气的速度从零（弹体表面处）逐步变化到未受阻滞时的速度[2]。

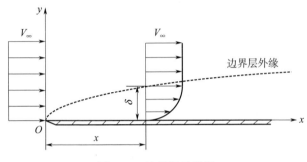

图 8-6　边界层示意图

边界层内的流动有两种类型：

1）层流流动［见图 8-7（a）］，空气流动时各层之间不混杂，好像是一层在另一层上滑动；

2）湍流流动「见图 8-7（b）］，空气质点在流动时是混乱的，轨迹是弯弯曲曲的。

对于层流流动，根据牛顿内摩擦应力公式有

$$\tau = \mu \frac{\partial V}{\partial n} \qquad (8-3)$$

式中，τ、μ 和 $\frac{\partial V}{\partial n}$ 分别为切向应力、空气的黏性系数和沿弹体表面法向的速度梯度。

具有黏性的空气与弹体表面发生摩擦，并受到阻滞，因而被阻滞的气流必然给予导弹表面一个相反的力，这就是摩擦轴向力。摩

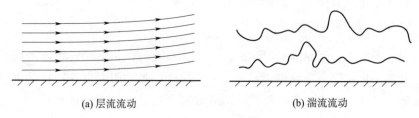

(a) 层流流动　　　　　　　　　　　　　(b) 湍流流动

图 8-7　层流流动和湍流流动

擦轴向力的大小与空气的黏性、导弹表面粗糙度及其与气流接触的表面积大小有关。导弹的弹身、弹翼和舵面都会产生摩擦轴向力[3]。

摩擦轴向力与边界层流动状态有关，在湍流中弹体表面处气流的切向速度在垂直物面方向的梯度比层流时大，所以湍流边界层的摩擦轴向力大于层流边界层的摩擦轴向力。

在不可压缩流中，摩擦轴向力系数与 Re 数和流动形式（层流或湍流）有关。通常边界层厚度很薄，N-S 方程通过简化可得到边界层方程，进一步可得平板在层流中的表面摩擦系数公式，即 Blasius 解

$$C_{f_L} = \frac{1.328}{\sqrt{Re}}$$

对于不可压缩湍流，没有简单的理论可描述在湍流边界层中的复杂流动特性。需要用经验公式将实验结果表示成表面摩擦系数，可采用 Kármán-Schoenherr 公式[4]

$$C_{f_T} \log_{10} C_{f_T} Re = 0.242$$

以上求得的表面摩擦系数仅适用于不可压缩流。在亚声速时，Ma 数的影响不太显著。但在跨声速和超声速时，Ma 数的影响就相当显著且不可忽略。对于层流，压缩性影响可用简化的理论方法表示，得到表面摩擦系数[4]

$$\frac{C_f}{C_{f_0}} = \left(\frac{1}{1+0.85Ma^2/5}\right)^{0.1295} \tag{8-4}$$

式中　　C_{f_0}——不可压缩层流的表面摩擦系数。

对于可压缩湍流，可采用 Frankl-Voishel 理论，考虑压缩性影

响的公式为[4]

$$\frac{C_f}{C_{f_0}} = \frac{1}{\left(1 + \dfrac{\gamma - 1}{2} Ma^2\right)^{0.467}} \tag{8-5}$$

式中　C_{f_0}——不可压缩湍流的表面摩擦系数。

通常情况下，空气沿弹体表面流动时，前面一段是层流边界层，后面一段是湍流边界层，从层流变为湍流的过渡段，称为转捩区。转捩区很窄时，可近似为一点，称为转捩点。

若转捩点已知，可计算弹身（或弹翼）层流和湍流部分的表面摩擦系数[4]

$$C_f = C_{f_L} \frac{S_x}{S_l} + C_{f_T} \frac{S_l - S_x}{S_l} \tag{8-6}$$

式中　C_{f_L}——层流中的表面摩擦系数，Re 数以图 8-8 中的 x 计算；

　　　C_{f_T}——湍流中的表面摩擦系数，Re 数以长度 l 计算；

　　　S_x——长度 x 内的浸湿表面积；

　　　S_l——总浸湿表面积（长度 l 内）。

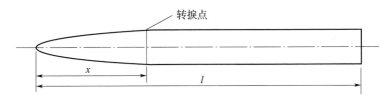

图 8-8　摩擦轴向力计算中各名称的定义

弹身或弹翼的摩擦轴向力系数为[4]

$$C_{x_f} = C_f \frac{S_{湿}}{S_{基准}} \tag{8-7}$$

式中　$S_{湿}$——弹身或弹翼的浸湿表面积。

转捩点与很多因素有关：Re 数、弹体的表面形状以及弹体表面的粗糙度等，特别是弹体表面粗糙度的影响较大[2]。粗糙度增大，转捩点前移，摩擦轴向力增大，故很难求出转捩点的精确位置。另一方面，在大多数飞行情况下，只在导弹弹身或弹翼的最前面部分出现层流，其余部分完全是湍流。因此，在导弹的初步设计中，可按全湍流边界层计算全弹的摩擦轴向力[5]。

随飞行海拔高度的增加，空气密度会减小，导致 Re 数也会减小，于是全弹摩擦轴向力系数随之增大。所以，全弹摩擦轴向力系数需要随飞行海拔高度的增加而进行修正。

8.5.2　压差轴向力

压差轴向力包括弹翼压差轴向力和弹身压差轴向力。其中，弹身压差轴向力包括前体压差轴向力和底部压差轴向力。

（1）弹翼压差轴向力

在亚声速时，当空气流过弹翼，在翼的前缘部分气流受到阻滞，其速度减慢，压力升高。在弹翼后缘，边界层分离形成涡流区，压力降低。弹翼前后出现压差，从而产生压差轴向力[3]，如图 8 - 9 所示。压差轴向力和边界层与翼面分离点的位置有关。在不考虑流动再附的条件下，分离点越靠前，涡流区越大，压差轴向力越大。亚声速时，弹翼的压差轴向力是由空气的黏性引起的，可称为黏性压差轴向力。

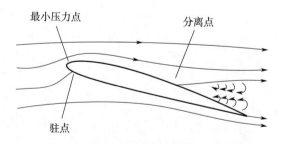

图 8 - 9　亚声速时弹翼压差轴向力的形成

在超声速时，弹翼的压差轴向力和空气的黏性也有关系，但主要由激波和膨胀波产生。当超声速气流流过一菱形剖面的弹翼，在弹翼上产生激波和膨胀波，如图 8 - 10 所示。气流经过激波，压力升高，流速降低。气流经过膨胀波，压力降低，流速提高。弹翼前半部分的压力升高，后半部分的压力降低，于是弹翼前后便出现了压差，从而产生了压差轴向力[3]。

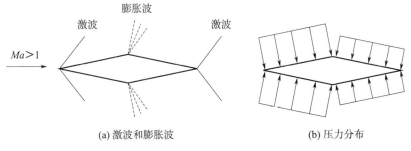

(a) 激波和膨胀波　　　　　　　(b) 压力分布

图 8 - 10　超声速时弹翼压差轴向力的形成

　　在薄翼条件下（相对厚度 $\bar{c} < 0.1$），弹翼在超声速时的压差轴向力系数近似与翼型相对厚度的平方成正比。不考虑空气的黏性，由小扰动线化理论，二元菱形薄翼在超声速时的零攻角压差轴向力系数为

$$C_{xw} = \frac{4\bar{c}^2}{\sqrt{Ma^2 - 1}}$$

　　弹翼的压差轴向力系数与弹翼的几何形状及其参数有关系。减小翼型的相对厚度，无论是亚声速还是超声速，弹翼的压差轴向力系数都会减小。弹翼在相对厚度 $\bar{c}$ 相同的情况下，前缘尖锐的翼型，能使激波强度降低，减小压差轴向力，菱形翼剖面前缘最尖，在超声速时的压差轴向力最小。超声速时，弹翼的前缘后掠角对压差轴向力有较大的影响。增大前缘后掠角，提高了临界 Ma 数，推迟了激波的出现，减小了弹翼的压差轴向力。

　　（2）弹身压差轴向力

　　①前体压差轴向力

　　在无黏流中，绕物体的流动不产生轴向力。而在实际流动中，轴向力是黏性影响的直接结果，它表现为弹身的压差轴向力。

在亚声速时，由于边界层厚度和弹身底部分离流动的影响而产生弹身后部压力的变化，是影响轴向力的两项因素，如图 8 - 11 所示。此时弹身头部的正压力不再由后部的正压力所平衡（若黏性不存在，则是平衡的）[6]。亚声速时，前体压差轴向力是由空气的黏性引起的，可称为黏性压差轴向力。

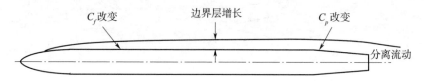

图 8 - 11　亚声速时弹身压差轴向力的形成

在超声速时，前体压差轴向力和空气的黏性也有关系，但主要是由激波和膨胀波产生。前体压差轴向力包括头部压差轴向力和尾部压差轴向力。头部和尾部的压力分布与激波和膨胀波有关，在头部产生激波，气流经过激波压力升高，在尾部气流经过膨胀波后产生低压区，从而产生了压差轴向力，如图 8 - 12 所示。头部压差轴向力与头部形状、头部长细比以及 Ma 数有关。头部越尖，长细比越大，头部由于激波产生的压差轴向力越小。尾部压差轴向力与尾部形状、收缩比以及 Ma 数有关。

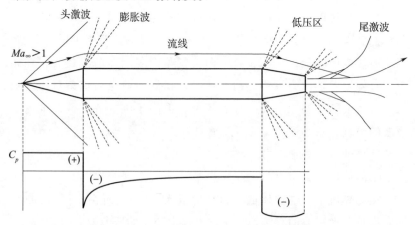

图 8 - 12　尖头细长旋成体超声速绕流

②底部压差轴向力

底部轴向力是由底部压力产生的，它在弹身底部面积上小于远前方气流压力值。物理上，由于外流作用使底部压力减小到低于远前方气流的值，在底部产生一个"死区"[6]。

影响底部压差轴向力的因素有 Re 数、Ma 数、攻角、弹身长细比、翼片邻近底部程度以及尾部形状。其中，Re 数、攻角、弹身长细比、翼片邻近底部程度的影响较小，通常可忽略[6]。

导弹在主动段飞行时，从发动机喷口喷出的燃气流使底部压力发生显著变化，因而底部压差轴向力同无喷流时不一样。在无喷流时，计算底部压差轴向力取整个底面积计算。在有喷流时，计算底部压差轴向力按图填充斜线的环形面积计算[7]，如图 8 - 13 所示。这是一种粗略的算法，未考虑发动机燃气流对底部压力系数的影响。燃气流影响的定量评价可借助 CFD 或实验[8]。

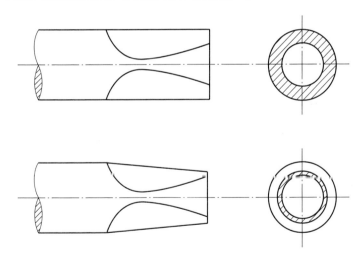

图 8 - 13　有喷流时计算底部压差轴向力所取的面积

在导弹外形设计中，可将尾部设计为船尾。船尾减小了底部面积，因此也减小了底部轴向力。然而，大的船尾角将引起流动分离。虽然经常用船尾减小底部轴向力，但是随着船尾角的增大也增加了尾部摩擦轴向力和尾部压差轴向力。因此，为了得到最有利的飞行器轴向力特性，需要在底部轴向力和船尾轴向力之间进行优化设计[6]。另外，船尾产生的法向力是负的，需要用增加尾翼面积的办法补偿，同时，船尾压力中心的移动范围随攻角增大而扩大。以上是仅从气动方面考虑了导弹的尾部设计，在工程上尾部的设计首先需要满足发动机喷管出口截面以及尾舱设备安装的要求。

8.6　法向力和横向力

8.6.1　法向力

（1）单独弹翼法向力

①亚声速时二元弹翼法向力

当空气以攻角 α 流过圆头尖尾翼型时，由于翼型上表面凸起的影响，使流管变细，即截面积减小，翼型上表面的流速提高，压力降低。下表面的流速降低，压力升高，如图 8-14 所示。翼型的上、下表面产生压力差，从而弹翼产生了法向力。

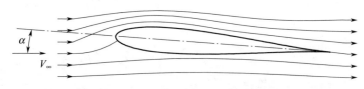

图 8-14　亚声速翼型与气流的关系

用压力系数 C_p 表示压力的大小。压力系数为翼面上某点的压力 p 与远前方气流的压力 p_∞ 之差，与远前方气流的动压之比，即有

$$C_p = \frac{p - p_\infty}{q_\infty} = \frac{p - p_\infty}{\frac{1}{2}\rho_\infty V_\infty^2}$$

翼剖面表面压力系数分布如图 8-15 所示。上表面的压力降低，因而压力系数 C_p 为负值，而下表面压力升高，因而压力系数 C_p 为正值。将各点的压力系数 C_p 沿翼剖面周线积分所得的和，在 y 轴上

的分量就是翼剖面的法向力系数，在 x 轴上的分量就是翼剖面的压差轴向力系数。

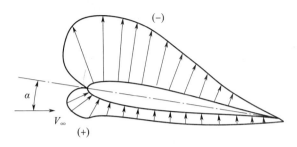

图 8 - 15　亚声速翼型的压力系数分布

不考虑空气的黏性，由附着涡层理论，二元对称薄翼在不可压缩流中的法向力系数为

$$C_N = 2\pi\alpha$$

不考虑空气的黏性，由小扰动线化理论，二元对称薄翼在亚声速时的法向力系数为

$$C_N = \frac{2\pi\alpha}{\sqrt{1 - Ma^2}} \tag{8 - 8}$$

由式（8-8）可知，在亚声速时，翼型的 C_N^α 随 Ma 数的增大而增大。

②超声速时二元弹翼法向力

超声速飞行时，空气流过弹翼时产生激波和膨胀波。空气以攻角 α 流过平板翼型时，在前缘下面产生激波，上面产生膨胀波，如图 8-16 所示。上表面在膨胀波后，压力比远前方的低，压力系数 C_p 为负值，下表面在激波后方，压力高于远前方压力，压力系数 C_p 为正值，如图 8-17 所示。将上下表面压力系数差从前缘到后缘积分，在 y 轴上的分量就是翼剖面的法向力系数，在 x 轴上的分量就是翼剖面的压差轴向力系数。

不考虑空气的黏性，由小扰动线化理论，二元对称薄翼在超声速时的法向力系数为

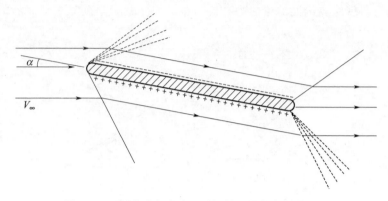

图 8-16　超声速气流流过平板翼型的激波和膨胀波

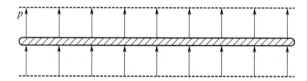

图 8-17　超声速气流流过平板翼型的压力系数分布

$$C_N = \frac{4\alpha}{\sqrt{Ma^2 - 1}} \qquad (8-9)$$

由式（8-9）可知，在超声速时，翼型的 C_N^α 随 Ma 数的增大而减小。

③三元弹翼法向力

实际弹翼的翼展长度都是有限的，有限翼展的弹翼称为三元弹翼。当气流以正攻角流过三元弹翼时，下翼面的高压气流在翼端处会"卷"到上翼面去，这种现象称为翼端效应。在亚声速时，这种影响涉及整个翼展范围内，如图 8-18 所示。在超声速时，这种影响只涉及扰动锥范围以内，如图 8-19 所示。

由于弹翼上、下表面的气流通过翼端沟通并向上翻流，因而抵消了一部分压力差，所以，三元弹翼的法向力系数小于二元弹翼的法向力系数。三元弹翼表面的压力分布也与二元弹翼不同，从翼端往里压力差逐渐增大[3]。

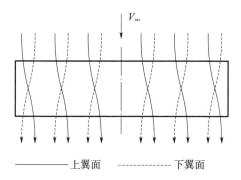

图 8-18 亚声速时翼端气流翻流对翼上、下表面流线的影响

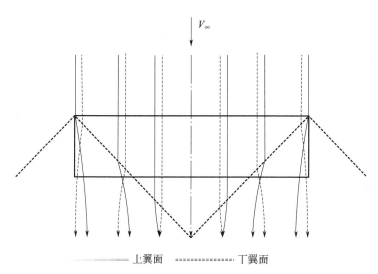

图 8-19 超声速时翼端气流翻流对翼上、下表面流线的影响

弹翼的几何形状对弹翼的法向力有影响，主要是展弦比 λ 对法向力有影响。λ 越小，C_N^α 越小。λ 对 C_N^α 的影响是通过弹翼的翼端效应而起作用的。λ 对 C_N^α 的影响随 Ma 的增大而减弱，在亚声速时，弹翼翼端效应的影响涉及整个翼面，因而 λ 对 C_N^α 的影响比较明显。超声速时，弹翼翼端效应只限于扰动锥以内，因而 λ 对 C_N^α 的影响就减弱了[3]。

不考虑空气的黏性，由升力线理论，三元对称矩形薄翼在亚声速时的法向力系数为

$$C_N = \frac{2\pi\alpha}{1 + \dfrac{2}{\lambda}}$$

不考虑空气的黏性，由小扰动线化理论，三元对称矩形薄翼在超声速时的法向力系数为

$$C_N = \frac{4\alpha}{\sqrt{Ma^2 - 1}}\left(1 - \frac{1}{2\lambda\sqrt{Ma^2 - 1}}\right)$$

后掠角 χ 对法向力也有影响，在亚声速时随着 χ 增大，法向力系数有所减小。但在超声速时随着 χ 增大，法向力系数却有所增大，其原因是大后掠角可以提高弹翼的临界 Ma 数。此外，减小弹翼的相对厚度 $\bar{c}$ 也可提高弹翼的临界 Ma 数。所以，超声速导弹广泛采用薄翼、有大后掠角的弹翼和三角形弹翼[3]。

不考虑空气的黏性，由细长体理论，小展弦比三角翼在亚声速时的法向力系数为

$$C_N = \frac{\pi}{2}\lambda\alpha \tag{8-10}$$

式中 λ ——三角翼的展弦比。

不考虑空气的黏性，由小扰动线化理论，超声速前缘三角翼在超声速时的法向力系数为

$$C_N = \frac{4\alpha}{\sqrt{Ma^2 - 1}}$$

（2）单独弹身法向力

弹身的法向力由头部法向力、圆柱段法向力和尾部法向力组成。

①头部法向力

导弹的弹身是轴对称的。具有圆锥形头部和锥台形尾部的弹身产生法向力的原理如图 8-20 所示。在攻角不为零的情况下，流经弹身的气流可分解为互相垂直的两个分量：一为平行于弹身轴线的分量，即 $V_\infty\cos\alpha$ ，另一分量为 $V_\infty\sin\alpha$ 。

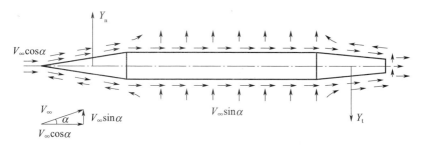

图 8 - 20　弹身气流速度的分解

由图 8 - 20 可知，从气流沿头部的速度流向来看，头部下表面的速度是两个分速度相减，上表面是两个分速度相加，上表面的速度大于下表面的速度，因而下表面的压力大于上表面的压力，由此产生了头部的法向力[3]。

不考虑空气的黏性，由细长体理论，锥形头部在垂直于弹身纵轴方向的法向力系数为

$$C_N = \sin 2\alpha$$

②圆柱段法向力

不考虑空气的黏性，由细长体理论可知圆柱段的法向力为零。实际上，由于头部上下表面的压力差对圆柱段会有影响。实验结果表明，当超声速绕流时，在紧接着头部后面长度约为 2～3 倍直径的圆柱段上也将产生法向力，这部分法向力的大小与攻角成正比，称为头部的"后延"效应[9]。另外，空气是有黏性的，当气流速度为 $V_\infty \sin \alpha$ 的气流绕过圆柱时，由于在背风面的边界层变厚和气流分离，上下表面形成压力差，产生黏性法向力，称为弹体横流法向力[6]。

由弹体横流理论，圆柱段弹身在垂直于弹身纵轴方向的法向力系数为[6]

$$C_N = C_{D_{\alpha=90°}} \left(\frac{A_p}{S} \right) \sin^2 \alpha \tag{8 - 11}$$

式中　$C_{D_{\alpha=90°}}$——二维圆柱在横流 Ma 数为 $Ma_\infty \sin \alpha$ 时的阻力系数；

A_p——弹身的平面面积。

在小攻角时，圆柱段的弹体横流法向力可忽略不计，圆柱段上作用的法向力很小，此力是由于头部的"后延"效应引起的。在大攻角时，由于垂直于弹身中心线的弹体横流法向力作用，产生了相当大的法向力[4]。

③尾部法向力

对于具有收缩段的尾部，由图 8 - 20 可知，尾部产生的法向力是负的。

不考虑空气的黏性，由细长体理论，收缩段尾部在垂直于弹身纵轴方向的法向力系数为[11]

$$C_N = -\left[1 - \left(\frac{D_d}{D}\right)^2\right]\sin 2\alpha \qquad (8 - 12)$$

式中　D_d——弹身底部直径；

　　　D——弹身直径。

由于尾部边界层厚度的增加和气流的分离，使得尾部法向力系数的实际值比理论值小得多。在计算法向力系数时，引入修正系数 ξ，其值约为 0.15～0.20，于是有[11]

$$C_N = -\xi\left[1 - \left(\frac{D_d}{D}\right)^2\right]\sin 2\alpha$$

（3）前翼弹身干扰

前翼和弹身组装在一起，其组合体的法向力并不正好等于各单独部件法向力之和，这种情况是由于气动干扰引起的。所谓干扰就是各部件组装在一起，它会改变气流流经各部件的流动边界条件，从而引起气流流动的情况与原先单独部件的情况有所差别。以下关于前翼弹身干扰均在气动滚转角 $\gamma_a = 0°$ 的条件下论述。

弹身对前翼的干扰来自弹身的上洗效应。当气流以速度 V_∞、攻角 α 流向翼身组合体时，垂直于弹身轴线的法向速度为 $V_\infty\sin\alpha \approx V_\infty\alpha$，按照不可压缩流理论，$V_\infty\alpha$ 横绕圆柱流动时在 z 轴上各点的法向速度为

$$V_y = V_\infty \alpha \left(1 + \frac{R^2}{z^2}\right) \qquad (8-13)$$

式中　R ——弹身的半径。

由式（8-13）可知，当 $z = \pm R$ 时，$V_y = 2V_\infty \alpha$ ，当 $z \to \infty$ 时，$V_y = V_\infty \alpha$ 。若将弹翼安装在 z 轴的位置上，那么前翼各剖面的当地攻角均大于实际攻角。在翼根处，当地攻角为 2α ，在前翼梢处，当地攻角虽比 2α 小些，但仍比 α 大。因此，当前翼装在弹身上时，它的法向力大于单独前翼的法向力。增大的这部分法向力为弹身对前翼的干扰法向力[10]，如图 8-21 所示。

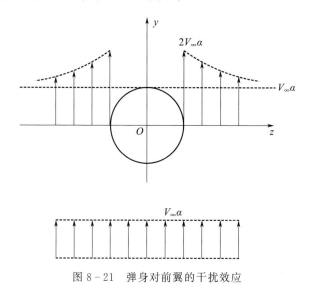

图 8-21　弹身对前翼的干扰效应

前翼对弹身的干扰来自前翼载荷传递，如图 8-22 所示。弹身与前翼相连接，前翼上、下表面压力差将向弹身表面传递，并以两条马赫螺旋线为边界，这两条线是由每个悬臂翼根弦的起点引出的，对于弹身母线的倾斜角等于 Ma 角[11]。若不计气流的黏性，圆柱弹身的法向力为零。现在由于翼面压力差传递到弹身上，使弹身也产生了法向力。增大的这部分法向力为前翼对弹身的干扰法向力。

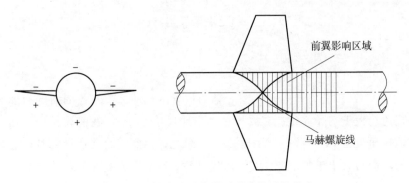

图 8 - 22　超声速时前翼对弹身的干扰效应

　　按照细长体理论，假定来流攻角 α 很小，前翼厚度很薄。当前翼相对弹身轴线有一偏角 δ_W 时，在小扰动线化流场中，整个流场可以看成是下面两种情况的线性叠加：一种情况为前翼偏角 $\delta_W = 0$，弹身和前翼的攻角均为 α。另一种情况为前翼偏角 $\delta_W \neq 0$，而弹身攻角 $\alpha = 0$，如图 8 - 23 所示[12]。两种情况下前翼横截面的流动示意图如图 8 - 24 所示[12]。

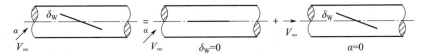

图 8 - 23　细长组合体小扰动分解处理示意图

　　在前翼相对弹身不偏转的情况下，即 $\alpha \neq 0$、$\delta_W = 0$，前翼对全弹法向力的贡献除了单独前翼提供的法向力 Y_{W0} 以外，还有弹身对前翼的干扰法向力 $\Delta Y_{W(B)}$，前翼对弹身的干扰法向力 $\Delta Y_{B(W)}$。前翼对全弹法向力的贡献为

$$Y_{\alpha W} = Y_{\alpha W0} + \Delta Y_{\alpha W(B)} + \Delta Y_{\alpha B(W)} \qquad (8-14)$$

　　定义

$$K_{W(B)} = \frac{Y_{\alpha W0} + \Delta Y_{\alpha W(B)}}{Y_{\alpha W0}}$$

$$K_{B(W)} = \frac{\Delta Y_{\alpha B(W)}}{Y_{\alpha W0}}$$

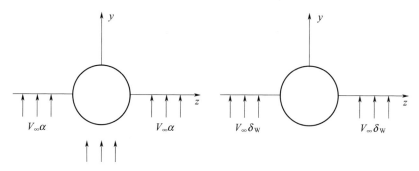

图 8 - 24　$\alpha \neq 0$、$\delta_W = 0$ 和 $\alpha = 0$、$\delta_W \neq 0$ 情况下前翼横截面流动示意图

式（8 - 14）可写为

$$Y_{\alpha W} = (K_{W(B)} + K_{B(W)}) Y_{\alpha W0}$$

在前翼马赫螺旋线限定区域内，在 $\alpha \neq 0$ 时弹身迎风面和背风面的压力大小主要由外露前翼的影响所决定，此影响在 $K_{B(W)}$ 的计算中已考虑到。而在这一区域不会因横流产生的弹身绕流使气流分离，即不考虑这一区域弹身产生的横流法向力[8]，即有

$$Y_{\alpha W} = (K_{W(B)} + K_{B(W)} - \Delta K_{B(W)}) Y_{\alpha W0} \tag{8 - 15}$$

式中　$\Delta K_{B(W)}$——前翼马赫螺旋线限定区域的弹身横流法向力。

在前翼相对弹身偏转的情况下，即 $\alpha = 0$、$\delta_W \neq 0$，前翼对全弹法向力的贡献除了单独前翼提供的法向力 $Y_{\delta W0}$ 以外，还有弹身对前翼的干扰法向力 $\Delta Y_{\delta W(B)}$，前翼对弹身的干扰法向力 $\Delta Y_{\delta B(W)}$。前翼对全弹法向力的贡献为

$$Y_{\delta W} = Y_{\delta W0} + \Delta Y_{\delta W(B)} + \Delta Y_{\delta B(W)} \tag{8 - 16}$$

定义

$$k_{W(B)} = \frac{Y_{\delta W0} + \Delta Y_{\delta W(B)}}{Y_{\delta W0}}$$

$$k_{B(W)} = \frac{\Delta Y_{\delta B(W)}}{Y_{\delta W0}}$$

式（8 - 16）可写为

$$Y_{\delta W} = (k_{W(B)} + k_{B(W)}) Y_{\delta W0}$$

综合以上，在小攻角和小前翼偏角下，前翼对全弹法向力的贡献为

$$Y_W = Y_{aW} + Y_{\delta W}$$

$$= (K_{W(B)} + K_{B(W)} - \Delta K_{B(W)}) Y_{aW0} + (k_{W(B)} + k_{B(W)}) Y_{\delta W0}$$

$$= [(K_{W(B)} + K_{B(W)} - \Delta K_{B(W)}) \alpha + (k_{W(B)} + k_{B(W)}) \delta_W] \frac{\partial C_{N_W}}{\partial \alpha} q_\infty S_W$$

由于前翼处于导弹的中间部位，远前方的气流经过弹身头部才能到达前翼区，所以前翼受到弹身头部的影响。弹身头部对前翼的干扰表现为速度阻滞。

流经弹身头部的气流，给弹身头部以阻力，沿气流方向，弹身头部给气流的反作用力使气流速度减小，引起前翼处的动压损失，用速度阻滞 k_{q_f} 表示

$$k_{q_f} = q_{t_f} / q_\infty \qquad (8-17)$$

式中　　q_{t_f} ——前翼处的平均动压。

考虑速度阻滞后的前翼对全弹法向力的贡献为

$$Y_W = k_{q_f} [(K_{W(B)} + K_{B(W)} - \Delta K_{B(W)}) \alpha + (k_{W(B)} + k_{B(W)}) \delta_W] \frac{\partial C_{N_W}}{\partial \alpha} q_\infty S_W$$

对于无翼式气动布局，不存在前翼和弹身的干扰。

（4）前翼弹身组合体对尾翼的干扰

前翼弹身组合体对尾翼的干扰包括三个方面，首先，存在尾翼和弹身之间的干扰。其次，前翼弹身组合体对尾翼产生速度阻滞。最后，存在前翼对尾翼的干扰。

尾翼弹身干扰的机理与前翼弹身干扰的机理相同。

在小攻角和小尾翼偏角下，尾翼对全弹法向力的贡献为

$$Y_T = Y_{aT} + Y_{\delta T}$$

$$= (K_{T(B)} + K_{B(T)} - \Delta K_{B(T)}) Y_{aT0} + (k_{T(B)} + k_{B(T)}) Y_{\delta T0}$$

$$= [(K_{T(B)} + K_{B(T)} - \Delta K_{B(T)}) \alpha + (k_{T(B)} + k_{B(T)}) \delta_T] \frac{\partial C_{N_T}}{\partial \alpha} q_\infty S_T$$

由于尾翼处于导弹的最后部位，远前方的气流经过前翼和弹身

才能到达尾翼区，流经前翼和弹身的气流，给前翼和弹身以阻力，沿气流方向，前翼和弹身给气流的反作用力使气流速度减小，引起尾翼处的动压损失，用速度阻滞 k_{q_b} 表示

$$k_{q_b} = q_{t_b}/q_\infty \qquad (8-18)$$

式中　　q_{t_b} ——尾翼处的平均动压。

当有前翼和尾翼的导弹与气流倾斜为攻角时，空气离开前翼面时将使原有流动方向改变。这就使流过尾翼气流的实际攻角与流过前翼气流的攻角不同。这个干扰效果称为"下洗"[5]，如图 8 - 25 所示。由于下洗，尾翼处的实际攻角小于前翼的攻角。

下洗的大小由下洗角 ε 表示，在小攻角和小前翼偏角情况下，下洗角可表示为

$$\varepsilon = \varepsilon^\alpha \alpha + \varepsilon^\delta \delta_W \qquad (8-19)$$

式中　　ε^α ——单位攻角的下洗率；

　　　　ε^δ ——单位前翼偏角的下洗率。

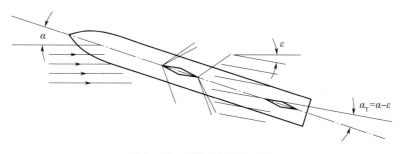

图 8 - 25　尾翼处气流的下洗

尾翼提供的法向力 Y_T 会受到前翼弹身组合体对尾翼干扰中速度阻滞和气流下洗的影响。尾翼对全弹法向力的贡献为

$$
\begin{aligned}
Y_T &= Y_{aT} + Y_{\delta T} \\
&= (K_{T(B)} + K_{B(T)} - \Delta K_{B(T)}) Y_{aT0} + (k_{T(B)} + k_{B(T)}) Y_{\delta T0} \\
&= k_{q_b} [(K_{T(B)} + K_{B(T)} - \Delta K_{B(T)}) (\alpha - \varepsilon) + (k_{T(B)} + k_{B(T)}) \delta_T] \frac{\partial C_{N_T}}{\partial \alpha} q_\infty S_T
\end{aligned}
$$

（5）全弹法向力

全弹的法向力可表示为

$$Y = Y_B + Y_W + Y_T$$

$$= \frac{\partial C_{N_B}}{\partial \alpha} \alpha q_\infty S_B + k_{q_f} \Big[(K_{W(B)} + K_{B(W)} - \Delta K_{B(W)}) \alpha +$$

$$(k_{W(B)} + k_{B(W)}) \delta_W \Big] \frac{\partial C_{N_W}}{\partial \alpha} q_\infty S_W +$$

$$k_{q_b} \Big[(K_{T(B)} + K_{B(T)} - \Delta K_{B(T)})(\alpha - \varepsilon) +$$

$$(k_{T(B)} + k_{B(T)}) \delta_T \Big] \frac{\partial C_{N_T}}{\partial \alpha} q_\infty S_T$$

$$(8-20)$$

式中　　Y_B——单独弹身的法向力。

对于正常式布局，前翼不偏转，尾翼偏转产生控制力，全弹的法向力为

$$Y = Y_B + Y_W + Y_T$$

$$= \frac{\partial C_{N_B}}{\partial \alpha} \alpha q_\infty S_B + k_{q_f} (K_{W(B)} + K_{B(W)} - \Delta K_{B(W)}) \frac{\partial C_{N_W}}{\partial \alpha} \alpha q_\infty S_W +$$

$$k_{q_b} \Big[(K_{T(B)} + K_{B(T)} - \Delta K_{B(T)}) (1 - \varepsilon^\alpha) \alpha + (k_{T(B)} + k_{B(T)}) \delta_T \Big] \frac{\partial C_{N_T}}{\partial \alpha} q_\infty S_T$$

$$= \Big[\frac{\partial C_{N_B}}{\partial \alpha} q_\infty S_B + k_{q_f} (K_{W(B)} + K_{B(W)} - \Delta K_{B(W)}) \frac{\partial C_{N_W}}{\partial \alpha} q_\infty S_W +$$

$$k_{q_b} (K_{T(B)} + K_{B(T)} - \Delta K_{B(T)}) (1 - \varepsilon^\alpha) \frac{\partial C_{N_T}}{\partial \alpha} q_\infty S_T \Big] \alpha +$$

$$k_{q_b} \Big[(k_{T(B)} + k_{B(T)}) \frac{\partial C_{N_T}}{\partial \alpha} q_\infty S_T \Big] \delta_T$$

$$(8-21)$$

对于鸭式布局和旋转弹翼式布局，前翼偏转产生控制力，尾翼不偏转，全弹的法向力为

$$Y = Y_B + Y_W + Y_T$$

$$= \frac{\partial C_{N_B}}{\partial \alpha} \alpha q_\infty S_B + k_{q_f} \big[(K_{W(B)} + K_{B(W)} - \Delta K_{B(W)}) \alpha +$$

$$(k_{W(B)} + k_{B(W)}) \delta_W \big] \frac{\partial C_{N_W}}{\partial \alpha} q_\infty S_W -$$

$$k_{q_b} (K_{T(B)} + K_{B(T)} - \Delta K_{B(T)}) \frac{\partial C_{N_T}}{\partial \alpha} \varepsilon^\delta \delta_W q_\infty S_T +$$

$$k_{q_b} (K_{T(B)} + K_{B(T)} - \Delta K_{B(T)}) \frac{\partial C_{N_T}}{\partial \alpha} (1 - \varepsilon^\alpha) \alpha q_\infty S_T$$

$$= \Big[\frac{\partial C_{N_B}}{\partial \alpha} q_\infty S_B + k_{q_f} (K_{W(B)} + K_{B(W)} - \Delta K_{B(W)}) \frac{\partial C_{N_W}}{\partial \alpha} q_\infty S_W +$$

$$k_{q_b} (K_{T(B)} + K_{B(T)} - \Delta K_{B(T)}) \frac{\partial C_{N_T}}{\partial \alpha} (1 - \varepsilon^\alpha) q_\infty S_T \Big] \alpha +$$

$$\Big[k_{q_f} (k_{W(B)} + k_{B(W)}) \frac{\partial C_{N_W}}{\partial \alpha} q_\infty S_W -$$

$$k_{q_b} (K_{T(B)} + K_{B(T)} - \Delta K_{B(T)}) \frac{\partial C_{N_T}}{\partial \alpha} \varepsilon^\delta q_\infty S_T \Big] \delta_W$$

$$\tag{8-22}$$

对于无翼式布局，无前翼，不产生前翼对尾翼的干扰，尾翼偏转产生控制力，全弹的法向力为

$$Y = Y_B + Y_T$$

$$= \frac{\partial C_{N_B}}{\partial \alpha} \alpha q_\infty S_B + k_{q_b} \big[(K_{T(B)} + K_{B(T)} - \Delta K_{B(T)}) \alpha +$$

$$(k_{T(B)} + k_{B(T)}) \delta_T \big] \frac{\partial C_{N_T}}{\partial \alpha} q_\infty S_T$$

$$= \Big[\frac{\partial C_{N_B}}{\partial \alpha} q_\infty S_B + k_{q_b} (K_{T(B)} + K_{B(T)} - \Delta K_{B(T)}) \frac{\partial C_{N_T}}{\partial \alpha} q_\infty S_T \Big] \alpha +$$

$$\Big[k_{q_b} (k_{T(B)} + k_{B(T)}) \frac{\partial C_{N_T}}{\partial \alpha} q_\infty S_T \Big] \delta_T$$

$$\tag{8-23}$$

当气动滚转角 $\gamma_a = 0°$ 时，在气动固联坐标系下，俯仰通道和偏航通道的气动力不存在交叉耦合，全弹的法向力与偏航舵偏角无关。全弹的法向力取决于飞行 Ma 数、Re 数、II 通道攻角和俯仰舵偏角，全弹的法向力可表示为

$$Y = f(Ma, Re, \alpha_{II}, \delta_z)$$

由式（8-21）、式（8-22）和式（8-23）均可得

$$Y = Y^{\alpha_{II}} \alpha_{II} + Y^{\delta_z} \delta_z \tag{8-24}$$

式（8-24）写成力系数形式，则有

$$C_y = C_y^\alpha \alpha_{II} + C_{yz}^\delta \delta_z$$

8.6.2　横向力

当气动滚转角 $\gamma_a = 90°$ 时，在气动固联坐标系下，偏航通道和俯仰通道的气动力不存在交叉耦合，全弹的横向力与俯仰舵偏角无关。全弹的横向力取决于飞行 Ma 数、Re 数、I 通道攻角和偏航舵偏角，全弹的横向力可表示为

$$Z = f(Ma, Re, \alpha_I, \delta_y) \tag{8-25}$$

式（8-25）展开为 Taylor 级数，可得

$$Z = Z^{\alpha_I} \alpha_I + Z^{\delta_y} \delta_y \tag{8-26}$$

式（8-26）写成力系数形式，对于轴对称导弹有

$$C_z = -C_y^\alpha \alpha_I + C_{yz}^\delta \delta_y$$

8.7　压力中心

为了确定作用在面空导弹上的气动力矩，除必须知道气动力的大小外，还需要知道它们的作用点。气动力合力的作用点称为压力中心，简称压心。若将气动力合力分解为轴向力和法向力，法向力的作用点即为压力中心。

8.7.1　单独弹翼压力中心

单独弹翼的压心系数 $\bar{x}_{\text{压}}$ 通常以平均气动弦 b_A 为参考量，即有

$$\overline{x}_{cp} = \frac{x_{cp}}{b_A}$$

式中　x_{cp}——压力中心至平均气动弦前缘点的距离。

不考虑空气的黏性，由附着涡层理论，二元对称薄翼在低速、亚声速时的压心系数为

$$\overline{x}_{cp} = \frac{x_{cp}}{b} = \frac{1}{4} \tag{8-27}$$

式中　b——翼弦。

不考虑空气的黏性，由小扰动线化理论，二元对称薄翼在超声速时的压心系数为

$$\overline{x}_{cp} = \frac{x_{cp}}{b} = \frac{1}{2}$$

8.7.2　单独弹身压力中心

弹身通常由头部、圆柱段和尾部组成。

（1）头部压力中心

在低 Ma 数时，由细长体理论，头部压力中心至弹身头部顶点距离的计算公式为[11]

$$(x_{cp})_n = L_n - \frac{W_n}{S_B} \tag{8-28}$$

式中　L_n——弹身头部长度；

　　　W_n——弹身头部体积；

　　　S_B——弹身头部底端面的横截面积。

实验结果表明，当 Ma 数增大时，具有圆柱后体的头部压心后移，且圆柱后体的长细比越大，后移量越大[11]。

（2）尾部压力中心

由细长体理论，尾部压力中心至弹身头部顶点距离的计算公式为[11]

$$(x_{cp})_t = L_b - \frac{SL_t - W_t}{S - S_b} \tag{8-29}$$

式中　W_t——弹身尾部体积；

　　　S_b——弹身底部的横截面积。

当 $\alpha \neq 0$ 时，在尾部发生气流分离。因此，压力分布发生变化，式（8-29）就不适用了。考虑到尾部的法向力不大，确定尾部压心时的误差并不严重影响弹身的总压心，因此可以近似取

$$(x_{cp})_t = L_b - 0.5L_t$$

也就是认为，尾部压力中心位于尾部长度的中点[11]。

（3）圆柱段压力中心

假定由于在弹身背风面气流分离引起的黏性法向力分布是均匀的，则其合力作用点将与弹身在平面上投影面积中心相重合，圆柱段压力中心至弹身头部顶点距离的计算公式为[8]

$$(x_{cp})_c = \frac{1}{2}\left(L_b + \frac{1}{2}L_n \right)$$

8.7.3　零舵偏全弹压力中心

由于圆柱段弹身产生的横流法向力近似与攻角的平方成正比，故单独弹身的压力中心随攻角的增大向后移动，而前翼和尾翼的压力中心随攻角的增大变化不大。因此，零舵偏全弹的压力中心通常随攻角的增大而向后移动。

导弹在飞行过程中的弹性变形会对零舵偏全弹的压力中心产生影响。因此，需要根据弹性变形的大小修正零舵偏全弹的压力中心。

8.8　俯仰力矩

作用在面空导弹的气动力所产生的绕气动固联坐标系 z 轴的力矩，称为俯仰力矩。

当气动滚转角 $\gamma_a = 0°$ 时，在气动固联坐标系下，俯仰通道和偏航通道的气动力矩不存在交叉耦合，俯仰力矩与偏航舵偏角无关。俯仰力矩取决于飞行 Ma 数、Re 数、Ⅱ通道攻角和俯仰舵偏角，另

外，当俯仰角速度、攻角的变化率和舵偏角的变化率不为零时，还会产生附加的动态俯仰力矩。俯仰力矩可表示为

$$M_z = f\left(Ma, Re, \alpha_{\text{II}}, \delta_z, \omega_{z_a}, \dot{\alpha}_{\text{II}}, \dot{\delta}_z\right) \tag{8-30}$$

式（8-30）展开为 Taylor 级数，对于轴对称的面空导弹，可得

$$M_z = M_z^{\alpha_{\text{II}}} \alpha_{\text{II}} + M_z^{\delta_z} \delta_z + M_z^{\omega_{z_a}} \omega_{z_a} + M_z^{\dot{\alpha}_{\text{II}}} \dot{\alpha}_{\text{II}} + M_z^{\dot{\delta}_z} \dot{\delta}_z$$

$$\tag{8-31}$$

式（8-31）写成力矩系数形式，则有

$$m_z = m_z^{\alpha} \alpha_{\text{II}} + m_z^{\delta_z} \delta_z + m_z^{\omega_z} \overline{\omega}_{z_a} + m_z^{\dot{\alpha}} \overline{\dot{\alpha}}_{\text{II}} + m_z^{\dot{\delta}_z} \overline{\dot{\delta}}_z \tag{8-32}$$

式中　m_z^{α}、$m_z^{\delta_z}$——对角度的导数，为气动静态导数；

　　　$m_z^{\omega_z}$、$m_z^{\dot{\alpha}}$ 和 $m_z^{\dot{\delta}_z}$——对角速度的导数，为气动动态导数；

　　　$\overline{\omega}_{z_a}$——无因次角速度；

　　　$\overline{\dot{\alpha}}_{\text{II}}$、$\overline{\dot{\delta}}_z$——无因次角度变化率。

$$\overline{\omega}_{z_a} = \omega_{z_a} L/V \text{，} \overline{\dot{\alpha}}_{\text{II}} = \dot{\alpha}_{\text{II}} L/V \text{，} \overline{\dot{\delta}}_z = \dot{\delta}_z L/V$$

8.8.1　俯仰静力矩

II 通道攻角产生的气动力对质心的力矩称为俯仰静力矩，可表示为

$$M_z\left(\alpha_{\text{II}}\right) = M_z^{\alpha_{\text{II}}} \alpha_{\text{II}} = Y^{\alpha_{\text{II}}} \alpha_{\text{II}} \left(x_{\text{cg}} - x_{\text{cp}}\right)$$

$$= C_y^{\alpha} \alpha_{\text{II}} \left(x_{\text{cg}} - x_{\text{cp}}\right) qS = m_z^{\alpha} \alpha_{\text{II}} qSL$$

于是有

$$m_z^{\alpha} = C_y^{\alpha} \left(x_{\text{cg}} - x_{\text{cp}}\right) / L$$

气动静态导数 m_z^{α} 表示单位攻角引起的俯仰力矩系数的大小和方向，它表征着导弹的静稳定品质。

若 $m_z^{\alpha}\big|_{\alpha = \alpha_{\text{B}}} < 0$，导弹处于静稳定状态。静稳定的静力矩称为恢复力矩。

若 $m_z^{\alpha}\big|_{\alpha = \alpha_{\text{B}}} = 0$，导弹处于静中立稳定状态。

若 $m_z^{\alpha}\big|_{\alpha = \alpha_{\text{B}}} > 0$，导弹处于静不稳定状态。静不稳定的静力矩称

为翻转力矩。

8.8.2 俯仰操纵力矩

舵面偏转后产生的气动力对质心的力矩称为操纵力矩，可表示为

$$M_z\left(\delta_z\right)=M_z^{\delta_z}\delta_z=Y^{\delta_z}\delta_z\left(x_{cg}-x_{cr}\right)$$
$$=C_y^{\delta_z}\delta_z\left(x_{cg}-x_{cr}\right)qS=m_z^{\delta_z}\delta_z qSL$$

于是有

$$m_z^{\delta_z}=C_y^{\delta_z}\left(x_{cg}-x_{cr}\right)/L$$

8.8.3 俯仰阻尼力矩

俯仰阻尼力矩是由导弹绕气动固联坐标系 z 轴转动运动所引起的，其大小和转动角速度 ω_{z_a} 成正比，方向和转动角速度的方向相反，其作用是阻止导弹绕气动固联坐标系 z 轴的转动运动，故称为俯仰阻尼力矩。显然，导弹不做转动运动时，也就没有阻尼力矩。俯仰阻尼力矩可表示为

$$M_z\left(\omega_{z_a}\right)=M_z^{\omega_z}\omega_{z_a}=m_z^{\omega_z}\overline{\omega}_{z_a}qSL=m_z^{\omega_z}\omega_{z_a}qSL^2/V$$

8.8.4 俯仰下洗时差阻尼力矩

俯仰下洗时差阻尼力矩可表示为

$$M_z\left(\dot{\alpha}_{\parallel}\right)=M_z^{\dot{\alpha}_{\parallel}}\dot{\alpha}_{\parallel}=m_z^{\dot{\alpha}}\overline{\dot{\alpha}}_{\parallel}qSL=m_z^{\dot{\alpha}}\dot{\alpha}_{\parallel}qSL^2/V$$

俯仰阻尼导数的风洞实验结果为 $m_z^{\omega_z}$ 和 $m_z^{\dot{\alpha}}$ 两项之和。

8.8.5 舵面偏转角速度产生的俯仰力矩

对于鸭式或旋转弹翼式气动布局面空导弹，当舵面或旋转弹翼的偏转角速度不为零时，同样存在下洗延迟现象，由舵面偏转角速度引起的附加俯仰力矩也是一种阻尼力矩。舵面偏转角速度产生的俯仰力矩可表示为

$$M_z(\dot{\delta}_z) = M_z^{\dot{\delta}_z}\dot{\delta}_z = m_z^{\dot{\delta}_z}\overline{\dot{\delta}}_z qSL = m_z^{\dot{\delta}_z}\dot{\delta}_z qSL^2/V$$

8.9　偏航力矩

作用在面空导弹的气动力所产生的绕气动固联坐标系 y 轴的力矩，称为偏航力矩。对于轴对称面空导弹，偏航力矩产生的物理机理与俯仰力矩相同。所不同的是，偏航力矩是由横向力所产生的。

当气动滚转角 $\gamma_a = 90°$ 时，在气动固联坐标系下，偏航通道和俯仰通道的气动力矩不存在交叉耦合，偏航力矩与俯仰舵偏角无关。偏航力矩取决于飞行 Ma 数、Re 数、Ⅱ通道攻角和偏航舵偏角，另外，当偏航角速度、攻角的变化率和偏航舵偏角的变化率不为零时，还会产生附加的动态偏航力矩。偏航力矩可表示为

$$M_y = f(Ma, Re, \alpha_{\text{I}}, \delta_y, \omega_{y_a}, \dot{\alpha}_{\text{I}}, \dot{\delta}_y) \qquad (8-33)$$

式（8-33）展开为 Taylor 级数，可得

$$M_y = M_y^{\alpha_{\text{I}}}\alpha_{\text{I}} + M_y^{\delta_y}\delta_y + M_y^{\omega_{y_a}}\omega_{y_a} + M_y^{\dot{\alpha}_{\text{I}}}\dot{\alpha}_{\text{I}} + M_y^{\dot{\delta}_y}\dot{\delta}_y \quad (8-34)$$

式（8-34）写成力矩系数形式，对于轴对称导弹有

$$m_y = m_z^{\alpha}\alpha_{\text{I}} + m_z^{\delta_z}\delta_y + m_z^{\omega_z}\overline{\omega}_{y_a} + m_z^{\dot{\alpha}}\overline{\dot{\alpha}}_{\text{I}} + m_z^{\dot{\delta}_z}\overline{\dot{\delta}}_y$$

8.10　滚转力矩

作用在面空导弹的气动力所产生的绕气动固联坐标系 x 轴的力矩，称为滚转力矩。不考虑俯仰舵偏角和偏航舵偏角产生的滚转力矩，即忽略俯仰通道和偏航通道产生的滚转通道气动耦合，滚转力矩可表示为

$$M_x = M_{x0} + M_x^{\delta_x}\delta_x + M_x^{\omega_{x_a}}\omega_{x_a} \qquad (8-35)$$

式中　M_{x0}——斜吹力矩。

式（8-35）写成力矩系数形式，则有

$$m_x = m_{x0}(\alpha_{\text{T}}, \gamma_a) + m_x^{\delta_x}\delta_x + m_x^{\omega_x}\overline{\omega}_{x_a} \qquad (8-36)$$

式中　m_{x0}　——斜吹力矩系数；

　　　$m_x^{\delta_x}$　——对角度的导数，为气动静态导数；

　　　$m_x^{\omega_x}$　——对角速度的导数，为气动动态导数；

　　　$\overline{\omega}_{x_a}$　——无因次角速度。

$$\overline{\omega}_{x_a} = \omega_{x_a} L/V$$

8.10.1　斜吹力矩

斜吹力矩是由于当某一对相对外露的弹翼或舵面的法向力不一致，迎面气流引起的绕流不对称而产生的[8]。斜吹力矩又称为"诱导滚转力矩"。

当导弹的攻角和侧滑角不相等时，导弹的弹翼会产生斜吹力矩。另外，舵面也会产生斜吹力矩。

从横滚稳定性来说，鸭式气动布局是最不利的，鸭式气动布局的舵面洗流不对称会在尾翼处形成不对称的流场，从而产生斜吹力矩，舵面差动不能起到副翼的作用[13]。所以，鸭式导弹通常在弹翼上配置副翼，或者采用自由旋转尾翼减小斜吹力矩。

对于旋转弹翼式气动布局，其与鸭式气动布局的横滚特性类似，但由于旋转弹翼面积大，而尾翼面积小，且弹身的攻角较小，其洗流不对称的影响远没有鸭式气动布局严重。所以，通常旋转弹翼可作为差动舵起副翼作用[13]。

对于正常式气动布局，由于弹翼位于舵面之前，不存在因舵面偏转对弹翼引起的下洗[13]，横滚稳定性好于鸭式气动布局。

对于无翼式气动布局，由于取消了弹翼，相对于正常式气动布局，减小了斜吹力矩，同时改善了非对称气动力特性。

8.10.2　滚转操纵力矩

操纵副翼或差动舵产生绕气动固联坐标系 x 轴的力矩，称为滚转操纵力矩。滚转操纵力矩用于保持导弹的倾斜稳定。滚转操纵力矩可表示为

$$M_x(\delta_x) = M_x^{\delta_x}\delta_x = m_x^{\delta_x}\delta_x qSL$$

8.10.3　滚转阻尼力矩

当导弹绕气动固联坐标系 x 轴滚转时，产生一个附加滚转力矩，这个力矩与原来的滚转力矩方向相反，阻碍导弹滚转，故称为滚转阻尼力矩。导弹的滚转阻尼力矩主要是由弹翼产生的，舵面也会产生滚转阻尼力矩，弹身也产生摩擦滚转阻尼力矩。滚转阻尼力矩可表示为

$$M_x(\omega_x) = M_x^{\omega_x}\omega_{x_a} = m_x^{\omega_x}\overline{\omega}_x qSL = m_x^{\omega_x}\omega_{x_a} qSL^2/V$$

8.11　气动交叉耦合

前面所写的气动力和气动力矩均未考虑气动交叉耦合，在本书的第 2 章已经提到了气动交叉耦合。气动交叉耦合产生的原因在于迎风处和背风处舵面产生的气动力有差异。对于背风的舵面，由于受到弹体的遮挡，体涡在背风处产生低的压力区域。对于迎风的舵面，在超声速情况下，弹体的激波在迎风处产生高的压力区域。分别位于迎风处和背风处的一对舵面，当它们偏转相同的舵偏角以产生需求的过载时产生了不希望出现的滚转力矩。而当分别位于迎风处和背风处的一对舵面向不同方向偏转以产生滚转控制力矩时，产生了相对横轴不希望出现的偏航力矩。

在自动驾驶仪设计完成后，需要考虑气动交叉耦合的影响。由于气动交叉耦合导致自动驾驶仪俯仰、偏航和滚转通道产生交叉耦合，这样会减小自动驾驶仪三个通道的稳定裕度。

8.12　铰链力矩

导弹操纵时，操纵面（舵面、副翼）偏转某一角度，在操纵面上产生气动力，它除了产生相对于导弹质心的力矩以外，还产生相

对于操纵面转轴（即铰链轴）的力矩，称为铰链力矩。

　　铰链力矩对导弹的操纵起很大的作用。对于面空导弹，推动操纵面舵机的需用功率和铰链力矩的大小有关系。铰链力矩可表示为

$$M_h = m_h q S_t b_t \qquad (8-37)$$

式中　　m_h——铰链力矩系数；

　　　　S_t——舵面（副翼）面积；

　　　　b_t——舵面（副翼）平均气动弦长。

8.13　气动特性研究方法

　　地面上获取面空导弹气动特性的方法主要有三种：基于经验或半经验公式的工程计算方法、基于计算流体力学（CFD）的数值模拟方法和基于相似性准则的地面风洞实验方法。

8.13.1　工程计算

　　气动力工程计算是结合现有的气动理论，利用经验或半经验公式进行计算，其特点是计算耗时少，特别适于概念设计和初步设计阶段。

　　（1）部件组合法

　　空气动力学部件组合法是气动力工程计算程序中经常采用的方法，其理论基础是小扰动线化理论，即在线性意义下的解可彼此叠加。

　　在完全气体略去质量力，定常、小扰动假设下，可将无黏 Euler 方程简化为[9]

$$(1 - Ma_\infty^2)\frac{\partial^2 \varphi}{\partial x^2} + \frac{\partial^2 \varphi}{\partial y^2} + \frac{\partial^2 \varphi}{\partial z^2} = 0$$

$$u' = \frac{\partial \varphi}{\partial x}, v' = \frac{\partial \varphi}{\partial y}, w' = \frac{\partial \varphi}{\partial z} \qquad (8-38)$$

$$u = V_\infty + u', v = v', w = w'$$

式（8-38）为定常小扰动速度势方程，φ 称为扰动速度势，V_∞ 为远前方来流速度，u、v 和 w 为各方向的绕流速度。

方程（8-38）结合无限远处、物面等处的边界条件求解后，利用式（8-39）获取压力系数 C_p 并对其积分即可获得气动力和力矩。

$$C_p = -2\frac{u'}{V_\infty} + \frac{(Ma_\infty^2 - 1)\,u'^2 - v'^2 - w'^2}{V_\infty^2} \quad (8-39)$$

空气动力学的部件组合法有两种含义，一是单独部件及其干扰量组合相加可获得全弹气动特性，二是对某力进行分解计算之后组合相加获得该力。

在气动特性工程计算中，线性部分通常可用线化理论或细长体理论为基础的工程方法计算，非线性部分通常可用经验或半经验方法计算。

由线化理论可得到弹翼和舵面在亚声速和超声速时的线性法向力特性，由细长体理论可得到弹身在亚声速和超声速时的线性法向力特性。在此基础上，通过干扰因子方法可得到全弹在亚声速和超声速时的线性法向力特性。对于跨声速、高超声速和大攻角情况可采用经验和半经验公式。

（2）撞击流法[22]

基于高超声速撞击流理论的工程计算方法有着广泛的实际应用。针对迎风/背风和不同类型部件有着多个可行的气动分析方法，见表 8-1。其中牛顿法、切楔法/切锥法和 Dahlem-Buck 法最为常用。

表 8-1　高超声速无黏分析工程方法

序号	迎风流	背风流
1	修正牛顿法	牛顿法
2	修正牛顿法+普朗特-迈耶法	修正牛顿法+普朗特-迈耶法
3	切楔法/切锥法	普朗特-迈耶法
4	经验切楔法	有攻角锥方法

续表

序号	迎风流	背风流
5	Van Dyke 统一理论	Van Dyke 统一理论
6	激波膨胀（条带理论）	$C_p = -1/Ma_\infty^2$
7	Hankey 平面经验理论	激波膨胀（条带理论）
8	三角翼经验理论	Dahlem - Buck
9	Dahlem - Buck	ACM 经验理论

牛顿法将流体质点的运动看作直线运动的粒子，粒子撞击到物体表面后法向动量完全损失而切向动量保留。在此假设下物体表面压力只与物面来流方向的夹角有关，式（8-40）给出了压力系数的计算公式，该方法可准确给出 Ma 数趋于无穷大的物面压力。考虑有限 Ma 数时需进行修正，即修正牛顿法，式（8-41）给出了压力系数的计算公式。

$$C_p = 2 \sin^2 \delta \tag{8-40}$$

$$C_p = (2/\gamma Ma_\infty^2) \left(\frac{p_{02}}{p_\infty} - 1 \right) \sin^2 \delta \tag{8-41}$$

切楔法/切锥法用于预测二维平面/轴对称体在高超声速流场中的表面压力，其基本思想是物面上任意一点的压力等于以当地倾角为半楔角/半锥角的平面斜激波/圆锥激波后的压力，该压力可解析给出。式（8-42）给出了切锥压力的计算公式

$$C_p = \frac{4 \sin^2 \theta \left(2.5 + 8 \sqrt{Ma_\infty^2 - 1} \sin\theta_{TC} \right)}{1 + 16 \sqrt{Ma_\infty^2 - 1} \sin\theta_{TC}} \tag{8-42}$$

$$\theta_{TC} = \arcsin \left(\sin\theta\cos\alpha + \cos\theta\sin\alpha\sin\varphi \right)$$

式中　θ ——锥的半角，有攻角时可由 θ_{TC} 代替；

　　　α ——攻角；

　　　φ ——从迎风射线量起的径向角。

Dahlem - Buck 是牛顿模型法和切锥法相结合的方法，在大撞击

角时采用修正牛顿法，在小撞击角时采用近似的切锥法。

（3）工程计算软件

针对气动特性工程计算方法在国外已开发了多个较为成熟的计算程序，具有代表性的是 Missile Datcom[23] 和 S/HABP[24]。

Misssile Datcom（Missile Data Compendium）由美国空军飞行力学实验室开发。该软件采用了部件组合法、模块化法。由于充分利用了美国空军几十年来的风洞实验数据，该软件具有较强的适应性和较高的精度，至今已发展至 2011 版，并仍在修订和补充。该软件适用于传统导弹外形设计，拥有轴对称和椭圆外形的弹身，弹体头锥形状可为锥形、尖拱、指数、哈克以及卡门曲线，长细比为 2~28，可有一至四组翼舵，也可考虑突起物、进气道等部件。

S/HABP 是由美国空军和道格拉斯公司联合开发的超声、高超声速任意物体程序。运用该程序时需将飞行器曲面分割成若干块小的曲面，每一小曲面选用小的四边形面元代替。针对每一面元选用表 8-1 中的计算方法即可获得面元上压力，最后将面元上的力和力矩相加即可得到总的飞行器力和力矩。

8.13.2　数值模拟

计算流体力学（CFD）是用电子计算机和计算数学手段，如有限差分法、有限体积法、有限元法等，求解理论所建立的数学模型，如 Euler 方程、N-S 方程等，研究空气运动的规律和空气与物体发生相对运动时作用的规律。因此，计算流体力学主要包含建立数学模型、数值计算方法和计算机技术三个方面。

（1）基本方程组

伴随高性能计算能力的崛起，求解 N-S 控制方程组获得气动特性已成为面空导弹 CFD 数值模拟的主流技术途径。下面给出守恒形式的 N-S 控制方程组[25]，该形式为 CFD 算法设计和编程计算提供了方便。

$$\frac{\partial U}{\partial t} + \frac{\partial (E - E_v)}{\partial x} + \frac{\partial (F - F_v)}{\partial y} + \frac{\partial (G - G_v)}{\partial z} = \mathbf{0} \quad (8-43)$$

其中

$$
U = \begin{bmatrix} \rho \\ \rho u \\ \rho v \\ \rho w \\ e \end{bmatrix}, E = \begin{bmatrix} \rho u \\ \rho u^2 + p \\ \rho uv \\ \rho uw \\ (e+p)u \end{bmatrix}, F = \begin{bmatrix} \rho v \\ \rho vu \\ \rho v^2 + p \\ \rho vw \\ (e+p)v \end{bmatrix}, G = \begin{bmatrix} \rho w \\ \rho wu \\ \rho wv \\ \rho w^2 + p \\ (e+p)w \end{bmatrix}
$$

$$
E_v = \begin{bmatrix} 0 \\ \tau_{xx} \\ \tau_{xy} \\ \tau_{xz} \\ u\tau_{xx} + v\tau_{xy} + w\tau_{xz} + \kappa\dfrac{\partial T}{\partial x} \end{bmatrix}, F_v = \begin{bmatrix} 0 \\ \tau_{yx} \\ \tau_{yy} \\ \tau_{yz} \\ u\tau_{yx} + v\tau_{yy} + w\tau_{yz} + \kappa\dfrac{\partial T}{\partial y} \end{bmatrix}
$$

$$
G_v = \begin{bmatrix} 0 \\ \tau_{zx} \\ \tau_{zy} \\ \tau_{zz} \\ u\tau_{zx} + v\tau_{zy} + w\tau_{zz} + \kappa\dfrac{\partial T}{\partial z} \end{bmatrix}
$$

E、F 和 G 是对流项通量，E_v、F_v 和 G_v 是黏性扩散项通量，ρ、e 和 p 为密度、内能和压强，$e = \dfrac{p}{\gamma - 1} + \dfrac{1}{2}\rho(u^2 + v^2 + w^2)$，$u$、$v$ 和 w 是笛卡儿坐标系速度分量。为使方程组封闭，增加完全气体状态方程 $p = \rho RT$。

黏性应力张量 τ

$$\boldsymbol{\tau} = \begin{bmatrix} \tau_{xx} & \tau_{xy} & \tau_{xz} \\ \tau_{yx} & \tau_{yy} & \tau_{yz} \\ \tau_{zx} & \tau_{zy} & \tau_{zz} \end{bmatrix}$$

$$= \mu \begin{bmatrix} \dfrac{4}{3}\dfrac{\partial u}{\partial x} - \dfrac{2}{3}\left(\dfrac{\partial v}{\partial y} + \dfrac{\partial w}{\partial z}\right) & \dfrac{\partial u}{\partial y} + \dfrac{\partial v}{\partial x} & \dfrac{\partial u}{\partial z} + \dfrac{\partial w}{\partial x} \\ \dfrac{\partial u}{\partial y} + \dfrac{\partial v}{\partial x} & \dfrac{4}{3}\dfrac{\partial v}{\partial y} - \dfrac{2}{3}\left(\dfrac{\partial w}{\partial z} + \dfrac{\partial u}{\partial x}\right) & \dfrac{\partial v}{\partial z} + \dfrac{\partial w}{\partial y} \\ \dfrac{\partial u}{\partial z} + \dfrac{\partial w}{\partial x} & \dfrac{\partial v}{\partial z} + \dfrac{\partial w}{\partial y} & \dfrac{4}{3}\dfrac{\partial w}{\partial z} - \dfrac{2}{3}\left(\dfrac{\partial u}{\partial x} + \dfrac{\partial v}{\partial y}\right) \end{bmatrix}$$

式中　μ——黏性系数。

对于层流问题，黏性系数 μ_L 由式（8 - 44）Sutherland 公式给出

$$\mu_L = T^{3/2} \times \frac{1 + 110.4/T_\infty^*}{T + 110.4/T_\infty^*} \tag{8 - 44}$$

对于湍流问题，则需引入湍流模型求解。现有的湍流模型大多数都是建立在 Boussinesq 假设上的，该假设认为在雷诺平均的动量和能量方程中的湍流应力等于各向同性涡的湍流黏性系数与应变率的乘积。湍流黏性系数的不同求法形成了不同的湍流模型[26]，主要有代数模型、一方程模型、两方程模型。近年来 SA 一方程湍流模型和 $k-\varepsilon$、$k-\omega$ 等两方程湍流模型在面空导弹气动特性预示方面的应用较为普遍。

（2）数值方法[27]

对于无法用解析方法求解的微分方程可用数值方法求解。所谓数值方法就是用近似的数值解逼近微分方程的精确解。将连续的流场离散为一定数目的不连续点，在这些离散点上守恒方程被近似满足。通常包括离散计算域、在离散后的计算域上离散控制方程以及求解离散得到的线性方程组。

离散化方法是 CFD 中最重要的部分，当前主要包括有限差分法（FDM）、有限体积法（FVM）和有限元法（FEM）三类方法。FVM 在成熟的软件中应用较多。该方法又称有限容积法，其基本思

路：将计算区域划分为一系列不重复的控制体积，并使每个网格点周围有一个控制体积；将待解的微分方程对每一个控制体积积分以得出一组以网格量上的因变量为未知数的数值离散方程。为了求出控制体积的积分，必须假定流动参数在网格点之间的变化规律。

（3）基本步骤

图 8-26 给出了基于数值模拟方法获取面空导弹气动特性的基本步骤。

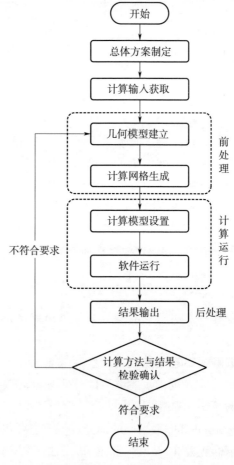

图 8-26　CFD 方法流程图

1) 总体方案制定。针对所研究的问题制定网格、求解器、计算状态等总的研究方案。

2) 计算输入获取。获取几何外形、大气参数、来流攻角 α、侧滑角 β、速度 V、高度 H 等。

3) 几何模型建立。通常采用可参数化建模软件，如 Pro/E、UG、CATIA 等。几何模型包括导弹本体以及流场边界。流场边界几何尺寸尽量小，需根据计算对象几何特征、流动特征及其影响区以及仿真分析目的并结合已有仿真分析经验综合确定。

4) 计算网格生成[28]。使用 ICEM CFD、Gridgen、Pointwise 等网格商业软件生成六面体、四面体、棱柱体、笛卡儿、混合等类型的计算网格。

5) 计算模型设置。结合具体求解器软件进行设置，包括选择合适的数值计算格式、湍流模型，设定边界条件等。常用的商用求解器有 CFD++、Fluent 等，中心差分格式适用于低速问题，而上风格式更适合于超声速问题。数值计算格式通常采用二阶及以上精度格式。SA 模型适用于无分离的附着流动，$k-\omega$ 模型对自由剪切湍流、附着边界层湍流和适度分离湍流有较高的计算精度。边界条件分为流场边界条件与物面边界条件，流场边界条件有速度入口边界、压力入口边界、压力出口边界、压力远场边界、总温总压边界、基于特征的入流/出流边界等；物面边界条件有绝热壁、等温壁、滑移壁面等。

6) 软件运行。在高性能计算集群上提交计算作业，运行软件迭代计算获得流场和气动参数。

7) 结果输出。输出内容应包括所规定坐标系下整个流场空间及物面上的不同位置、不同时间的气动特性状态参数分布式数据，以及所关心的整体或分部件物面的气动力系数这种集中式数据。

8) 计算方法与结果确认。参考相同或类似气动特性对象的相关气动力计算分析文献资料或风洞实验结果，对输出的结果进行对比分析，如不符合要求需开展改进工作。

8.13.3　风洞实验[29]

实验空气动力学是空气动力学的一个分支，是用实验方法研究空气的流动特性、空气与物体相对运动时的作用规律，包括风洞实验、自由飞实验、飞行实验、火箭滑车实验等。风洞实验为最常见的手段。

（1）相似律

实验空气动力学的基本理论是相似律，即研究绕两个以上几何相似物体的流动状态相似性的理论。空气动力相似要求模型实验满足如下条件：

1）几何相似，两个物体上各对应部分的夹角相等、尺寸成比例；

2）运动相似，绕模型的流动与绕原型的流动应是同类性质的流动，可用同样的基本运动方程进行描述；

3）边界条件相似，模型表面流动的边界条件与原型对应成比例；

4）初始条件相似，非定常流动初始条件与原型对应。

风洞实验中采用一系列相似参数满足相似律要求。导弹风洞实验常用的相似参数有马赫数 $Ma = \dfrac{V_\infty}{a}$、雷诺数 $Re = \dfrac{\rho V_\infty L}{\mu_\infty}$。对于低速定常风洞实验通常选取几何相似和雷诺数相等作为实验相似准则。对于高速风洞实验，很难实现雷诺数相等，通常仅选取马赫数相等作为相似准则，面空导弹风洞实验多属于后者。

（2）风洞设备

面空导弹气动特性实验研究常用的风洞设备有低速风洞、亚跨声速风洞、超声速风洞以及高超声速风洞等。

低速风洞是指实验段的风速小于 130 m/s（或 Ma 数小于 0.4）的风洞。该类型风洞具有尺寸大、连续运转等特点。

亚跨声速风洞兼顾亚、跨声速的实验，速度范围 $Ma = 0.4\sim$

1.4，可分为回路式或开路式，实验段采用开孔或开槽的通气壁以降低跨声速洞壁干扰，常采用引射方式节约功率。

超声速风洞的速度范围通常在 $Ma=1.5\sim4$。超声速风洞通常与亚跨声速风洞合体建设，称为亚跨超三声速风洞。超声速风洞的基本类型分为连续式和间歇式两类。

高超声速风洞主要用于 $Ma=5\sim10$ 之间空气动力实验，主要特点是风洞使用的空气必须加热。由于实验耗费很大的动力，高超声速风洞多采用暂冲式工作方式。

（3）实验项目

针对总体、控制、结构等专业的设计需求，面空导弹气动特性研究通常需要开展常规测力、测压、铰链力矩、喷流测力和动导数等类型的风洞实验研究。

常规气动力测量和压力分布测量以刚体模型在定常气流中开展实验，能使模型在各种姿态（攻角、侧滑角、滚转角）下得出较高精度的气动参数。常规测力实验目的是在风洞中采用天平测量全弹或部件的力和力矩特性。测压实验是测量有绕流情况下模型表面的压力分布实验，积分表面压力分布可获得飞行器的法向力和轴向力，可提供与 CFD 计算结果进行比较。

舵面铰链力矩风洞实验用于测定飞行器舵面气动特性，主要有天平轴心线与弹体垂直的横式和轴心线与弹身纵轴一致的纵式两种实验。

喷流测力实验属于喷流效应实验，在模拟喷流与外流场干扰的条件下开展测力实验。随着面空导弹直接力控制技术的应用，侧向喷流干扰测力实验研究日趋普遍。该类型实验主要有冷喷和热喷模拟两种。

动导数包括旋转阻尼导数和时差导数，其测定方法有模型自由飞、自由振动法和强迫振动法。动导数测量实验与静态实验的不同之处就是要使实验模型运动，需采用气浮支撑、内式激振和非接触式振动波形测量等特殊技术。动态实验模型相对于常规测力实验模型在保证强度和刚度的前提下尽可能使质量和转动惯量小，以减小惯性力和惯性力矩，提高测量精度。

8.14　气动力和气动力矩的计算和实验

在全攻角弹体坐标系下开展气动力和气动力矩的计算和实验。通过全攻角弹体坐标系与气动固联坐标系之间的关系，得到在气动固联坐标系下的气动力和气动力矩系数，用于弹道的计算和自动驾驶仪的设计。

参 考 文 献

［1］ JONE D ANDERSON JR. Introduction to Flight ［M］. 7th ed. McGraw - Hill Education，2012.

［2］ 樊会涛. 空空导弹方案设计原理 ［M］. 北京：航空工业出版社，2013.

［3］ 余超志. 导弹概论 ［M］. 北京：北京工业学院出版社，1986.

［4］ S S CHIN. Missile Configuration Design ［M］. McGraw - Hill Book Company，Inc，1961.

［5］ E 阿瑟鲍夸，C W 贝塞尔，摩里斯 J，等. 空气动力学，推进，结构及其设计 ［M］. 北京：国防工业出版社，1959.

［6］ MICHAEL R MENDENHALL. Tactical Missile Aerodynamics：Prediction Methodology ［M］. Washington D C：American Institute of Aeronautics and Astronautics，1992.

［7］ 苗瑞生，居贤铭. 火箭气体动力学 ［M］. 北京：国防工业出版社，1985.

［8］ 契尔诺勃洛夫 JIC. 飞行器气动特性工程算法 ［M］. 莫斯科航空学院，1995.

［9］ 杨岞生，俞守勤. 飞行器部件空气动力学 ［M］. 北京：国防工业出版社，1981.

［10］ 只甲生，居贤铭. 制导兵器气动外形设计 ［M］. 北京：北京理工大学出版社，1999.

［11］ 列别捷夫 AA，契尔诺勃洛夫 JIC. 无人驾驶飞行器的飞行动力学 ［M］. 北京：国防工业出版社，1964.

［12］ 徐敏，安效民. 飞行器空气动力特性分析与计算方法 ［M］. 西安：西北工业大学出版社，2012.

［13］ 谷良贤，温炳恒. 导弹总体设计原理 ［M］. 西安：西北工业大学出版社，2010.

［14］ MICHAEL J HEMSCH. Tactical Missile Aerodynamics：General Topics ［M］. Washington D C：American Institute of Aeronautics and

Astronautics，1992.

[15]　钱翼稷. 空气动力学 [M]. 北京：北京航空航天大学出版社，2004.

[16]　雷娟棉，吴小胜，吴甲生. 空气动力学 [M]. 北京：北京理工大学出版社，2016.

[17]　雷娟棉，吴甲生. 制导兵器气动特性工程计算方法 [M]. 北京：北京理工大学出版社，2015.

[18]　张波. 空面导弹系统设计 [M]. 北京：航空工业出版社，2013.

[19]　L 普朗特，K 奥斯瓦提奇，K 维格哈特. 流体力学概论 [M]. 北京：科学出版社，1981.

[20]　戈罗别夫，斯维特洛夫. 防空导弹设计 [M]. 北京：宇航出版社，2004.

[21]　F G MOORE. Approximate Methods for Weapon Aerodynamics [M]. Washington D C：American Institute of Aeronautics and Astronautics，2002.

[22]　高建力. 高超声速飞行器气动特性估算与分析 [D]. 西安：西北工业大学，2007.

[23]　尹晶章. 基于 DATCOM 的制导弹箭气动力估算与分析 [D]. 南京：南京理工大学，2017.

[24]　MOORE M，WILLIAMS J. Aerodynamic Prediction Rationale for Analyses of Hypersonic Configurations [R]. AIAA - 1989 - 0525.

[25]　JONE D ANDERSON JR. Fundamentals of Aerodynamics [M]. 2nd ed. McGraw - Hill Educaiton 1991.

[26]　阎超. 计算流体力学方法及应用 [M]. 北京：北京航空航天大学出版社，2006.

[27]　傅德薰. 计算空气动力学 [M]. 北京：中国宇航出版社，2006.

[28]　张来平. 计算流体力学网格生成技术 [M]. 北京：科学出版社，2017.

[29]　任思根. 实验空气动力学 [M]. 北京：中国宇航出版社，1996.

[30]　康志敏. 高超声速飞行器发展战略研究 [J]. 现代防御技术，2000，28 (4)：27 - 33.

[31]　王洪伟. 我所理解的流体力学 [M]. 北京：国防工业出版社，2019.

第9章　面空导弹载荷基础

9.1　引言

面空导弹的载荷设计是导弹设计的重要环节。为了进行导弹及各部、组件的结构设计及强度校核工作，必须确定作用在导弹上的载荷。为了确定载荷，需要详尽分析导弹在整个作战空域内、在各种飞行状态下的载荷情况，同时也要考虑在地面运输、贮存、吊装和发射情况下的载荷情况[1]。

面空导弹的飞行载荷设计相对于弹道式导弹有着自身的特点，后者飞行过程中气动力产生的过载很小，以期达到更远的射程，很大部分的侧向载荷来自大气的扰动，因此飞行载荷设计主要关注弹体的轴向载荷。而面空导弹在作战空域内任意时刻都有可能进行大机动飞行，因此对于面空导弹，除轴向载荷外还需要重点关注法向载荷。

本章阐述了面空导弹载荷的内涵及分类，给出了载荷的设计状态，并介绍了飞行载荷的计算方法和计算结果。

9.2　载荷的内涵及分类

"载荷"是一个综合性的术语，它包含力和力矩、离散力和分布力、外力和内力等内容，载荷可以是常值，也可以是随时间变化的量。对于面空导弹的载荷设计，既要考虑作用于整个弹体上的外载荷，也要关注弹体能否承受内载荷的作用。

外载荷是指作用于整个弹体而非局部的载荷，相对于外载荷而言，内载荷表征着结构内部抵抗变形及破坏的能力，是一组应力作用的集合体。内载荷的确定不仅与外载荷的大小有关系，还涉及外载荷作用于弹体结构上的分布情况。在定常状态下，可通过静力学平衡进行求解，动态载荷的求解通常运用 D'Alembert 原理进行静平衡等效。

（1）按载荷的空间分布特征分类[2]

按载荷的空间分布特征分类，可分为表面力、质量力、局部力。

1）表面力。表面力指作用在导弹外表面和发动机内表面的力，是决定导弹运动的力。如发动机推力、气动力。

2）质量力。与质量大小成正比，是分布在每个单元质量上的力，故又可称为体积力。如重力、惯性力。

3）局部力。局部力指作用在弹体的某些局部、自相平衡、不外传、仅在研究这些局部结构时才考虑的力。如燃料箱内和其他密封舱体内的增压压力，导管的内压力以及螺钉的预紧力。这些力对其他部件无影响。

（2）按使用状态分类[2]

按使用状态分类，可分为飞行过程中的外载荷、地勤处理中的外载荷、运输过程中的外载荷、发射过程中的外载荷。

1）飞行过程中的外载荷，如发动机推力、气动力。

2）地勤处理中的外载荷，如吊挂力、支反力。

3）运输过程中的外载荷，如支反力。

4）发射过程中的外载荷，如发动机推力、发射筒的反作用力。

（3）按对结构影响的性质分类[2]

按对结构影响的性质分类，可分为静载荷和动载荷。

1）静载荷。静载荷指作用时间或变化时间比导弹自然弹性振动周期长得多的缓变力。如发动机推力、气动力、燃料箱的内压力。

2）动载荷。除静载荷之外的力，是速变力。如阵风引起的载荷、发动机启动时的推力急升、关机时的推力突降、折叠舵展开载荷。

9.3　载荷设计状态

面空导弹在全寿命周期中承受的载荷包括飞行载荷、地面载荷和发射载荷。

9.3.1　飞行载荷

导弹在飞行过程中将承受飞行载荷,飞行载荷包括轴向载荷和法向载荷。

9.3.2　地面载荷

导弹在地面运输和吊装时,承受一定的载荷。

1) 运输载荷。面空导弹的运输方式包括公路、水路、铁路和空运四种方式。

2) 吊装载荷。导弹在吊挂升降时,由于加速度和冲击,导弹将产生相应的过载,这时挂钩对导弹的作用载荷应为导弹的质量乘以升降加速度和冲击产生的过载[2]。

9.3.3　发射载荷

根据发射方式和风载的影响确定受力状态。

倾斜发射导弹和垂直热发射导弹在发射时导弹承受的载荷有重力、发动机推力、由于导弹做直线加速运动而引起的惯性力以及地面风引起的气动力。

垂直冷发射导弹在发射时导弹承受的载荷主要为弹射力。

9.4　飞行载荷计算的输入及约束条件

9.4.1　飞行载荷计算的输入

飞行载荷计算的输入,主要包括:

1) 导弹总体参数;

2）导弹部位安排；

3）全弹气动力参数；

4）部件气动力参数；

5）典型弹道；

6）部件的质量力及传力路径；

7）给定计算点的过载自动驾驶仪响应特性。

9.4.2　飞行载荷计算的约束条件

飞行载荷计算通常基于如下几项约束条件：

1）法向过载限制条件；

2）攻角限制条件；

3）舵偏角限制条件。

9.5　飞行载荷中典型弹道和设计点的选择

9.5.1　典型弹道选择

在面空导弹的研制过程中，载荷计算和筛选是一项反复且精细的工作，针对不同的部件，还要开展局部的详细分析，因此对于载荷计算，选取典型弹道可大大减少工作量，具有重要的意义。

对于发动机工作的主动段，飞行速度逐渐增大，导弹在稠密的大气层内飞行，动压也逐渐增大，全弹质量还未消耗至稳定值，若导弹进行大机动飞行，承受的法向载荷较为严酷，因此低近弹道需要重点关注。

对于飞行时间较长的弹道，由于弹体头部、舵面/弹翼前缘、电缆罩、突起物等部位受到气动加热的影响，局部位置温升较大，被动段弹道末点附近弹体表面的温度最高，此时弹体结构材料的物性参数将发生变化，强度和刚度均下降，此时必须考虑气动加热对静载荷设计的影响，因此远界弹道也是需要关注的。

除此之外，发动机工作的环境温度也会带来飞行载荷的变化，高温、常温和低温状态下推进剂的燃烧速度存在差异，因此导弹的最大飞行速度将会有差别。通常高温状态下弹道的飞行载荷最为严酷。

9.5.2　设计点选择

在进行设计点选择之前，首先要权衡如下三个原始设计参数[1]。

（1）可用过载

导弹可用过载是指导弹法向最大平衡过载。它在低空时是指最大限制过载，在高空时是指舵偏角或攻角达到最大值时所产生的法向平衡过载。可用过载是确定弹体法向载荷最重要的设计参数。

（2）发动机推力

高温情况下发动机的最大推力，作为确定弹体轴向载荷的主要设计参数。

（3）导弹质量

导弹质量是确定弹体法向和轴向惯性载荷的设计参数。

按照导弹的飞行历程，随着发动机推进剂的逐渐消耗，导弹自身的质量也在发生较大的变化，即使在同样的设计过载下，所承受的载荷也相差很大。轴向载荷最大的设计点为发动机推力最大点，而法向载荷最大的设计点需关注大动压点最大可用过载对应的时间点。除此之外还要考虑一些特殊的设计点，包括折叠舵展开、级间分离、抛罩、燃气舵最大操纵力、主发动机关机点、姿/轨控发动机开机点、最大动压点、最大速度点、最大高度点、弹道末点、舵面极限偏转点等。

9.6　飞行载荷加载情况

导弹在完成预定飞行任务进行机动时，产生法向的机动过载。理论上，导弹的机动过载是由总体设计确定，然而实际的机动过载却与过载自动驾驶仪的过渡过程相关。导弹在进行机动飞行时，在法向过载指令的作用下，弹体瞬时承受的载荷往往大于平衡状态的载荷。在不同空域点法向过载响应的过渡过程是有差别的，针对飞行弹道上的设计点，载荷设计都需要对过渡过程中的不同状态进行计算，由此覆盖飞行过程中的受载严酷状态。通常将过渡过程分解为四个典型状态，分别为机动平衡状态、机动超调状态、进入机动状态和退出机动状态，如图 9 - 1 所示。

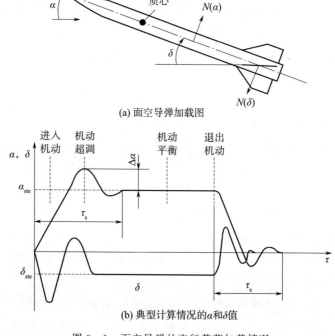

(a) 面空导弹加载图

(b) 典型计算情况的α和δ值

图 9 - 1　面空导弹的飞行载荷加载情况

(1) 机动平衡状态[3]

该情况对应于给定最大法向过载的稳态飞行状态

$$n_y = \frac{N(\alpha_{ste}) - N(\delta_{ste})}{mg} \tag{9-1}$$

式中，$N(\alpha_{ste})$、$N(\delta_{ste})$ 分别为产生过载的法向力和操纵力，它由相对导弹质心的力矩平衡条件求出。稳态的攻角和舵偏角由确定力

$N\left(\alpha_{\text{ste}}\right)$ 和 $N\left(\delta_{\text{ste}}\right)$ 的条件求出，计算时考虑过载限制、攻角限制和舵偏角限制。

（2）机动超调状态[3]

该情况对应于非稳态时过载的最大超调状态。载荷计算时，取如下参数：

给定过渡过程的过载超调和阵风作用时的过载超调，确定相对稳态值的过载超调量 Δn_y。若考虑阵风产生的过载超调，阵风速度随飞行高度变化，在零高度上为 20 m/s，风的速度随高度的变化按 $W = W_0\sqrt{\rho_0/\rho}$ 计算，式中 ρ_0 和 ρ 分别为海平面和某高度上的空气密度。在 $H \geqslant 20$ km 时，风速可取为常值。

当风速与导弹速度垂直时，产生的附加攻角为 $\Delta\alpha \approx W/V$，从而产生的附加过载为

$$\Delta n_y \approx \frac{C_y^\alpha \rho V W S}{2mg} \qquad (9-2)$$

式中　S ——参考面积。

导弹的法向过载可表示为

$$n_{y_{\max}} = n_y + \Delta n_y \qquad (9-3)$$

操纵力 $N(\delta)$ 取"机动平衡"情况的数值；

法向力 $N(\alpha)$ 由求解法向过载的条件式（9-3）求出；

攻角 α 和舵偏角 δ 由确定力 $N(\alpha)$ 和 $N(\delta)$ 的条件求出。

（3）进入机动状态[3]

该情况对应于进入机动过渡过程的开始。导弹载荷计算时，取如下参数：

攻角 α 和法向力 $N(\alpha)$ 在过渡过程开始时等于零；

攻角在过渡过程结束时，取"机动平衡"情况的数值；

过渡过程中攻角 α 的超调量 $\Delta\alpha$，由给定过载超调的实现条件确定；

导弹进入稳态攻角的过渡过程时间 τ_s，按照给定的要求，同时考虑舵偏角的限制条件；

操纵力 $N(\delta)$ 保证在给定的时间 τ_s 内将导弹由零攻角引入到稳态值，并符合前面求得的攻角超调量。这种方式得到的操纵力称为惯性操纵力；

若惯性操纵力的大小小于"机动平衡"情况的平衡操纵力，则"进入机动"情况的 $N(\delta)$ 取"机动平衡"情况的数值；

舵偏角 δ 由确定力 $N(\delta)$ 的条件求出。

(4) 退出机动状态[3]

该情况对应于从稳态法向过载退出至零时的过渡过程开始。退出机动的过渡过程按下列简化和假设进行计算：

攻角 α 和法向力 $N(\alpha)$ 取"机动平衡"情况相应的数值；

攻角的超调量由给定过渡过程过载超调的实现条件确定；

从稳态攻角回到攻角为零的时间 τ_s 按照给定的要求，同时考虑舵偏角的限制条件；

惯性操纵力保证在给定的时间 τ_s 内得到攻角的超调量；

操纵力 $N(\delta)$ 为"机动平衡"情况确定的平衡操纵力和惯性操纵力的矢量和；

舵偏角 δ 由确定力 $N(\delta)$ 的条件求出。

9.7 飞行载荷计算

导弹弹体承受的飞行载荷包括弹身和舵面/弹翼的飞行载荷。

9.7.1 弹身飞行载荷

弹身的飞行载荷计算是确定弹身在外力作用下所受到的内力。作用于弹身的外力包括沿弹身表面分布的气动力、沿弹身的分布质量力、弹身内部装载物的集中质量力、发动机推力以及舵面和弹翼传递至弹身的集中力。

针对典型弹道上的设计点，根据 9.6 节可计算出可用过载下四个典型状态弹身所受到的合力及其作用点，包括轴向合力和法向合力，然后沿着计算轴做累计叠加。换句话说，就是将弹身受到的气动力、质量力、推力以及舵面和弹翼传递的力分解到弹身的各个部分，然后再进行重新分布和数值积分。

弹身飞行载荷的计算精度与气动参数模型、导弹受力重新分布方法和计算站点数量有关。通常将弹身分为若干计算站点，各计算站点的坐标分别为 x_1、x_2、$\cdots$、x_n，计算站点的数量应满足载荷计算精度要求，计算站点的位置可任意选取，计算站点的示意图如图 9-2 所示。计算站点的选取可从两方面考虑，一是应将舱段对接面、加强框、集中质量点、发动机推力作用点、各设备的固定接头、舵轴、支点等特征点作为计算的必选站点；二是分段长度 Δx 不宜过长，因为当分布载荷线性变化时，剪力和弯矩可能为二次和三次变化，造成误差进一步的累积。

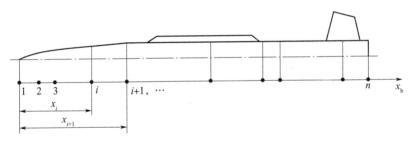

图 9-2　计算站点的示意图

9.7.1.1　质量分布

已知弹身所有的舱段、部件和设备的质量、质心位置后，将其分为集中质量和分布质量两类，集中质量可直接布置在计算站点上，而分布质量需要均布在舱段、部件或设备相对应的站点之间，经过质量分布计算之后，沿弹身轴向长度的积分应和全弹质量、质心相协调。

$$m = \int_0^L q_m(x)\,\mathrm{d}x + \sum_{i=1}^n m_c \qquad (9-4)$$

$$x_{cg} = \frac{\int_0^L q_m(x)x\,\mathrm{d}x + \sum_{i=1}^n m_c x_i}{m} \qquad (9-5)$$

式中　m ——全弹质量；

　　　x_{cg} ——全弹质心位置；

　　　L ——导弹总长；

　　　n ——集中质量点总数；

　　　q_m ——分布质量（单位：kg/m）；

　　　m_c ——集中质量。

考虑质心位置在 x_k，质量为 m_k 的舱段、部件或设备，其质量沿轴向分布范围在 x_s 和 x_t 之间，区间任意站点 x_i 上的分布质量为

$$q_{m_i} = q_s + \frac{(q_s - q_t)(x_i - x_s)}{x_t - x_s} \qquad (9-6)$$

其中

$$\left. \begin{aligned} q_s &= \frac{2m_k}{x_t - x_s} \left[2 - \frac{3(x_k - x_s)}{x_t - x_s} \right] \\ q_t &= \frac{2m_k}{x_t - x_s} \left[\frac{3(x_k - x_s)}{x_t - x_s} - 1 \right] \end{aligned} \right\}$$

发动机工作引起导弹质量发生变化时，这部分可变的质量 m_k 和质心位置 x_k 可通过弹道求出，并通过上述方式分布在相应站点。

9.7.1.2　气动力分布

在进行弹身的气动力分布前，需要将弹身划分为若干气动部件，通常将弹身的头部、直径变化段、安装弹翼部分和安装舵面部分划分出来，如图 9-3 所示。为了提高载荷的计算精度，也可在以上划分的基础上进一步加密。

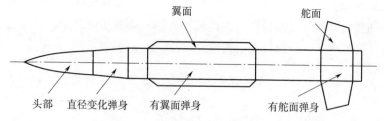

图 9-3　弹身的气动部件划分

（1）轴向力

弹身所受的轴向力包括摩擦轴向力和压差轴向力。其中，压差轴向力包括前体压差轴向力和底部压差轴向力。

摩擦轴向力按照弹身外表面面积均匀分布。头部和圆锥弹身部件的压差轴向力按照迎风面积分布，圆柱弹身部件不考虑压差轴向力，底部压差轴向力作用于弹身的底部，不需要进行分布。

（2）法向力

弹身头部的法向力按照抛物线形式分布，其零值在弹身头部实际尖点，等效法向力作用点在头部的压力中心，如图9-4所示。

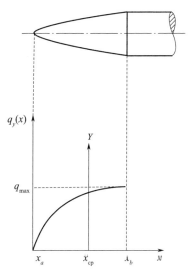

图9-4　弹身头部的法向力分布

已知头部法向力为 Y ，头部压心到头部实际尖点的距离为 x_{cp} ，头部的长度为 L ，则头部的分布力为

$$q_y(x) = \frac{12(3Yx_{cp} - 2YL)}{L^4}x^2 + \frac{6(3YL - 4Yx_{cp})}{L^3}x \quad (9-7)$$

在计算出载荷最严酷点后，可由计算流体力学的方法进一步精确计算头部的法向力分布。

　　除头部外，圆锥或圆柱弹身部件、收缩尾部部件的法向力按照梯形分布，梯形面积等于法向力大小，等效法向力作用点在压力中心，圆锥弹身部件的法向力是正的，收缩尾部部件的法向力是负的，分别如图 9－5 和图 9－6 所示。

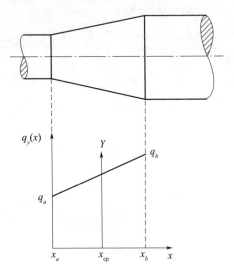

图 9－5　圆锥弹身部件的法向力分布

　　已知圆锥或圆柱弹身部件、收缩尾部部件的法向力为 Y，部件压心到部件前端面的距离为 x_f，部件的长度为 L，则部件上的分布力为

$$q_y(x) = q_a + \frac{x - x_a}{x_b - x_a}(q_b - q_a) \qquad (9-8)$$

其中

$$q_a = k q_b$$

$$q_b = \frac{Y}{2(x_b - x_a)(1+k)}$$

$$k = -\frac{(x_a + 2x_b)/3 - x_f}{(2x_a + x_b)/3 - x_f}$$

　　特别地，若 $x_f = (2x_a + x_b)/3$，则有

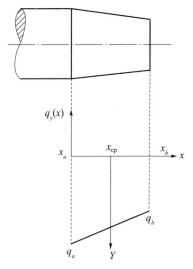

图 9 - 6 收缩尾部部件的法向力分布

$$q_a = 0, q_b = \frac{Y}{2(x_b - x_a)}$$

以上气动力分布的方法均为工程上的简化，也可通过计算流体力学的方法，对需要求解的气动外形进行全流场分析，获取更为精确的气动力分布。

9.7.1.3 弹身内力确定

弹身内力包括弹身沿轴向的轴力、剪力和弯矩。

飞行过程中，弹身轴向任意位置的轴向受力包括气动轴向力、推力和质量力，气动轴向力的分布需要按照气动轴向力的分布方法进行处理，质量分布力的轴向分量为轴向加速度与质量分布的乘积，质量集中力的轴向分量为轴向加速度与集中质量的乘积。运用材料力学中的平切面法，根据内力和外力的平衡条件[2]，即可求出弹身沿轴向任意剖面的轴力，表达式为

$$N(x) = \int_0^x [q_m(x)n_x g + q_x(x)] \, \mathrm{d}x + \sum_{i=1}^{k} m_i n_x g + \sum_{i=1}^{l} X_i$$

$$(9 - 9)$$

式中，右端第一项为分布载荷，第二项为集中载荷，n_x 为轴向过载，$q_x(x)$ 为弹身头部到轴向任意位置 x 处的气动轴向力分布，m_i 为集中质量，X_i 为集中轴向力，包含舵面、弹翼和发动机传来的集中力。

轴力计算数值积分边界条件为

$$N(0)=0$$

飞行过程中，导弹轴向任意位置的法向受力包括气动法向力、质量力和其他力的法向分量，气动法向力的分布需要按照气动法向力的分布方法进行处理，质量分布力的法向分量为法向加速度与质量分布的乘积，质量集中力的法向分量为法向加速度与集中质量的乘积，因此导弹沿轴向的剪力计算表达式为

$$Q(x)=\int_0^x [q_m(x)n_y g + q_y(x)]\,\mathrm{d}x + \sum_{i=1}^k m_i n_y g + \sum_{i=1}^l Y_i$$

$$(9-10)$$

式中，右端第一项为分布载荷；第二项为集中载荷；n_y 为法向过载；$q_y(x)$ 为弹身头部到轴向任意位置 x 处的气动法向力分布；Y_i 为集中法向力。

求出剪力后，导弹沿轴向的弯矩计算表达式为

$$M(x)=\int_0^x Q(x)\mathrm{d}x + \sum_{i=1}^l M_i \qquad (9-11)$$

式中　　M_i——集中弯矩。

剪力和弯矩计算数值积分边界条件为

$$\begin{cases} M(0)=M(n)=0 \\ Q(0)=Q(n)=0 \end{cases}$$

9.7.2　舵面/弹翼飞行载荷

为了进行舵面和弹翼的强度校核，不仅需要确定作用于舵面和弹翼的气动力，而且还要确定舵面和弹翼的气动力分布。

面空导弹通常都具有较高的速度，超声速情况下的舵面/弹翼法向力比亚声速时高得多，动压也大得多[4]。所以，舵面/弹翼法向力分布不必像气动力系数一样，整个飞行速度范围都进行计算，只需

计算出超声速情况下的法向力分布即可。

舵面和弹翼的法向力分布既取决于飞行速度和剖面形状，还取决于舵面和弹翼的平面形状。可通过三种方法确定舵面和弹翼的法向力分布，分别为载荷系数法、锥形流法和 CFD 方法。

（1）载荷系数法

按平板弹翼线化理论和实验整理出超声速情况下弹翼沿展向分布的载荷系数和弦向压力中心线位置[1]。用它计算舵面和弹翼的法向力分布，只要查出有关图表的曲线即可，因此简单方便，在工程计算中十分实用。具体方法详见参考文献 [1]。

（2）锥形流法

锥形流法是一种简单的工程图解法，其使用有一定的局限性，最为明显的情况就是它不能反映出舵面和弹翼法向力对应于马赫线的分布特性[1]。可用基于线化理论的锥形流方法计算舵面和弹翼的法向力分布。具体方法详见参考文献 [1] 和参考文献 [4]。

（3）CFD 方法

随着计算流体力学的发展，也可直接采用计算流体力学的方法求解舵面和弹翼的法向力分布。初步筛选出舵面和弹翼最大法向力对应的飞行工况后，通过计算流体力学方法分别计算舵面和弹翼最大法向力对应的法向力分布。

9.8　飞行载荷计算结果

飞行载荷计算需要提供给结构设计和强度校核环节的结果主要包括如下几方面的内容：

1）各种设计情况下弹身的轴力、剪力和弯矩分布；

2）各种设计情况下舵面和弹翼的法向力和轴向力分布；

3）各种设计情况下薄壁结构的压差分布。

9.9　载荷最严酷状态

对于导弹的强度校核，需选取最严酷状态的载荷作为依据，否则可能会对导弹结构造成不堪设想的后果。

在完成导弹的飞行载荷、地面载荷和发射载荷计算后，选取导弹出现最大载荷或各种载荷叠加时最严重的瞬时状态作为导弹载荷的最严酷状态。

对于弹身，通常将最大当量弯矩、最大当量轴压力和最大轴拉力作为最严酷载荷。

$$M_{eq} = |M| + \frac{|N|D}{4} \qquad (9-12)$$

$$N_{eq} = |N| + \frac{4|M|}{D} \qquad (9-13)$$

$$N_{el} = N + \frac{4|M|}{D} \qquad (9-14)$$

式中　M_{eq}——当量弯矩；

　　　N_{eq}——当量轴拉力；

　　　N_{el}——当量轴压力；

　　　D——弹身直径。

对于舵面和弹翼，通常将最大法向力作为最严酷载荷。

对于薄壁结构，通常将最大压差作为最严酷载荷，避免出现结构的屈曲失稳。

9.10　安全系数和剩余强度系数

9.10.1　安全系数

本章前几节所介绍的均为使用载荷，指结构在正常条件下不产生永久变形所能够承受的限制载荷。使用载荷乘以安全系数后为结构的设计载荷，指结构不发生失效或破坏所必须承受的载荷，以及考虑载荷设计中的不确定性保证结构额外的强度和刚度，强度校核工作应以设计载荷作为依据。

安全系数的确定通常考虑如下几方面的因素：

1）静载荷计算所选取原始数据的误差；

2）载荷计算的精度；

3）环境条件的差异性；

4）材料特性的散布；

5）加工工艺方法带来的加工应力；

6）材料不可避免的缺陷（如不均匀度、局部裂纹、气泡）；

7）对结构其他方面的要求（如刚度、弹性变形量、局部失稳）。

9.10.2　剩余强度系数

除了安全系数以外，还有剩余强度系数作为保证结构强度的参数。导弹结构的强度校核结果，通常以剩余强度系数 η 表示。

理论上当然希望 $\eta = 1$，这时结构既能满足强度要求，质量也最轻，但实际情况难以实现上述理想情况，一般要求剩余强度系数 $\eta \geqslant 1$。η 过大表示强度有剩余，结构质量大。应该注意，对于一些尺寸是由刚度条件、使用要求、工艺因素等决定的结构件，其 η 值可能远大于 1，这也是合理的[2]。

参 考 文 献

[1] 张望根. 寻的防空导弹总体设计 [M]. 北京：宇航出版社，1991.

[2] 刘莉，喻秋利. 导弹结构分析与设计 [M]. 北京：北京理工大学出版社，1999.

[3] 戈罗别夫，斯维特洛夫. 防空导弹设计 [M]. 北京：宇航出版社，2004.

[4] 成楚之. 火箭与导弹的静动力载荷设计 [M]. 北京：宇航出版社，1994.

[5] HOWE D. Aircraft Loading and Structural Layout [M]. Chichester：John Wiley & Sons，Ltd，2004.

[6] WRIGHT J R，COOPER J E. Introduction to Aircraft Aeroelasticity and Loads [M]. Chichester：John Wiley & Sons，Ltd，2007.

第 10 章　面空导弹气动热环境基础

10.1　引言

高速气流经过壁面时，由于激波压缩和黏性阻滞，气体损失动能转化为内能，产生很高的温度，对壁面产生加热的现象称为气动加热。通常气流速度越高，气动加热越严重，来流气体密度越高，气动加热也越严重，导弹低空飞行时气动加热比在中、高空飞行更加严重。飞行器气动热环境是热防护设计的基本依据，同时也是舱内温度控制和弹上设备温度适应性设计等方面重要的考虑因素。

本章介绍了气动加热的基本知识，给出了面空导弹的热交换规律，分别介绍了工程计算、数值模拟和地面实验三种气动热环境研究方法。

10.2　气动加热基本知识

10.2.1　传热基本形式

传热可以以微观粒子（分子、原子和自由电子等）为载体，也可以以电磁波为载体。传热有四种基本形式：传导、对流、扩散和辐射。

（1）传导

当物体内有温度差或两个不同温度的物体接触时，在物体各部分之间不发生相对位移的情况下，依靠分子、原子及自由电子等微观粒子的热运动传递热量。这种现象称为热传导，简称导热[1]。

热传导的强弱与传热介质的导热系数和温度梯度大小有关，可发生在固体、液体和气体中。固体中传热是由于原子的振动和电子的运动，液体和气体传热是由于分子的运动，高速运动分子的动能通过碰撞传给低速运动的分子[2]。热传导也可发生在固体和液体、固体和气体之间。

（2）对流

热对流是指由于流体的宏观运动而引起的流体各部分之间发生相对位移，冷、热流体相互掺混所导致的热量传递过程。热对流仅能发生在流体中，而且由于流体中的分子同时在进行着不规则运动，因而热对流必然伴随有热传导现象[3]。

就引起流动的原因而论，热对流可分为自然对流和强制对流两大类，自然对流是由于流体冷、热各部分的密度不同而引起的。若流体的流动是由于水泵、风机或其他压差作用所造成的，则称为强制对流[3]。

（3）扩散

空气是多组元的混合气体，当空间中存在浓度梯度、压强梯度、温度梯度或外力场时，组元会从一个位置扩散到另一个位置，这种组元间发生相对位移而产生的热量转移，称为热扩散。

（4）辐射

物体通过电磁波传递能量的过程称为辐射。物体的内能转化成电磁波的能量而进行的辐射过程称为热辐射[1]。热传导和热对流在物体接触时才能进行，而热辐射不需要介质，在真空条件下同样可以进行[4]。

物体不断向周围空间发出热辐射能，并被周围物体吸收。同时，物体也不断接收周围物体辐射给它的热能[1]。物体发出和接收的热量会通过物体间的热辐射进行，这种能量传递称为表面辐射传热。

通常情况下气体辐射传热不明显，但在极高温度如再入返回时，气体辐射传热就显得特别重要。

10.2.2　气动加热来源

任何浸于流动气体的物体表面都可能存在热量传输，对于超声速或者高超声速流动，来流气体在壁面附近经过激波压缩和黏性阻滞，一部分气体动能转化为气体内能，壁面附近的气体达到了很高的温度，需要考虑气动加热和热防护的问题。高速气流经激波压缩和黏性阻滞形成的高温绕流图像如图 10 - 1 所示，一锥激波压缩明显，整个激波层均显示高亮图像，二锥激波压缩后温度较低，因而可分辨边界层高温薄层，激波压缩和黏性阻滞形成的高温气体均可对壁面产生严重的气动加热。

图 10 - 1　高速气流经激波压缩和黏性阻滞形成的高温绕流图像

典型的高超声速边界层温度分布如图 10 - 2 所示。由于受到强烈的黏性阻滞，边界层近壁面处可产生很大的温度梯度，以热传导的形式进行传热。边界层内流体微元发生相对位移产生热对流。对于高温情况，气体不均匀性产生的扩散传热也变得显著，若温度进一步升高，如阿波罗号月球返回舱，其激波层的温度高达 11 000 K，以辐射形式传递的热量可占总传热量的 30% 以上[5]。

通常面空导弹由于其最大飞行 Ma 数不超过 7，激波和边界层温度均不会太高，面空导弹气动加热的主要形式是传导、对流和扩散。

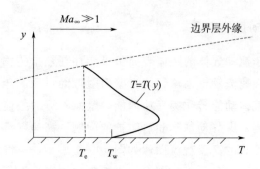

图 10 - 2　高超声速边界层的温度分布

需要注意的是，实际应用中对流传热习惯上专指流体与温度不同于该流体的固体壁面直接接触时相互之间的热量传递，此时的传热形式并不限于一种，还有可能包含传导和扩散。

10. 2. 3　气动加热影响因素

热流密度 q_w 是指单位面积、单位时间所传递的热量。

高超声速飞行器表面的热流密度可用式（10 - 1）进行初步估算[5]

$$q_w = \rho_\infty^N V_\infty^M C \qquad (10 - 1)$$

式中　q_w——表面热流密度（kW/m^2）；

　　　ρ_∞——自由流密度（kg/m^3）；

　　　V_∞——自由流速度（m/s）。

对于驻点

$$M = 3，N = 0.5，C = 1.83 \times 10^{-7} R^{-1/2} \left(1 - \frac{h_w}{h_0}\right) \quad (10 - 2)$$

式中　R——头部半径(m)；

　　　h_w、h_0——壁焓和总焓（kJ/kg）。

对于平板层流

$$M = 3.2，N = 0.5，C = 2.53 \times 10^{-8} (\cos\phi)^{1/2} (\sin\phi) x^{-1/2} \left(1 - \frac{h_w}{h_0}\right)$$

$$(10 - 3)$$

式中　ϕ ——相对于自由流的当地角度（rad）；

　　　x ——沿壁面的距离（m）。

对于平板湍流

$$N = 0.8$$

当 $V_\infty \leqslant 3\,962$ m/s 时

$$M = 3.37$$

$$C = 3.89 \times 10^{-7}\,(\cos\phi)^{1.78}\,(\sin\phi)^{1.6}\,x_{\mathrm T}^{-1/5}\left(\frac{T_{\mathrm w}}{556}\right)^{-1/4}\left(1 - 1.11\frac{h_{\mathrm w}}{h_0}\right)$$

$$(10-4)$$

当 $V_\infty > 3\,962$ m/s 时

$$M = 3.7$$

$$C = 2.2 \times 10^{-8}\,(\cos\phi)^{2.08}\,(\sin\phi)^{1.6}\,x_{\mathrm T}^{-1/5}\left(1 - 1.11\frac{h_{\mathrm w}}{h_0}\right)$$

$$(10-5)$$

式中　$T_{\mathrm w}$ ——壁温（K）；

　　　$x_{\mathrm T}$ ——湍流边界层中沿壁面距离（m）。

由式（10-1）～式（10-5）可知，气动加热有如下影响因素：

1）弹体表面热流密度近似随飞行速度的 3 次方快速增长，可见飞行速度对气动热的影响严重。

2）热流密度随周围空气密度的增大而增大，正比于空气密度的 0.5～0.8 次方。这意味着，以同样的速度飞行时，飞行高度越高，气动热越小，飞行高度越低，气动热越大。

3）驻点热流密度与头部半径的 0.5 次方成反比，头部半径大，热流密度小。

10.2.4　气动加热重点部位

面空导弹气动加热严重的部位有头部天线罩、突起物、弹翼、舵面及各类气动干扰区，这些部位应作为气动热环境分析与热防护设计的重点。

1）头部天线罩处在导弹的最前端，驻点以及天线罩上当地倾角较高处均是气动加热严重的部位。头部天线罩热设计的成功与否不仅会影响到天线罩本身的强度和性能，甚至还会直接影响到导引头能否正常工作。

2）弹体上通常会布置各类突起物，如天线、挡块和电缆整流罩等，突起物所受气动热可达局部无干扰区的数倍以上。

3）为了降低零升阻力，弹翼、舵面前缘通常很薄，而气动热近似与其前缘半径的 0.5 次方成反比，因此前缘处的气动加热非常严重。

4）弹体上的突起物、弹翼和舵面与弹体产生气动干扰，发生激波-激波和激波-边界层干扰，对弹体和部件均有影响，会引起严重的气动干扰加热。

10.2.5　气动外形设计中的降热考虑

从气动设计角度，可采取如下措施降低气动加热。

1）外形尺寸调整：降低突起物的高度，增大弹翼、舵面的前缘后掠角度，对外形棱角进行倒圆处理；

2）合理安排突起物位置：将突起物布置于弹体气动加热相对缓和的位置，如弹体背风面或侧面，或调整突起物相对位置以避免产生激波干扰；

3）增加挡块：为满足特定功能有些部件对其外形尺寸和安装位置有一定要求，或者部件本身需要防热保护，此时需要增加挡块使部件处于挡块背风区域，从而有效降低部件气动加热。

10.2.6　壁面状态对气动热的影响

高速气体流过物面时，在物面附近形成速度和温度变化比较剧烈的区域，即速度和温度梯度较高的区域，通常称之为速度边界层和温度边界层，因此在物面附近区域同时存在流体动能向流体内能的转换以及传热两个过程。对于空气介质而言，传热过程更快一些，因此物面附近的温度达不到总温 T_0，物面可恢复的温度 T_r，称为

恢复温度，T_r、T_0 及边界层外缘温度 T_e 间存在如下关系

$$r = Pr^{1/n} = \frac{T_r - T_e}{T_0 - T_e} \qquad (10-6)$$

式中　r ——恢复系数；

Pr ——普朗特数，表示流动中黏性效应与传导效应的比例关
系，对于层流，$Pr = 0.71$，$n = 2$，对于湍流，$Pr = 0.79$，$n = 3$。

传热现象是由于温度差引起的，气动加热量与壁面的温度条件
有关。壁面条件影响边界层的温度分布，三种壁面附近的温度分布
如图 10-3 所示。若壁面温度比恢复温度高，即 $(\partial T / \partial y)_{y=0} < 0$，
此时物体向气体传热，这种壁面称为热壁。若壁面温度比恢复温度
低，即 $(\partial T / \partial y)_{y=0} > 0$，此时气体对壁面加热，这种壁面称为冷
壁。若壁面温度与恢复温度相等，即 $(\partial T / \partial y)_{y=0} = 0$，这种壁面称
为绝热壁，绝热壁温度 $T_{aw} = T_r$，此时壁面温度达到气动加热可达
的最高温度（不考虑辐射传热）。

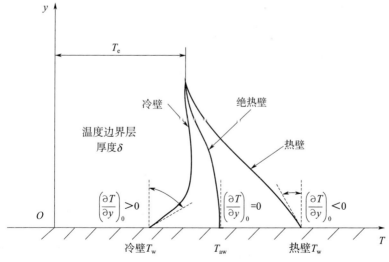

图 10-3　三种壁面附近的温度分布

10.2.7　气动热环境参数

气动热环境参数包括各部位沿弹道的冷壁热流密度 q_w、恢复焓 h_r 和静压 P。

热环境参数中给出的冷壁热流密度为壁温在某一温度下的热流密度。根据热传导基本定律——Fourier 定律，边界层向弹体表面加热的热流密度可写为

$$q_w = -\lambda \left. \frac{\partial T}{\partial n} \right|_w \qquad (10-7)$$

式中　λ——弹体表面处空气的热传导系数；

$\left. \dfrac{\partial T}{\partial n} \right|_w$——弹体表面处空气的温度梯度。

恢复焓与边界层内流体黏性和热传导作用相关。对于高温边界层，上一节定义的恢复系数通常不再用温度表示，而改用焓值表示，即

$$r = Pr^{1/n} = \frac{h_r - h_e}{h_0 - h_e} \qquad (10-8)$$

式中　h_e——边界层外缘焓。

需要注意的是，对于烧蚀防热情况，除了热流密度、恢复焓和静压等外，还需考虑边界层外缘速度，以计入剪切力对烧蚀材料的冲刷效应。

10.2.8　气动加热中的典型弹道

在面空导弹飞行全空域中，存在低近、低远、高近和高远等各类弹道，热环境参数和加热时长差异显著，需要根据峰值热流密度、总加热量和温度响应确定合理的热防护方案。峰值热流密度和峰值壁温决定了热防护系统（TPS）采用材料的类型。以时间积分的热流密度，即总加热量决定了热防护系统的结构与厚度[6]。

由气动加热的影响因素可知，通常情况下，低近弹道的峰值热流密度较大，低远弹道的总加热量较大。

10.3 面空导弹热交换规律

除了气动加热外，飞行器的外表面在飞行时还受到太阳、地球、月球、行星和银河系的辐射能量，而在地球附近飞行时只有来自太阳和地球的辐射热流具有实际意义，其他的热流仅仅在接近于相应的行星或银河系其他天体飞行时才有意义[7]。

面空导弹气动加热通常比太阳辐射和地球辐射的加热功率高几个量级，所以面空导弹不考虑太阳辐射和地球辐射加热的影响，其弹体结构温度主要取决于气动加热、结构传热和弹体表面辐射散热。

边界层向弹体表面加热的热流密度为

$$q_w = q_0(1 - h_w/h_r) \qquad (10-9)$$

式中，q_0 为冷壁热流密度。

弹体表面在受到气动加热的同时，也在辐射热量。相应的热流密度服从 Stefan - Boltzmann 定律

$$q_{rad} = \sigma\varepsilon T_w^4 \qquad (10-10)$$

式中　σ ——Stefan - Boltzmann 常数，$\sigma = 5.67 \times 10^{-8} \, W/(m^2 \cdot K^4)$；

　　　ε ——弹体表面辐射系数，取值和材料及壁面状况有关，差异非常大，对于通常的防热材料，可近似取 0.85。

弹体表面处还存在结构传热。这一热流密度的定量计算基于热传导基本定律——Fourier 定律，按照这一定律

$$q_{cond} = -\lambda \left.\frac{\partial T}{\partial n}\right|_w \qquad (10-11)$$

式中　λ ——弹体结构材料的热传导系数；

　　　n ——弹体壁面法向坐标，此处以内法向为正；

　　　$\left.\dfrac{\partial T}{\partial n}\right|_w$ ——弹体结构表面的温度梯度。

由弹体表面处的热量守恒，如图 10 - 4 所示，可得

$$q_w = q_{cond} + q_{rad} \qquad (10-12)$$

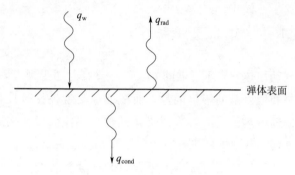

图 10 - 4　弹体表面处的热量守恒

考虑到式（10 - 9）、式（10 - 10）和式（10 - 11），式（10 - 12）可写为

$$q_0(1 - h_w/h_r) + \lambda \left. \frac{\partial T}{\partial n} \right|_w = \sigma \varepsilon T_w^4 \qquad (10 - 13)$$

上式反映了弹体结构表面和外界之间的热交换规律。

固体中温度的空间、时间分布服从于 Fourier 方程，即导热微分方程

$$c\rho \frac{\partial T}{\partial \tau} = \frac{\partial}{\partial x}\left(\lambda \frac{\partial T}{\partial x}\right) + \frac{\partial}{\partial y}\left(\lambda \frac{\partial T}{\partial y}\right) + \frac{\partial}{\partial z}\left(\lambda \frac{\partial T}{\partial z}\right) + \dot{\Phi}$$

$$(10 - 14)$$

式中　c ——材料的比热；

ρ ——材料的密度；

Φ ——内热源的强度。

当为各向同性和单一性能固体时，式（10 - 14）可简化为

$$\frac{\partial T}{\partial \tau} = a \nabla^2 T + \frac{\Phi}{c\rho} \qquad (10 - 15)$$

式（10 - 14）和式（10 - 15）建立了温度的空间和时间变化联系，而热扩散率 $a = \lambda/(c\rho)$ 是这些变化之间的比例系数。当不存在内热源时，式（10 - 15）可写为

$$\partial T/\partial \tau = a \nabla^2 T$$

通过热交换规律式（10 - 13）、导热微分方程式（10 - 14）以及初始条件 $T(x，y，z，0)$ 可确定传热过程，求出不同时刻结构的温度分布。

通常导热微分方程式（10 - 14）无解析解，只能由数值方法求解[8]。结构温度分布和防热设计以及温度控制紧密相关，关于面空导弹这两方面的内容，读者可参考相关文献。

10.4　气动热环境预示方法

地面上获取面空导弹气动热环境的方法主要有三种：经验或半经验的工程计算方法、数值模拟方法和地面风洞实验方法。

10.4.1　工程计算

10.4.1.1　Reynolds 比拟理论

在边界层中，由于空气与壁面的摩擦而将空气的动能转化为内能，从而产生气动加热，故表面摩擦和传热是有关联的。在传热的研究历史上，曾经推导出表面摩擦和传热之间的关系式，从而通过比较容易测定的表面摩擦确定传热。

对于流过平板的不可压缩层流，表面摩擦和传热之间的关系式为[2]

$$St = \frac{1}{2} C_f Pr^{-2/3} \qquad (10 - 16)$$

式中　St ——斯坦顿数，表达式见 10.4.1.2 节；

　　　C_f ——局部摩擦系数，定义为

$$C_f = 2\tau_w / \rho_e u_e^2 \qquad (10 - 17)$$

式中　τ_w ——摩擦应力。

式（10 - 16）为不可压缩层流的 Reynolds 比拟关系式，可推广为更一般形式的 Reynolds 比拟关系式，对于流过平板的不可压缩湍流，有

$$St = \frac{S}{2}C_f \qquad (10-18)$$

式中，S 为 Reynolds 比拟因子，对于湍流流动，S 值见参考文献 [9]。

10.4.1.2　参考温度方法

参考温度方法是计算高超声速边界层非驻点传热的一种普遍使用的半经验方法。它假设高速边界层与低速边界层的结构是相同的，将不可压缩流中的温度以及与温度有关的量进行修正，取一个参考温度 T^*（或参考焓 h^*）代替原有的温度计算流体的特性，将不可压缩流的结果直接应用于可压缩流。参考温度是边界层外缘 Ma 数、温度和壁温的函数，参考温度的取值在壁温和边界层外缘温度之间。在各种参考温度方法中，Eckert 参考温度法的应用最为广泛[10]，可用式（10-19）表示

$$T^* = T_e + 0.5(T_w - T_e) + 0.22(T_r - T_e) \qquad (10-19)$$

式（10-19）写成参考焓的形式为

$$h^* = h_e + 0.5(h_w - h_e) + 0.22(h_r - h_e) \qquad (10-20)$$

式中　h^*——参考焓；

　　　　h_e——边界层外缘焓；

　　　　h_w——壁焓；

　　　　h_r——恢复焓，$h_r = h_e + ru_e^2/2$。

得到参考温度 T^* 或者参考焓 h^* 后，可求得参考温度 T^* 或者参考焓 h^* 下的流体参数 ρ^* 和黏性系数 μ^*。

根据 Blasius 解，流过平板不可压缩层流的局部摩擦系数为

$$C_f = \frac{0.664}{\sqrt{Re_x}}, \quad Re_x = \frac{\rho_e u_e x}{\mu} \qquad (10-21)$$

由式（10-21），式（10-16）可写为

$$St = \frac{0.332}{\sqrt{Re_x}}Pr^{-2/3}$$

对于流过平板的不可压缩湍流，局部摩擦系数为

$$C_f = \frac{0.059\,2}{(Re_x)^{0.2}} \qquad (10-22)$$

由式（10-22），式（10-18）可写为

$$St = \frac{0.029\,6}{(Re_x)^{0.2}} S$$

由式（10-21）可得流过平板可压缩层流的局部摩擦系数

$$C_f^* = \frac{0.664}{\sqrt{Re_e^*}} = 0.664 \left(\frac{\rho^* u_e x}{\mu^*} \right)^{-\frac{1}{2}}$$

由式（10-22）可得流过平板可压缩湍流的局部摩擦系数

$$C_f^* = \frac{0.059\,2}{(Re_e^*)^{0.2}} = 0.059\,2 \left(\frac{\rho^* u_e x}{\mu^*} \right)^{-\frac{1}{5}}$$

将上一节的 Reynolds 比拟理论推广应用到可压缩流，流过平板可压缩层流的 St^* 为

$$St^* = \frac{0.332}{\sqrt{Re_e^*}} (Pr^*)^{-\frac{2}{3}} = 0.332 \left(\frac{\rho^* u_e x}{\mu^*} \right)^{-\frac{1}{2}} \left(\frac{\mu^* c_p^*}{k^*} \right)^{-\frac{2}{3}}$$

$$(10-23)$$

式中，c_p^* 和 k^* 分别为参考温度 T^* 或者参考焓 h^* 下的定压比热容和导热系数。

流过平板可压缩湍流的 St^* 为

$$St^* = \frac{0.029\,6}{(Re_x^*)^{0.2}} S - 0.029\,6 \left(\frac{\rho^* u_e x}{\mu^*} \right)^{-\frac{1}{5}} S$$

斯坦顿数 St 可写为

$$St = \frac{q_w}{\rho_e u_e (h_{aw} - h_w)} \qquad (10-24)$$

式中，h_{aw} 为绝热壁焓。

最后由式（10-24）可得流过平板可压缩层流的热流密度

$$q_w = \rho^* u_e (h_{aw} - h_w) St^*$$

$$= 0.332 \left(\frac{\rho^* u_e x}{\mu^*} \right)^{-\frac{1}{2}} \left(\frac{\mu^* c_p^*}{k^*} \right)^{-\frac{2}{3}} \rho^* u_e (h_{aw} - h_w)$$

流过平板可压缩湍流的热流密度

$$q_w = \rho^* u_e (h_{aw} - h_w) St^* = 0.029\,6 \left(\frac{\rho^* u_e x}{\mu^*}\right)^{-\frac{1}{5}} S\rho^* u_e (h_{aw} - h_w)$$

10.4.1.3　零攻角简单外形的计算公式

（1）球头驻点热流的计算

对于球头驻点热流密度，Fay - Riddell 公式可得到可信的结果[11]，不考虑空气的离解时可写为

$$q_{w_s} = 0.763 Pr^{-0.6} \left(\frac{\rho_w \mu_w}{\rho_s \mu_s}\right)^{0.1} \sqrt{\rho_s \mu_s \left(\frac{\mathrm{d}u_e}{\mathrm{d}x}\right)_s} (h_s - h_w)$$

$$(10-25)$$

式中　h_s——驻点焓；

$\quad\quad h_w$——壁焓；

$\quad\quad \rho_w$——壁面密度；

$\quad\quad \mu_w$——壁面黏性系数；

$\quad\quad \rho_s$——驻点密度；

$\quad\quad \mu_s$——驻点黏性系数；

$\quad\quad u_e$——边界层外缘速度；

$\quad\quad x$——沿母线距离。

驻点处的速度梯度可从修正的牛顿公式获得[2,12]

$$\left(\frac{\mathrm{d}u_e}{\mathrm{d}x}\right)_s = \frac{1}{R_o} \sqrt{\frac{2(p_s - p_\infty)}{\rho_s}} \quad\quad (10-26)$$

式中　R_o——驻点曲率半径；

$\quad\quad p_s$——正激波后总压；

$\quad\quad p_\infty$——自由流静压。

球头驻点热流密度的第二个常用计算公式为 Kemp - Riddell 公式[13]

$$q_{w_s} = \frac{131\,884.2}{\sqrt{R_o}} \left(\frac{\rho_\infty}{\rho_0}\right)^{1/2} \left(\frac{V_\infty}{V_c}\right)^{3.25} \left(1 - \frac{h_w}{h_s}\right) \quad (10-27)$$

式中，$\rho_0 = 1.225\ \mathrm{kg/m^3}$，$V_c = 7\,900\ \mathrm{m/s}$。

根据 Rose - Stark[14]的激波管实验结果，对式（10 - 27）进一步修正后的公式为

$$q_{w_s} = \frac{110\,311.7}{\sqrt{R_o}} \left(\frac{\rho_\infty}{\rho_0}\right)^{1/2} \left(\frac{V_\infty}{V_c}\right)^{3.15} \left(\frac{h_s - h_w}{h_s - h_{300K}}\right) \quad (10-28)$$

式中　h_{300K}——温度 300 K 时空气的焓值。

（2）任意轴对称外形非驻点热流的计算

对于层流情况，可采用修正 Lees 公式[2,12,15]

$$\frac{q_{w_l}}{q_{w_s}} = \frac{1}{2\sqrt{\rho^* \mu^*}} \frac{1}{\sqrt{\left(\dfrac{du_e}{dx}\right)_s}} \frac{\rho^* \mu^* u_e r}{\left(\displaystyle\int_0^x \rho^* \mu^* u_e r^2 dx\right)^{\frac{1}{2}}} \quad (10-29)$$

式中　q_{w_l}——壁面非驻点层流热流密度；

　　　q_{w_s}——驻点热流密度；

　　　ρ^*,μ^*——参考焓条件下的密度和黏性系数；

　　　u_e——边界层外缘速度；

　　　r——壁面某处到对称轴的距离；

　　　x——沿壁面的距离。

对于湍流情况，可采用 Vaglio - Lausin 公式[16]，壁面非驻点湍流热流密度

$$q_{w_t} = 0.029\,6\,Pr^{-\frac{2}{3}} \rho^* u_e \left(\frac{\rho^* u_e x^*}{\mu^*}\right)^{-0.2} (h_r - h_w)$$

$$(10-30)$$

其中

$$x^* = \frac{\displaystyle\int_0^x \rho^* u_e \mu^* r^{1.25} dx}{\rho_e u_e \mu_e r^{1.25}}$$

式中　h_r——恢复焓。

边界层从层流转捩到湍流是在一个区域内进行的，因此需要给出转捩区的热流密度计算公式，引进间隙因子 Γ，转捩区的热流密度可写为[12]

$$q_{w_{tr}} = (1-\Gamma) q_{w_l} + \Gamma q_{w_t}$$

$$\Gamma = \frac{1}{2} \left\{ 1 + \tanh \left[\frac{5(s - s_{\text{tri}})}{\Delta s_{\text{tr}}} - 2.5 \right] \right\} \qquad (10-31)$$

式中　　s_{tri}——转捩起始位置

$$\frac{\Delta s_{\text{tr}}}{s_{\text{tri}}} = (60 + 4.68 Ma_{\text{tri}}^{1.92}) Re_{\text{tri}}^{-1/2} \qquad (10-32)$$

式中　　Re_{tri}——转捩起始点的 Re 数；

　　　　Ma_{tri}——转捩起始点的 Ma 数。

　　目前建立了多种转捩准则，需要依据使用条件进行对比选择，例如对于轻微烧蚀情况，可有如下转捩准则[2,12]

$$(Re)_{\text{tri}} = 10^{5.37 + 0.232\,5 Ma_e - 0.004\,015 Ma_e^2} \qquad (10-33)$$

式中　　Ma_e——边界层外缘 Ma 数。

10.4.1.4　工程计算方法

　　(1) 边界层外缘参数确定

　　在平衡流动条件下，流场中所有状态参数（如密度、温度、压力、速度和声速等），只有两个是独立的，其他状态参数均可通过相应的热力学关系式由这两个独立变量确定。

　　壁面压力分布可用修正牛顿理论、欧拉方程数值解或其他方法给出。由于在边界层内沿壁面法向压力梯度等于零，边界层外缘压力与壁面压力相等，故通常将壁面压力选作独立变量，另外一个独立变量习惯上选择边界层外缘的熵 S_e。对于钝头体外形，考虑熵层吞咽即激波后流线会逐渐淹没在边界层内部，通常采用迭代的质量平衡法和无粘流场与边界层的迭代法确定边界层外缘的熵。

　　在壁面上对应点边界层外缘上的熵和压力确定后，其他各外缘参数均可求出。

　　(2) 热环境计算

　　对于零攻角轴对称外形，直接采用前述方法即可完成热环境计算。对于有攻角或非轴对称外形，可采用等价锥或轴对称比拟方法。

　　等价锥方法将绕有攻角锥的流动用绕零攻角等价锥的流动代替，等价锥是攻角和圆锥角的函数[2,12]

$$\sin\alpha_e = \cos\alpha\sin\Gamma + \sin\alpha\cos\Gamma\cos\phi \qquad (10-34)$$

式中　α_e——等价半锥角；

　　α——攻角；

　　Γ——壁面相对于对称轴的倾角；

　　ϕ——子午角。

这样，计算有攻角锥的热流密度就可转化为计算零攻角等价锥的热流密度。通过此方法计算迎风母线和背风母线上的热流密度分布非常有效。

轴对称比拟方法首先由 Cooke 提出[17]，之后又由 Dejarnette 推广[18-20]。基于壁面无黏流线建立流线坐标系，壁面流线分布及流线坐标系如图 10 - 5 所示，其中 s 沿无黏表面流线方向，β 沿壁面切向且垂直于流线方向，n 沿壁面法向。在小横向流假设下，即认为在壁面切向且垂直于流线的速度为小量，并将沿流线的距离看作沿等价轴对称体表面的距离，将 β 方向的 Lame 系数看作等价轴对称体的半径，则三维边界层方程可简化为轴对称形式的边界层方程。此时，确定沿某一根流线的热流密度，就相当于求解某一零攻角轴对称体上的热流密度。所以，可用计算轴对称体零攻角下的热流密度方法计算得到三维流动的热流密度。

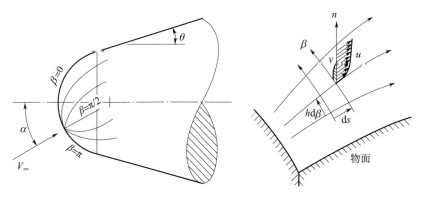

图 10 - 5　壁面流线分布及流线坐标系

面空导弹的弹翼、舵面及各类突起物等部位通常会存在复杂的干扰流动，难以找到普适性的计算方法，通常需要借助典型状态的数值模拟或实验数据分析其热环境规律，进而计算飞行弹道的热环境。

10.4.2　数值模拟

10.4.2.1　计算流体力学方法

在气动热环境预示中，计算流体力学方法与第 8 章研究气动特性的方法相同。

由式（10 - 7）可知，在气动热环境预示中，数值模拟需要计算壁面的温度梯度，进而计算出壁面的热流密度。由于壁面温度梯度变化较大，热流密度计算对壁面法向网格分布极为敏感[21]，因此壁面网格的划分在气动热环境的数值模拟中极为重要。

对于简单外形高超声速飞行器热环境预示，基于经典理论的工程计算方法一直占据主导地位，但是该方法具有一定的局限性。高超声速流动可能存在激波-激波干扰、激波-边界层干扰以及缝隙等复杂的流动现象，气动加热对来流条件、物形参数非常敏感，难以找到普适可用的工程计算方法，因此有必要采用计算流体力学数值方法。计算流体力学数值方法具有工程计算方法无可比拟的优越性，采用空间离散方法求解气体动力学 N - S 控制方程，可以模拟实际复杂形状、干扰流动以及各种飞行条件下的流场细节。随着计算技术的发展，计算流体力学方法是复杂外形飞行器热环境预示的必然选择。

虽然数值方法具有普遍适用性，但其结果受气体模型、湍流模型、数值格式、网格分布等诸多因素的影响，需要针对具体的流动问题进行合理选择。

10.4.2.2　计算流体力学方法实例

通过计算流体力学方法对图 10 - 6 球头双锥外形进行计算。来流高度 $H = 25\ km$、马赫数 $Ma = 8$、攻角 $\alpha = 0°$。球头双锥外形的空间与壁面网格分布如图 10 - 7 所示，网格在壁面附近以及高曲率处进行了局部加密。数值模拟可获得壁面及空间的精细流场参数，整个边界层及激波层内的精细温度分布如图 10 - 8 所示。由于数值模拟结果受诸多因素的影响，计算中需要合理选择计算模型，保证一定的网格分辨率才能获得可信的结果。首层网格尺寸对双锥热流密度的影响如图 10 - 9 所示。

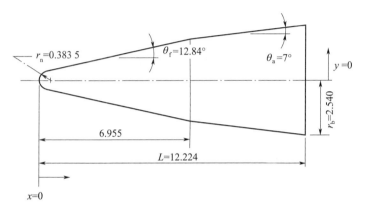

图 10 - 6　球头双锥外形（单位：cm）

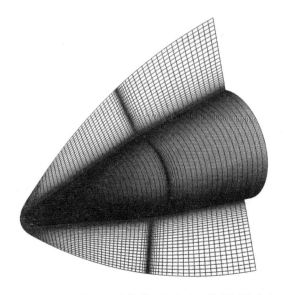

图 10 - 7　球头双锥外形空间和壁面结构网格分布

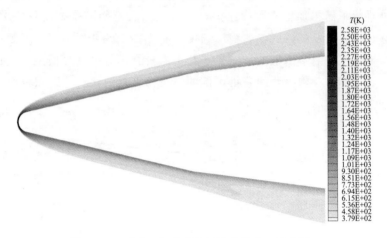

图 10 - 8　球头双锥外形空间温度分布（见彩插）

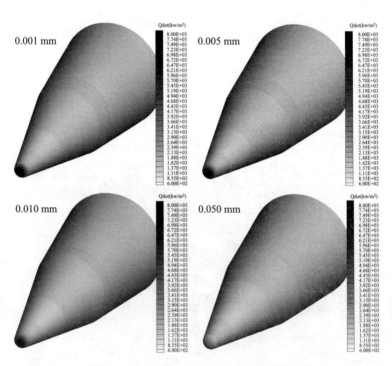

图 10 - 9　首层网格尺寸对球头双锥外形热流密度的影响（见彩插）

10.4.3　地面实验

10.4.3.1　气动热实验原理

气动热实验以相似理论为指导，在满足几何相似及 Ma 数、Re 数和 Pr 数相等的条件下，通过实验通常可获得与飞行条件相似的流动，从而可建立两种流动的联系，研究飞行条件的气动热。

气动热可通过地面或飞行实验开展研究。目前地面实验最为普及，主要包括风洞和弹道靶实验。其中，由于开展实验和测试参数比较便利、运行费用和技术难度适中，风洞实验在高速飞行器热环境预示方面发挥了重要的作用。但对风洞实验而言，受到目前实验条件限制或经济性考虑，往往只能保证 Ma 数相似，小尺寸部件或缝隙流动容易受边界层厚度的影响，因此实验结果的使用需要依靠一定的经验。目前可复现飞行条件的地面实验能力正在形成，可为面空导弹的研制提供重要的实验数据支撑。

需要注意的是地面实验方法存在模型缩比和难以复现来流环境以及传感器安装等不确定性因素。

10.4.3.2　气动热地面实验设备

气动热风洞实验最主要的设备是激波风洞。图 10 - 10 给出了美国 LENS 系列激波风洞，其由驱动段、被驱动段、实验段、测试系统和操控系统等组成。高温高压气体通过喷管加速，在喷管出口达到高超声速气流条件后，进入放置飞行器模型的实验段，如图 10 - 11 所示，通过温度传感器可测得气流脉冲作用过程中的温度，根据传热原理可计算出传感器位置处的热流密度[22]。

10.4.3.3　气动热地面实验传感器

常用的测热传感器包括薄膜铂电阻传感器和热电偶传感器，图 10 - 12 给出了薄膜铂电阻传感器结构图。其中的基底材料通常采用玻璃或陶瓷制作，在基底柱体顶端镀细丝状铂薄膜，基底柱体两侧涂有银浆，连接铂薄膜至测量电路中。在地面实验过程中，铂薄膜

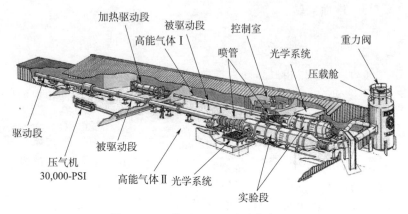

图 10 - 10 美国 LENS 系列激波风洞

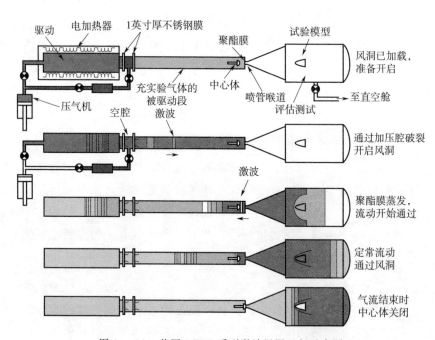

图 10 - 11 美国 LENS 系列激波风洞运行示意图

的温度变化引起电阻值的变化，从而引起电路信号的变化，通过计算可获得测点的热流密度。图 10 - 13 给出了连接导线的薄膜铂电阻传感器实物。热电偶传感器的工作原理基于 seebeck 效应，即通过两种不同的导体两端连接成回路，若两端存在温差，则会在回路内产生热电流。因此，测点温度的变化会直接产生电势差，通过转换就可获得测点的热流密度。图 10 - 14 给出了一种热电偶传感器，将其接入测量电路，可实现对细小尺寸部位热流密度的测量。

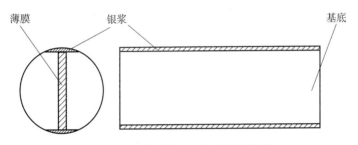

图 10 - 12　薄膜铂电阻传感器结构图

图 10 - 13　薄膜铂电阻传感器实物（来自中科院力学所，见彩插）

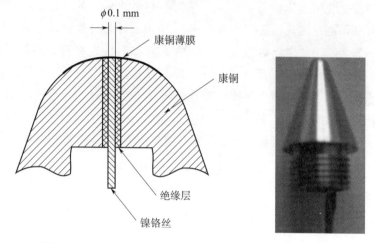

图 10 - 14　热电偶传感器构造和实物（来自中科院力学所）

　　除了上述点测热技术外，目前经常采用的还有磷光热图测热技术。采用磷光热图技术测得的壁面相对传热系数云图如图 10 - 15 所示[23]。

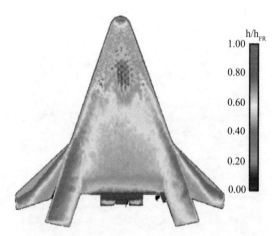

图 10 - 15　磷光热图技术测得的相对传热系数云图（见彩插）

10.4.3.4　气动热地面实验模型安装

　　为了便于布置测点，实验模型需要进行合理设计，通常可设计成可拆卸的结构。图 10-16 给出了实验模型实物，设计成可拆卸组装结构，在壁面布置了传感器，如图 10-17 所示，传感器电路引线通过内部空腔从底部引出接入外部的测量系统。

图 10-16　实验模型实物结构和传感器安装

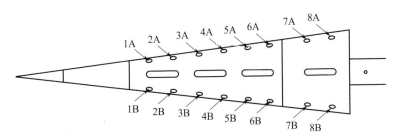

图 10-17　实验模型测点布置

10.4.3.5　气动热地面实验与数值模拟对比验证[24]

　　安装传感器的模型固定在实验段后，可测量在给定气流条件下的热流密度。图 10-18 给出了风洞实验段锥裙外形模型，在锥段和裙段均布置了传感器，其中一侧设有窗口，可对流动结构进行观察测量。

图 10-18　实验段实验模型

图 10-19 给出了针对实验来流条件实验与数值模拟所得的压力系数、传热系数、干扰流动结构对比。线条为数值模拟结果，标记为实验测量结果，其中压力系数的数值模拟结果和实验测量结果符合较好，传热系数在局部差异略大，干扰流动结构符合较好。

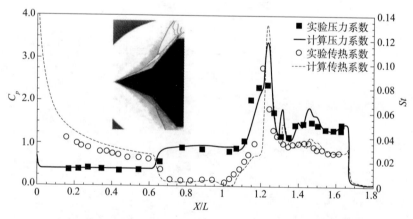

图 10-19　压力系数、传热系数和干扰流动结构实验结果与数值模拟结果对比

参 考 文 献

［1］ 戴锅生. 传热学［M］. 北京：高等教育出版社，1999.

［2］ 张志成. 高超声速气动热和热防护［M］. 北京：国防工业出版社，2003.

［3］ 杨世铭，陶文铨. 传热学［M］. 北京：高等教育出版社，2006.

［4］ 安娜-玛丽娅·比安什，伊夫·福泰勒，雅克琳娜·埃黛. 传热学［M］. 王晓东，译. 大连：大连理工大学出版社，2008.

［5］ JONE D ANDERSON JR. Hypersonic and High‐Temperature Gas Dynamics［M］. 2nd ed. Washington D C：American Institute of Aeronautics and Astronautics，2006.

［6］ Ernst Heinrich Hirschel Claus Weiland. Selected Aerothermodynamic Design Problems of Hypersonic Flight Vehicles［M］. Berlin：Springer Berlin Heidelberg，2009.

［7］ 德拉金. 飞行中的气动力和辐射加热［M］. 马同泽，曹孝瑾，译. 北京：国防工业出版社，1963.

［8］ 戈罗别夫，斯维特洛夫. 防空导弹设计［M］. 北京：宇航出版社，2004.

［9］ VAN DRIEST E R. The Problem of Aerodynamic Heating［J］. Aeronautical Engineering Review，1956，15（10）：26‐41.

［10］ ECKERT E R G. Engineering Relations for Friction and Heat Transfer to Surfaces in High Velocity Flow［J］. Journal of Aeronautical Sciences，1955，22（8）：585‐587.

［11］ FAY J A，RIDDELL F R. Theory of Stagnation Point Heat Transfer in Dissociated Air［J］. Journal of the Aerospace Sciences，1958，25（2）：73‐85.

［12］ 姜贵庆，刘连元. 高速气流传热与烧蚀热防护［M］. 北京：国防工业出版社，1999.

［13］ KEMP N H，RIDDELL F R. Heat Transfer to Satellite Vehicles Reentering the Atmosphere [J]. Journal of Jet Propulsion, 1957, 27 (2): 132 - 137.

[14] ROSE P H, STARK W I. Stagnation Point Heat Transfer Measurement in Dissociated Air [J]. Journal of the Aerospace Sciences, 1958, 25 (2): 86 - 97.

[15] LEES L. Laminar Heat Transfer over Blunt - nosed Bodies at Hypersonic Flight Speeds [J]. Journal of Jet Propulsion, 1956, 26 (4): 259 - 269.

[16] VAGLIO L R. Turbulent Heat Transfer on Blunt Nosed Bodies in Two - dimensional and General Three - dimensional Hypersonic Flow [J]. Journal of the Aerospace Sciences, 1960, 27 (1): 27 - 36.

[17] COOKE J C. An Axially Symmetric Analogue for General Three - Dimensional Boundary Layers [R]. Aeronautical Research Council Reports and Memoranda, No. 3200, London: HerMajesty's Stationery Office, 1961.

[18] DEJARNETTE F R, TAI T C. A Method for Calculating Laminar and Turbulent Convective Heat Transfer over Bodies at An Angle of Attack [R]. NASA CR - 101678, 1969.

[19] DEJARNETTE F R. Calculation of Heat Transfer on Schuttle - Type Configurations Including of Effects of varable Entropy at Boundary Layer Edge [R]. NASA CR - 112180, 1972.

[20] DEJARNETTE F R. Calculation of Inviscid Surface Streamlines and Heat Transfer on Schuttle - Type Configurations Part1 [R]. NASA CR - 111921, 1971.

[21] 潘沙, 冯定华, 丁国昊, 等. 气动热数值模拟中的网格相关性及收敛 [J]. 航空学报, 2010, 31 (3): 493 - 499.

[22] MICHAEL HOLDEN, RONALD PARKER, GREGORY SMOLINSKI, et al. Hypersonic Testing in the Lens Facility for Lateral Jet Induced Interactions [R]. AIAA - 2000 - 2038.

[23] SCOTT A BERRY, THOMAS J HORVATH, BRIAN R HOLLIS, et al. Harris Hamilton II. X - 33 Hypersonic Boundary Layer Transition [R].

AIAA 1999 - 3560.

[24]　MICHAEL S HOLDEN, TIMOTHY P WADHAMS, MATTHEW MACLEAN. A Review of Experimental Studies with the Double Cone and Hollow Cylinder/flave Configurations in the LENS Hypervelocity Tunnels and Comparisons with Navies - Stokes and DSMC Computations [R]. AIAA 2010 - 1281.

[25]　JOHN J BERTIN. Hypersonic Aerothermodynamics [M]. Washington D C: American Institute of Aeronautics and Astronautics, 1994.

附录 线性时变微分方程的求解过程

(1) 第 5 章微分方程 (5-4)

线性时变微分方程

$$\dot{y}_m + \left(\frac{N}{T-t}\right) y_m = V_m \varepsilon \tag{1}$$

为非齐次线性方程，先求其对应的齐次线性方程

$$\dot{y}_m + \left(\frac{N}{T-t}\right) y_m = 0$$

的通解。

分离变量后可得

$$\frac{dy_m}{y_m} = -\frac{N}{T-t} dt \tag{2}$$

式 (2) 两边不定积分可得

$$\ln|y_m| = N\ln|T-t| + \ln|C_1|$$

齐次线性方程的通解为

$$y_m = C_1 (T-t)^N$$

采用常数变易法求非齐次线性方程 (1) 的通解，常数变易法是本书第 3 章提到的 Joseph - Louis Lagrange 11 年的研究成果。将齐次线性方程通解中的 C_1 换成 t 的未知函数 $u = u(t)$，即有

$$y_m = u (T-t)^N \tag{3}$$

式 (3) 对时间 t 求导可得

$$\dot{y}_m = \dot{u} (T-t)^N - Nu (T-t)^{N-1} \tag{4}$$

式 (3) 和式 (4) 代入式 (1) 可得

$$\dot{u} = \frac{V_m \varepsilon}{(T-t)^N} \tag{5}$$

式 (5) 两边不定积分可得

$$u = \frac{V_{\mathrm{m}}\varepsilon}{N-1} \, (T-t)^{-N+1} + C_2 \tag{6}$$

式（6）代入式（3）可得

$$y_{\mathrm{m}} = \left[\frac{V_{\mathrm{m}}\varepsilon}{N-1} \, (T-t)^{-N+1} + C_2\right](T-t)^{N} \tag{7}$$

$$= \frac{V_{\mathrm{m}}\varepsilon}{N-1}(T-t) + C_2 \, (T-t)^{N}$$

式（7）为非齐次线性方程（1）的通解。

式（7）对时间 t 求导可得

$$\dot{y}_{\mathrm{m}} = -\frac{V_{\mathrm{m}}\varepsilon}{N-1} - NC_2 \, (T-t)^{N-1}$$

由初始条件，比例导引末制导开始时刻 $V(0) = V_{\mathrm{m}}\varepsilon$ ，可得

$$C_2 = -\frac{V_{\mathrm{m}}\varepsilon}{(N-1) \, T^{N-1}} \tag{8}$$

式（8）代入式（7），可得线性时变微分方程（1）的特解

$$y_{\mathrm{m}} = \frac{V_{\mathrm{m}}\varepsilon}{N-1}(T-t) - \frac{V_{\mathrm{m}}\varepsilon}{(N-1)T^{N-1}} \, (T-t)^{N}$$

$$= V_{\mathrm{m}}\varepsilon \, \frac{T\left(1 - \dfrac{t}{T}\right)}{N-1}\left[1 - \left(1 - \frac{t}{T}\right)^{N-1}\right]$$

（2）第 5 章微分方程（5-10）

线性时变微分方程

$$\dot{y} + \left(\frac{N}{T-t}\right)y = a_{\mathrm{t}}t \tag{9}$$

为非齐次线性方程，先求其对应的齐次线性方程

$$\dot{y} + \left(\frac{N}{T-t}\right)y = 0$$

的通解。

分离变量后可得

$$\frac{\mathrm{d}y}{y} = -\frac{N}{T-t}\mathrm{d}t \tag{10}$$

式（10）两边不定积分可得

$$\ln|y| = N\ln|T-t| + \ln|C_1|$$

齐次线性方程的通解为

$$y = C_1(T-t)^N$$

采用常数变易法求非齐次线性方程（9）的通解，将齐次线性方程通解中的 C_1 换成 t 的未知函数 $u = u(t)$，即有

$$y = u(T-t)^N \tag{11}$$

式（11）对时间 t 求导可得

$$\dot{y} = \dot{u}(T-t)^N - Nu(T-t)^{N-1} \tag{12}$$

式（11）、式（12）代入式（9）可得

$$\dot{u} = \frac{a_t t}{(T-t)^N} \tag{13}$$

式（13）两边不定积分可得

$$u = \frac{a_t}{2-N}(T-t)^{2-N} - \frac{a_t T}{1-N}(T-t)^{1-N} + C_2 \tag{14}$$

式（14）代入式（11）可得

$$y = \left[\frac{a_t}{2-N}(T-t)^{2-N} - \frac{a_t T}{1-N}(T-t)^{1-N} + C_2\right](T-t)^N$$

$$= \frac{a_t}{2-N}(T-t)^2 - \frac{a_t T}{1-N}(T-t) + C_2(T-t)^N \tag{15}$$

式（15）为非齐次线性方程（9）的通解。

由初始条件，$t=0$ 时，$y=0$，代入式（15），可得

$$C_2 = \frac{a_t T^{2-N}}{(1-N)(2-N)} \tag{16}$$

式（16）代入式（15），可得线性时变微分方程（9）的特解

$$y = \frac{a_t}{2-N}(T-t)^2 - \frac{a_t T}{1-N}(T-t) + \frac{a_t T^{2-N}}{(1-N)(2-N)}(T-t)^N$$

$$= -\frac{a_t(N-1)}{(N-1)(N-2)}(T-t)^2 + \frac{a_t T(N-2)}{(N-1)(N-2)}(T-t) +$$

$$\frac{a_t T^{2-N}}{(N-1)(N-2)}(T-t)^N$$

$$= -\frac{a_t(N-1)T^2}{(N-1)(N-2)}\left(1-\frac{t}{T}\right)^2 + \frac{a_t T^2(N-2)}{(N-1)(N-2)}\left(1-\frac{t}{T}\right) +$$

$$\frac{a_t T^2}{(N-1)(N-2)}\left(1-\frac{t}{T}\right)^N$$

$$= \frac{a_t\left(1-\dfrac{t}{T}\right)T^2}{(N-1)(N-2)}\left[(N-1)\frac{t}{T}-1+\left(1-\frac{t}{T}\right)^{N-1}\right]$$

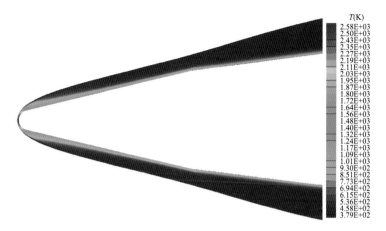

图 10-8　球头双锥外形空间温度分布（P282）

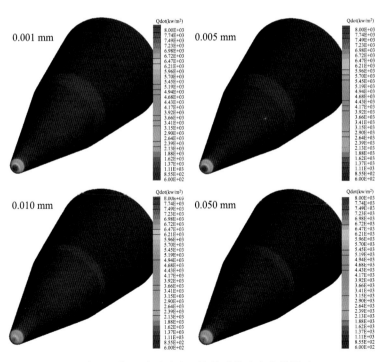

图 10-9　首层网格尺寸对球头双锥外形热流密度的影响（P282）

图 10 - 13　薄膜铂电阻传感器实物（来自中科院力学所，P285）

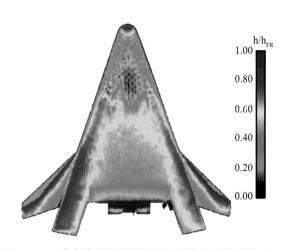

图 10 - 15　磷光热图技术测得的相对传热系数云图（P286）